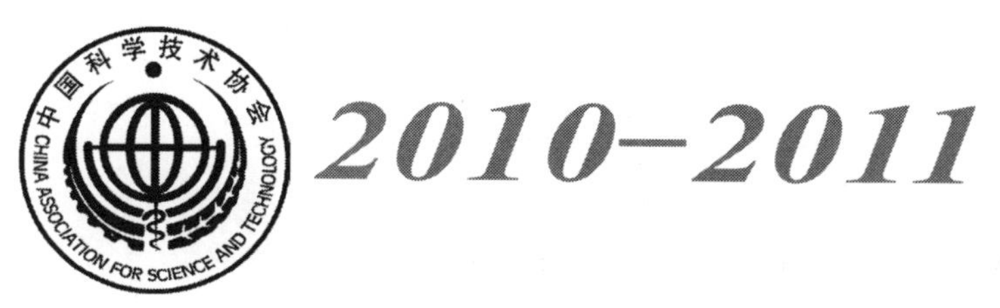

植物保护学

学科发展报告

REPORT ON ADVANCES IN PLANT PROTECTION

中国科学技术协会 主编

中国植物保护学会 编著

中国科学技术出版社

·北 京·

图书在版编目(CIP)数据

2010—2011植物保护学学科发展报告/中国科学技术协会主编；中国植物保护学会编著.—北京：中国科学技术出版社，2011.4

(中国科协学科发展研究系列报告)

ISBN 978-7-5046-5810-4

Ⅰ.①2… Ⅱ.①中… ②中… Ⅲ.①植物保护-学科发展-研究报告-中国-2010—2011 Ⅳ.①S4-12

中国版本图书馆CIP数据核字(2011)第039726号

中国科学技术出版社出版

北京市海淀区中关村南大街16号 邮政编码:100081

电话:010－62173865 传真:010－62179148

http://www.kjpbooks.com.cn

科学普及出版社发行部发行

北京凯鑫彩色印刷有限公司印刷

*

开本:787毫米×1092毫米 1/16 印张:12.25 字数:294千字

2011年4月第1版 2011年4月第1次印刷

印数:1—2000册 定价:37.00元

ISBN 978-7-5046-5810-4/S·548

2010—2011
植物保护学学科发展报告

REPORT ON ADVANCES IN PLANT PROTECTION

首席科学家 郭予元

专 家 组

组 长 吴孔明

副组长 陈万权 倪汉祥

成 员 （按姓氏笔画排序）

万方浩 王振营 王道全 文丽萍 叶恭银

冯 洁 李香菊 杨怀文 吴孔明 张朝贤

陈万权 陈 捷 施大钊 倪汉祥 郭予元

彭于发

学术秘书 文丽萍

序

当前，诸多学科发展迅速，学科分化、交叉和融合愈加明显，新的学科不断涌现。开展学科发展研究，探索和总结学科发展规律，明确学科发展方向，有利于促进学科内部、学科之间的交叉和融合，汇聚优势学术资源，推动学科交叉创新平台的建立。

开拓和持续推进学科发展研究，促进学术发展，是中国科协作为科学共同体的优势所在。中国科协自 2006 年开始启动学科发展研究及发布活动，至今已经编辑出版“学科发展研究系列报告”108 卷，并且每年定期发布。从初创到形成规模和特色，“学科发展研究系列报告”逐渐显现出重要的社会影响力，越来越受到科技界、学术团体和政府部门的重视以及国外主要学术机构和团体的关注。

2010 年，中国科协继续组织了中国化学会等 22 个全国学会分别对化学、心理学、机械工程、农业工程、制冷及低温工程、控制科学与工程、航空科学技术、兵器科学技术、纺织科学与技术、制浆造纸科学技术、食品科学技术、粮油科学与技术、照明科学与技术、动力机械工程、农业科学、土壤学、植物保护、药学、生理学、药理学、麻风病学、毒理学 22 个学科进行学科发展研究，完成了近 800 万字、22 卷学科发展研究系列报告以及《2010 2011 学科发展报告综合卷》。

本次出版的学科发展研究系列报告，汇集了有关学科最新的重要研究成果、发展动态，包括基础理论方面的新观点、新学说，应用技术方面的新创造、新突破，科技成果产业化转移的新实践、新推进等。一些学科发展报告还提出了学科建设的对策和建议。从这些学科发展报告中可以看出，近年来，学科研究课题更加重视服务国家战略，更加重视与民生关系密切的社会需求，更加重视成果的产业化转移；学科间的交叉融合更加明显，理论创新与技术突破的联系结合更加紧密。

参与本次学科发展研究和报告编写的专家学者有1000余人。他们认真探索，深入研究，披沙拣金，凝练文字，在较短的时间里完成了研究课题。这些工作亦是对学科建设不可忽略的贡献。

在本次“学科发展研究系列报告”付梓之际，我由衷地希望中国科协及其所属全国学会不断创新思路，坚持不懈地推进学科建设和学术交流，以学科发展研究以及相应的发布活动带动各个学科整体水平的提升，在增强国家自主创新能力中发挥强有力的作用，以推进我国经济持续增长和加快转变经济发展方式。

2011年3月

前　言

植物保护学科在我国经济建设和社会发展中占有极其重要的地位。通过对农作物主要有害生物的灾变规律、成灾机理、监测预警的理论和技术以及有害生物防控理论和技术的系统、全面的研究，为保障粮食安全、生态安全、农业增产、农民增收和农业现代化建设，提供科技支撑。

本报告是在《2007—2008植物保护学学科发展报告》的基础上，根据各分支学科的发展进度，确定植物病理学、农业昆虫学、杂草学、生物防治学、农药学、入侵生物学、转基因生物安全学和鼠害防治学为《2010—2011植物保护学学科发展报告》的研究重点。在中国植物保护学会的主持下，成立了以中国工程院院士郭予元先生为首席科学家、吴孔明理事长为专家组组长的植物保护学学科发展研究课题组。课题组先后于2010年3月25日、9月20日和10月29日召开三次工作会议，研究、落实和检查编写计划，同年10月28～29日在河南鹤壁召开了学科发展研讨会，听取了8位专家做的专题报告，提出了进一步修改的意见，并于12月21～22日召开修改定稿会，最后形成了本报告。

本报告分综合报告和专题报告两部分。综合报告主要总结和评述近年来我国植物保护学科取得的重要研究进展和重大成果，通过与国外植物保护科技水平相比较，展望未来5～10年植物保护学科发展趋势和研究方向。专题报告在简要介绍分支学科性质与研究范畴的基础上，科学评价了近两年取得的最新研究进展，对国内外研究现状作对比，分析我国存在的差距，并以国际先进水平和国家重大需求为目标，提出学科今后发展的趋势与展望。希望本学科发展报告对科研院所、高等院校、技术推广和企业等单位广大植保科技工作者、科技管理工作者和研究生有重要的参考价值。

本报告在编写过程中，课题组的专家在研究、教学工作非常繁忙的情况下，付出了辛勤劳动，同时得到了中国农业科学院植物保护研究所、中国农业科学院作物科学研究所、中国科学院动物研究所、中国农业大学、浙江大学、南京农业大学、上海交通大学、南开大学、中化化工科学技术研究总院、上海市农药研究所、全国农业技术推广服务中心、云南大学和中国疾病预防控制中心营养与食品安全所等单位有关专家的大力支持，凝聚了全国植物保护学科科技工作者的智慧。在此一并表示衷心的感谢。

由于受篇幅和时间所限，难以对植物保护学科所有分支学科进行介绍，无法对本报告涉及的8个分支学科所取得的进展和成就一一列举，同时本报告的研究深度也有待进一步提高，望广大读者不吝赐教。

中国植物保护学会

2011年1月

目　录

综合报告

专题报告

ABSTRACTS IN ENGLISH

Comprehensive Report

Reports on Special Topics

综合报告

植物保护学学科研究现状与展望

一、引　言

植物保护学科(Plant Protection)属于农学学科门类之中的一级学科，是研究植物病害、虫害、杂草、鼠害等有害生物的生物学特性和发生危害规律及其与环境因子的互作机制，以及监测预警和防控技术的一门综合性学科，它与生物领域中的植物学、动物学、微生物学、遗传学、生态学、细胞生物学、生物化学和分子生物学以及生命科学、化学工程等学科交叉与融合，形成了较完整的植物保护学科体系。植物保护学科在国民经济建设和社会发展中，为粮食安全、农产品质量安全、生态环境安全和维护公众健康等发挥了重大的保障作用，为农业和农村经济发展、农业现代化建设提供了有力的科技支撑。

植物保护学科范畴较广，植物病理学、农业昆虫学、杂草学、植物检疫学、植物病虫害测报学、生物防治学、农药学、入侵生物学、转基因生物安全学、鼠害防治学和有害生物综合防治等都是重点二级学科。本报告是在《2007—2008 植物保护学学科发展报告》的基础上，根据近两年来的研究进展，确定植物病理学、农业昆虫学、杂草学、生物防治学、农药学、生物入侵学、转基因生物安全学、鼠害防治学为《2010—2011 植物保护学学科发展报告》的研究重点。主要回顾近两年来我国植物保护学科发展概况，总结近两年来我国植物保护学科取得的重要进展和重大成果，通过与国外研究水平相比较，展望未来 5～10 年植物保护学科发展趋势和研究方向，从而促进植物保护学科的发展。

近几年来，由于受全球气候变化、产业结构调整、作物品种更换、轻型农业栽培措施实施、病虫毒性变异和国际贸易飞速发展等多种因素的影响，农作物有害生物出现突发、多发、重发和频发态势；一些次要病虫害逐步上升为主要生物灾害；境外新的有害生物不断传入，生物灾害防控面临严峻挑战，严重制约农业的可持续发展。“十一五”期间，国家对植物保护科技加强了支持力度，通过实施“十一五”科技计划，包括重点基础研究发展计划(“973”计划)、高技术研究发展计划(“863”计划)、科技支撑计划、自然科学基金、科技基础条件平台建设和政策引导类科技计划及专项，以及农业部公益性行业科研专项等，以及国家现代农业产业技术体系的建设和国家植保工程大规模铺开，各级植保科研、技术推广和植保产品生产企业得到了前所未有的发展，有力地促进了科技创新体系、科研平台、人才队伍等方面的建设。在此基础上，取得了一批重大研究成果和突破性研究进展，显著提升了我国植物保护学科的总体水平和生物灾害防御能力。

近两年，植物保护学的主要研究进展体现在基础和应用基础研究方面，揭示和探讨了农作物重大病虫害致害和成灾机理与可持续控制原理、重要外来物种入侵机理与监控基础、有害生物与作物和天敌互作机理、植物抗病相关重要功能基因的发掘与利用、农业转基因生物安全风险评价与控制基础、农业昆虫对 Bt 及化学农药抗性机制、农业生防微生物制剂的合成与作用机理、绿色化学农药创制、农药毒理学、农药环境安全评价与环境行为研究、寄生蜂寄生机理、杂草生物学与抗药性机理、鼠害基础生物学与鼠害成灾规律等重要理论问题，在*Science*、*Cell*、*Plant Cell*、*PNAS*等国际知名的科学刊物上发表了一批重要论文。应用技术研究方面，提出了一批有害生物检测监测与预警新技术以及防控策略与关键防治技术，组建了水稻、小麦、玉米、棉花、蔬菜和果树等主要作物的重要病虫害监测预警与控制技术体系；植保高新技术研发在昆虫雷达监测、转基因植物和绿色化学农药和生物农药创制等方面，取得了重大突破，注册了一批生物农药和化学农药新品种，获得一批国内外发明专利。

与欧美等发达国家相比，我国在植物保护研究领域还有较大的差距。近年来，国际上的先进国家高度重视农作物有害生物治理新理论、新技术的研究，加强了基因组学、蛋白质组学、分子遗传学等方面的基础研究，积极开展农田系统食物网作物一害虫一天敌通讯机制、转基因昆虫、昆虫功能基因组、害虫与寄主植物的协同进化、转基因作物利用等领域的研究工作，大力发展3S[遥感技术(RS)、地理信息系统(GIS)、全球定位系统(GPS)]技术和昆虫雷达技术以及计算机网络技术。与之相比，我国在基础研究的系统性、连续性和深入性等方面仍存在差距，缺乏植物保护学科统一的发展目标、发展布局和战略规划，造成我国农作物有害生物可持续控制机制的建立与实施相对比较滞后。因此，未来5～10年需要进一步加强有害生物种群演变规律、致害和成灾机理、监测预警以及新理论、新方法、新技术研究，提高我国在植物保护领域的原始创新和自主创新能力，以及生物灾害防控技术水平。

二、植物保护学科近年的最新研究进展

在深入贯彻落实科学发展观和“自主创新，重点跨越，支撑发展，引领未来”的科技工作方针指导下，全国科研院所、高等院校、技术推广和生产单位，紧紧围绕严重制约农业可持续发展的粮食安全、生态安全、农业增产和农民增收和现代农业发展的战略需求，瞄准世界科技前沿，发扬传统，开拓创新，协作攻关，通过不同学科的交叉与融合，研究技术和手段的不断革新，各分支学科研究得到了快速发展。

(一)植物病理学

近年来，植物病理学着重对植物与病原物互作机理、病原物致病机理、植物抗病相关重要功能基因的发掘与利用、病原物遗传结构、致病力分化及植物病害流行与防治策略的研究，取得了重要进展，显著提升了我国植物病理学研究的实力。

1. 植物与病原物互作机理研究

在植物与真菌互作机理研究方面，发现卵菌效应N-末端的RXLR motif能够与植物的3-磷酸磷脂酰肌醇(PI3P)分子专一性地结合，然后进入植物细胞。证明PI3P分子在植物和动物细胞表面广泛存在，是真菌效应蛋白进入动、植物寄主细胞的一种普遍机理。该研究对于通过阻断和破坏真菌与寄主细胞分子的结合，开发有效的药物和杀菌剂具有开拓性的意义；在植物与丁香假单胞菌AvrPto效应子与感病植物互作模式研究中，揭示了AvrPto帮助细菌侵染植物的分子机理，发现在缺乏抗病基因的感病植物中，细菌的

AvrPto 进入植物细胞后直接作用于拟南芥 FLS2、EFR 和番茄 LeFLS2 受体激酶，阻断信号传导，使植物丧失感受细菌的能力。推断植物抗病基因 *Pto* 在进化之初可能模拟了植物的受体激酶，作为一个假靶标吸引 AvrPto，从而使植物获得抗病性。在病毒与传播介体间的互作研究中，发现水稻矮缩病毒（RDV）的 P2 蛋白在较低的 pH 值条件下能够诱导昆虫细胞膜的融合。研究结果为进一步阐明 RDV 以及同属病毒侵染昆虫宿主机制提供了一个研究模型。也是关于植物病毒蛋白介导昆虫宿主细胞膜融合的首次报道，对于病毒侵染昆虫细胞机制的研究具有重要意义。

2. 病原物致病机理研究

研究发现水稻白叶枯病菌(Xoo) 消除寄主铜的毒性实现成功侵染的机理，证明 Xoo 可激活水稻花粉发育必不可少的 *Xa*13 基因来消除寄主导管中铜的抑制作用，通过调控铜在水稻体内的重新分布，实现对水稻的成功侵染。该研究不仅揭示了病原细菌利用宿主基因征服宿主的一种新机理，同时也揭示了水稻与病原共进化的一个典型实例，将为设计有效途径培育抗病水稻品种提供重要的参考。同时解析了生长素与 Xoo 侵染的关系，发现 Xoo 通过分泌生长素诱导水稻在被侵染部位合成自身的生长素，继而诱导水稻大量合成松弛细胞壁的伸展蛋白，破坏了细胞壁对病原菌的先天屏障作用，为 Xoo 侵染开启了一扇进入植物细胞的大门。而在抗病水稻品种中，病原菌引起的水稻感染部位生长素的合成可诱导水稻快速合成 IAA 酰胺合成酶 GH3-8。GH3-8 通过催化 IAA-氨基酸的合成抑制生长素的作用，从而阻止细胞壁的松弛，增强植物对病原菌的自身免疫功能。研究结果不仅揭示了病原菌利用生长素作为毒性因子侵染水稻的机理，也展示了水稻应对这一毒性因子的调控途径。

在水稻稻瘟病菌致病机理研究中，开展了大规模蛋白—蛋白互作研究，预测了稻瘟病菌中 3017 个蛋白之间的 11674 个相互作用，首次在稻瘟病菌中构建大规模的蛋白质互作图谱，为稻瘟病菌功能基因组学研究提供了新的思路。

从油菜菌核病菌致病力衰退的菌株中发现了一种可寄生植物病原真菌的新的 DNA 病毒，解开了多年来真菌中是否存在 DNA 病毒的谜团，是国际上首次有关真菌 DNA 病毒的报道，致病力衰退相关的真菌病毒有望用于植物病害生物防治。

鉴定水稻条纹病毒(RSV)RNA3 编码的 NS3 为一个基因沉默强抑制子，不仅能抑制局部的基因沉默，也能抑制系统沉默，并且能够抑制沉默信号的传导。发现 RSV 的 RNA4 编码的 NSvc4 是 RSV 编码的运动蛋白，这是纤细病毒属中首次鉴定出的病毒运动蛋白，研究结果被 *Nature China*《自然中国》作为突出科学研究成果刊登。

3. 植物抗病相关重要功能基因的发掘与利用

在植物抗病途径研究中获得重要发现，发现本氏烟的 RDR1 蛋白具有双功能作用，一方面，参与 SA 抗性途径，另一方面，抑制 RDR6 介导的抗病毒 RNAi 途径。揭示了本氏烟 RDR1 自然突变的生物学意义，通过 RDR1 的失活突变以激活更强的 RDR6 介导的抗病毒能力。该研究为植物抗病途径在农业抗病毒生产应用上提出新的思考：参与一条抗性途径的基因在特定寄主中可能干扰另一条抗性途径，并不是将抗性基因在一种植物中高表达就一定能获得更高的抗性，有时会适得其反。

在利用水稻自身抗病基因及病菌基因提高植物抗病性方面，分离获得了水稻细胞壁相关的蛋白激酶 *OsWAK*1，转 *OsWAK*1 基因水稻株系表现出对稻瘟病亲和小种的抗性。在病原菌基因利用方面，将水稻细菌性条斑病菌(Xooc) Harpin 蛋白基因导入水稻，可激发水稻对三种病原菌的抗性，增加了水稻的产量。通过导入动物融合蛋白基因可提高小麦对赤霉病的抗性，减少毒素的产生。

4. 病原物遗传结构、寄生适应性变异及致病力分化研究

中国植物青枯菌种以下分类及致病力分化研究方面，在新的演化型和序列变种分类框架下，中国的青枯菌归属于演化型Ⅰ型和Ⅱ型，在序列变种分类水平上揭示出中国青枯菌群体具有丰富的遗传多样性，首次鉴定出 3 个新的序列变种。研究明确了中国青枯菌群体在种以下的分类地位，对有针对性的抗病育种工作具有指导意义。

对中国禾谷镰刀菌的种进行了重新界定，采用高通量多位点基因型鉴定(MLGT)方法，开展了中国禾谷镰刀菌大范围种的鉴定工作。发现我国只存在 *Fusarium graminearum* clade(13 个种)以内的 3 个种(*F. graminearum*/*F. asiaticum*/*F. meridionale*)。将高熔点分辨检测点突变的方法引入禾谷镰刀菌菌株多菌灵抗药性的检测，达到了准确、快速、低成本和高通量大规模的抗药性菌株鉴定的要求。

通过连续 15 年的跟踪研究，解析了日本啤酒花矮化类病毒的分子进化过程及寄主适应性变异规律，发现葡萄分离物在与啤酒花寄主长达 15 年的共生过程中，5 个碱基位点发生了突变，逐步趋同于啤酒花分离物，证明无症葡萄是啤酒花矮化病的初侵染来源。该研究是类病毒病害起源、进化研究方面取得的一项重大进展，对研究动、植物病毒的进化均具有普遍的生物学意义。

5. 植物病害流行学与防治策略的研究

我国小麦条锈病研究，发现陇南小麦条锈病菌源区范围显著扩大，由过去的 300 万亩①扩大到近 500 万亩，并向高海拔地区(海拔 2080m)发展，海拔 1500～1800 米地带是小麦条锈病的核心菌源区；同时发现小麦条锈菌在菌源基地存在遗传重组现象及新的高毒力致病型。创造性地构建了以生物多样性利用为核心，以生态抗灾、生物控害、化学减灾为目标的小麦条锈病菌源基地生态治理技术体系，即“两种(zhǒng)两种(zhòng)”技术体系。所谓两种(zhǒng)指抗锈良种和药剂拌种；两种(zhòng)指停麦改种和适期晚种。在小麦条锈病菌源区勘界、异地测报以及生态治理技术体系应用和成效等方面处于国际领先地位，研究经验和方法亦为国际上研究其他气传病害提供了重要的借鉴作用和参考价值，经济、社会和生态效益极其显著。

小麦赤霉病致病机理与防控关键技术研究，揭示了小麦赤霉病菌在小麦穗部初侵染位点、侵染方式和扩展途径，较完整地提出了赤霉病菌在小麦穗部的侵染及扩展模式；探明了赤霉病菌对小麦穗部侵染初期病菌产毒的起始时间、病菌毒素在寄主组织中的分布及细胞内的结合位点、寄主病变与病菌扩展和毒素分布的时空关系，以及赤霉菌毒素在致病中的作用；发现赤霉病菌在侵染和扩展过程中分泌产生细胞壁降解酶类及其对寄主细

① 1 亩＝0.0667 公顷。

胞壁的降解作用、抗病小麦品种被病菌侵染后可迅速通过乳突、胞壁沉积物的形成、细胞壁的修饰及水解酶类的增长等形态结构和生化协同防卫反应抵御病菌在体内的扩展;提出了新的杀菌剂及其杀菌机理,为大面积推广使用提供了理论依据。

利用地理信息系统(GIS)对小麦白粉病越夏、越冬进行区划。为制定越夏区和越冬区的治理方案提供了重要依据。对高光谱、无人机遥感、孢子捕捉器及 Real-time PCR 检测技术在病害流行和监测中的应用进行了研究,为这些新技术在病害监测预警中的应用奠定了基础。

在作物多样性生态控病技术及利用方面,获得了重要的研究进展。在中国云南省 10 个县 15302hm^2 的土地上,通过套作或根据作物高度的差异进行混种,测试了间作烟草、玉米、甘蔗、马铃薯、小麦、蚕豆的增产效果,部分组合作物产量增加了 33.2%~84.7%,证明通过间作增加农作物的多样性可以解决提高土地利用率和作物产量的问题,有明显的控病效果,更适用于发展中国家,对于缓解目前耕地减少与粮食需求增加的矛盾效果显著。

(二)农业昆虫学

随着生命科学和生物技术学科的发展以及新原理、新方法的不断渗透、交叉与融合,农业昆虫学研究在我国得到了快速发展,主要体现在农业昆虫生理生化与分子生物学、化学生态学、迁飞昆虫学、对 Bt 及化学农药抗性机制、气候变化和农药使用对害虫种群发生的影响效应等研究方面。

1. 生理生化与分子生物学研究

中国科学院动物研究所康乐研究组,比较鉴定了东亚飞蝗散居型和聚居型的小 RNA 转录组。鉴定了 50 个保守的 microRNA 家族,发现最大有 150 个飞蝗特有的 microRNA,长序列小 RNA 在散居型中的表达丰度高于聚居型,但这种差异分子机理有待探讨。南京农业大学李飞研究组,利用生物信息学与分子生物学相结合,研究非编码 RNA 基因及其相关蛋白基因,旨在结合最新的 RNAi 技术,借鉴 RNA 作为药物或药物靶标进行开发的经验,探索 RNA 作为杀虫剂开发的应用前景,取得较好进展。

农业昆虫发育与变态及其内分泌的调控一直是农业昆虫生理学研究关注的重点,旨在揭示规律以寻求害虫控制新方法。山东大学赵小凡研究组以棉铃虫为材料,开展了昆虫蜕皮与变态的分子机理的系列研究,建立了棉铃虫 5 个龄期幼虫体壁表皮细胞系,发现体壁皮细胞中有 18 个蛋白与幼虫向蛹转变的过程有关,以及棉铃虫变态和发育过程中有关基因表达的激素调控规律。中山大学徐卫华研究组明确了棉铃虫 E-框 DNA 结合蛋白(Har-AP-4)通过结合滞育激素和性信息素合成激活肽(DH-PBAN)的启动子而在蛹发育调控中发挥作用,也明确转录因子通过对蜕皮素的应答和结合于滞育激素和性信息素合成激活肽(DH-PBAN)基因而调控棉铃虫蛹的发育;明确海藻糖参与棉铃虫蛹滞育。

害虫与作物、害虫雌雄间、害虫与天敌以及三者间的相互作用一直是国际上农业昆虫学领域的研究热点之一。中国科学院动物研究所王琛柱研究组通过行为和电生理相结合的方法,研究了菜粉蝶幼虫对植物拒食剂反应的行为可塑性的化学感器基础,发现对拒食剂的饲料诱导习惯性行为多少可解释为单一上颚拒食制剂神经元的化学感受脱敏,对不同结构的拒食剂的交互习惯性行为可追溯到同一味觉神经元的交互敏感性。浙江大学叶恭银研究组以菜粉蝶蛹重要寄生蜂——蝶蛹金小蜂为研究对象，明确了该蜂毒液的主要生理功能是抑制寄主的细胞免疫和体液免疫，并调控相关基因的表达。浙江大学陈学新研究组就菜蛾盘绒茧蜂对小菜蛾生理调节作用及其机理开展了较系统研究，基本明确该蜂寄生能引起寄主小菜蛾取食、生长、代谢和免疫等方面相关的生理内环境的变化，同时明确这些变化与该蜂的多DNA病毒CvBV、毒液和畸形细胞有关，其中CvBV是免疫抑制主要因子。

农业昆虫生殖生理与抗逆生理研究，旨在揭示生殖活动规律及其机理，其中关注较多的是卵黄发生及其内分泌调控等。浙江大学叶恭银研究组研究证明菜粉蝶蛹期重要寄生蜂蝶蛹金小蜂确实拥有卵黄原蛋白(*Vg*)，明确该蜂的卵黄蛋白分子量和卵黄原蛋白cDNA的全序列，也明确了*Vg*基因转录与表达、*Vg*摄取的时间动态，以及卵黄蛋白随胚胎发育的降解过程。中山大学周强等克隆获得了斜纹夜蛾*Vg*的cDNA全序列，明确了该基因表达时间动态，表达起始于化蛹第6天，转录水平高峰为羽化后第一天，重金属Pb抑制了*Vg*的表达。害虫抗逆生理的研究主要在于揭示昆虫对气象因子如高温或低温等环境因子的适应或抗耐性及其分子机理等。这方面研究也有明显的进展。

昆虫转基因技术和RNA干扰技术可用于昆虫有关功能基因的验证，并可尝试用于害虫的控制。国内这方面也有新的突破。南京农业大学韩召军研究组建立了昆虫转基因技术体系，在棉铃虫中克隆得了2个类*piggyBac*转座子元件，即*HaPLE*1和*HaPLE*2。同样在甘蓝夜蛾中也获得了与*piggyBac*序列高度保守的*McrPLE*转座子元件。中山大学张文庆研究组通过喂饲目标基因dsRNA的方法干扰目标基因的转录，导致基因沉默而实现控制害虫之目的。

2. 农业昆虫化学生态学研究

近年来，昆虫化学生态学主要涉及植物化学信息分子的基因调控、气味信息分子对昆虫行为的调控、昆虫感知化学信息物质的分子机制等研究。

在植物化学信息分子的基因调控研究方面，浙江大学娄永根研究组克隆了一个叶绿体上的Ⅱ型脂肪氧合酶的基因*OsHI-LOX*。通过*OsHI-LOX*的反义表达可降低二化螟和褐飞虱诱导水稻产生茉莉酸和胰蛋白酶抑制剂的水平，二化螟和稻纵卷叶螟的危害也上升。中国农业科学院植物保护研究所郭予元院士研究组采用RNA干扰技术沉默了水稻萜烯合酶类似基因*Os-X*后发现，水稻基因*Os-X*与水稻吸引二化螟绒茧蜂有关，是水稻－二化螟－二化螟绒茧蜂营养结构中的重要基因，并涉及包括limonene和(E)-β-farnesene在内的多种水稻挥发物的合成代谢。同时研究表明，水稻基因*Os-X*还是水稻防御禾谷缢管蚜的关键基因。

在气味信息分子对昆虫行为的调控研究方面，Huang等(2009)研究了亚洲玉米螟幼虫为害诱导玉米产生的挥发物对同种其他幼虫的定位反应和雌成虫产卵行为的影响。结果显示，亚洲玉米螟幼虫为害可改变寄主植物的挥发物进而影响同种幼虫和雌蛾的行为。中国农业科学院植物保护研究所于惠林等研究表明，棉花被棉铃虫为害后，产生3,7-二甲基,1,3,6-辛三烯的含量显著增加，采用GC-EAD技术从棉铃虫幼虫取食为害的棉花植株挥发性抽提物中筛选出7个活性物质能够引起雌雄中红侧沟茧蜂的触角电位反应。

田间释放试验证明，3，7-dimethyl-1，3，6-octatriene能够显著提高寄生蜂对棉铃虫幼虫的寄生率。

在昆虫感知化学信息物质的分子机制研究方面，以棉铃虫、甜菜夜蛾、二化螟、棉盲蝽、中红侧沟茧蜂等为研究对象，鉴定获得了多种嗅觉相关蛋白新基因。对棉铃虫、棉盲蝽和中红侧沟茧蜂嗅觉受体基因的研究也取得了重要进展。张帅等通过对文库的筛选，得到10个气味结合蛋白和1个化学感受蛋白基因全长序列。气味结合蛋白 MmedOBP2 能够与柠檬醛等多种气味结合，能够参与中红侧沟茧蜂对柠檬醛等气味的识别过程。谷少华等新报道苜蓿盲蝽有27个嗅觉相关基因、3个气味受体基因和2个气味降解酶基因。苜蓿盲蝽气味结合蛋白 AlinOBP1 与已知盲蝽科性信息素和某些棉花挥发物有很强的结合能力，揭示 AlinOBP1 在苜蓿盲蝽识别性信息素和寄主挥发物过程中发挥着双重作用。周耀振等采用 RNA 干扰技术研究表明，甜菜夜蛾信息素结合蛋白 SexigPBP1 在雄蛾对该组分的感受中起重要作用。上述研究对于靶向设计昆虫嗅觉干扰分子并进行调控治理具有重要的意义。

3. 迁飞昆虫学研究

近几年国内昆虫雷达建设取得了突破性进展，中国农业科学院植物保护研究所、南京农业大学、河南省农业科学院植物保护研究所与有关单位合作相继组建了我国首台毫米波扫描昆虫雷达、垂直监测昆虫雷达、收发分置的多普勒昆虫雷达和厘米波旋转极化垂直监测昆虫雷达。目前已经有7台昆虫雷达分布于我国具有代表性的观测地点，组建了一个小型的雷达观测网，对涉及农作物的重要迁飞性昆虫开展长期监测。

中国农业科学院植物保护研究所程登发研究组，利用雷达对草地螟多年的系统监测，结合空中风场和轨迹分析，初步阐明了2007～2010年草地螟大规模迁飞的虫源，并提出蒙古国、俄罗斯以及中蒙、中俄交界处都可以形成我国草地螟大发生的虫源，做好境外虫源的监测工作对于草地螟的早期预警和有效防治具有重要意义。中国农业科学院植物保护研究所吴孔明研究员经过多年的雷达监测发现：棉铃虫秋季回迁时，往往等到有利风向出现时才大规模起飞，或者先逆风爬升到有利风向出现的高度后，再顺风飞行；此外，如果飞行过程中气流偏离西南方向，棉铃虫还能主动向相反方向偏转，保证头部始终指向西南；因此，棉铃虫虽顺风飞行，但它可以主动识别方位，并借助有效的运载工具（风）实现回迁，这与盲目的顺风飞行有着本质区别。南京农业大学翟保平团队通过境外虫源调查、地理气候学分析，初步阐明我国褐飞虱、白背飞虱的初始虫源主要来自中南半岛的越南、老挝、缅甸等国家。

4. 农业昆虫对化学农药抗性机制研究

近年来，中国农业科学院植物保护研究所和蔬菜花卉研究所、中国农业大学、南京农业大学、山东农业大学等在棉铃虫、亚洲玉米螟、二化螟、褐飞虱、棉蚜、小菜蛾、桃蚜、烟粉虱、麦蚜等害虫对 Bt 杀虫蛋白和制剂、菊酯类、有机磷、氨基甲酸酯类及烟碱类农药等的抗药性研究中，针对靶标受体蛋白、受体离子通道蛋白（如乙酰胆碱酯酶、乙酰胆碱受体、GABA 受体、钠离子通道）、药剂解毒酶（如细胞色素 P450、谷胱甘肽转移酶）等的纯化、基因克隆、表达、功能分析等抗药性机制、抗药性基因的检测技术以及抗药性治理策略研究等方面取得了显著进展。

昆虫乙酰胆碱受体(AChR)是一种异型五聚体配基门控离子通道蛋白，是沙蚕毒素类、烟碱类和多杀菌素等多种杀虫药剂的作用靶标。南京农业大学韩召军、刘泽文课题组以褐飞虱乙酰胆碱受体(nAChR) Nlα1 和 Nlα3 两个亚基为中心，通过体外表达、免疫共沉淀，发现这两个 α 亚基与哺乳动物的 β2 亚基共聚，组成一个三亚基五聚体受体(Nlα1/Nlα2/rβ2)。Nlα3 亚基可以与 Nlα8 亚基共表达，与哺乳动物 rβ2 在体外重组成另外一个三亚基五聚体(Nlα3/Nlα8/rβ2)，这在昆虫乙酰胆碱受体亚基组成中为首次发现。通过比较乙酰胆碱受体亚基不同组合对吡虫啉的敏感性，并利用不同亚基的特异抗体对褐飞虱头部膜蛋白中的亚基进行逐个免疫消除，发现 Nlα3 亚基的 B 环上 151 位的酪氨酸替换成丝氨酸(Y151S)突变在吡虫啉靶标不敏感性中的作用更重要。因此，在褐飞虱对吡虫啉靶标抗性监测中，需要对 Nlα1 和 Nlα3 上的 Y151S 同时进行，尤其是 Nlα3 上的 Y151S 突变。此外，从褐飞虱神经系统中鉴定了两种属于 Ly-6/neurotoxin 家族的调控蛋白，这两个调控蛋白都可以提高昆虫 α 亚基与哺乳动物 β 亚基复合受体的表达水平，而且在不同的亚基组成受体间存在显著的差异性。

5. 气候变化和农药对害虫种群发生的影响效应

随着全球对环境问题的关注，学术界非常重视大气 CO_2 浓度升高和农药使用等对害虫种群及其天敌的影响。近年来，国内就这方面研究也取得一定进展。

大气 CO_2 浓度增加被认为是导致全球变暖的主要原因。由于 CO_2 浓度升高，不但直接影响植物的生长发育，还通过改变植物体内化学成分的组成与含量以及植物组织结构等间接影响到植食性昆虫，并通过食物链影响到更高营养层的天敌昆虫。中国科学院动物研究所戈峰研究组以作物(棉花、小麦)、害虫(棉铃虫、棉蚜、麦蚜、烟粉虱等)、天敌(异色瓢虫、龟纹瓢虫、蚜茧蜂等)之间的相互关系为主线，以 CO_2 浓度增加为作用因子，开展了多系统下不同类型昆虫对 CO_2 浓度升高的响应特征研究，明确 CO_2 浓度倍增导致棉铃虫种群对作物取食量下降，但不引起棉铃虫—中红侧沟茧蜂的相互作用关系的变化；CO_2 浓度倍增导致棉蚜和麦长管蚜发生和危害加重；CO_2 浓度倍增对烟粉虱种群影响不明显。

扬州大学吴进才教授研究团队从“农药—水稻—褐飞虱”关系入手对褐飞虱再猖獗机制进行了系统研究发现，一些杀虫剂的使用不同程度地诱导了褐飞虱再猖獗，如低浓度吡虫啉在无天敌的稻株上喷雾显著地刺激了褐飞虱生殖，且水稻植株上羽化的短翅型比例显著增加。机制分析表明，取食这些杀虫剂处理的水稻后，褐飞虱雌成虫脂肪体和卵巢内蛋白质、RNA 含量显著增加，由于杀虫剂影响了脂肪体和卵巢内 RNA 含量，使其卵黄蛋白转录水平增加。

中国农业科学院植物保护研究所吴孔明研究团队对 Bt 棉花种植过程中农药使用模式及害虫发生规律的变化趋势进行了系统监测。Bt 棉花大面积种植有效地控制了二代棉铃虫的危害，棉田化学农药使用量显著降低，给盲椿象的种群增长提供了空间，导致其在棉田的暴发成灾，并随着种群生态叠加效应衍生成为区域性多种作物的重要害虫。

（三）杂草学

农田杂草是严重威胁农业生产的一大类常发性生物灾害。两年来，在国家科技项目的支持下，我国杂草科学研究运用生物学、分子生物学和信息技术，在杂草生物学、杂草抗药性、微生物除草剂、植物化感作用、杂草综合治理和转基因作物杂草化的研究等方面取得了重要进展。

1. 杂草生物学研究

（1）杂草遗传多样性。中国科学院西北高原生物研究所司庆文等利用 RAPD 随机扩增的 DNA 多态性研究黄帚橐吾 11 个种群的遗传变异，发现了十分丰富的遗传变异和较高的遗传分化。该物种具有中等程度的遗传多样性，种群间的 RAPD 表型（基因型）十分丰富，且变异较大。总遗传变异的 67.64 ％存在于种群间，而只有 31.74％的变异分布在种群内。

沈阳农业大学马殿荣等研究辽宁杂草稻的遗传多样性，发现辽宁杂草稻具有较高的遗传多样性，群体间遗传分化较大，遗传差异明显。与当地粳型栽培稻血缘关系很近，有可能起源于当地栽培稻品种，是栽培稻种个体间自然杂交、回复突变等产生的退化类型。

（2）杂草适生区。根据黄顶菊在其原产地南美洲及扩散入侵地的分布资料，采用 CLIMEX 生态位模型明确了黄顶菊在中国的潜在适生区域集中分布于东南部的广东、广西、云南、海南、福建、台湾、江西、湖南、贵州、四川、重庆、湖北、安徽、江苏、上海 15 个省（市、自治区），其中高风险区域包括广东、广西、台湾、海南、福建、云南、四川、贵州、重庆和西藏局部地区。

（3）农田土壤杂草种子库生物多样性。中国科学院武汉植物园万开元研究明确了长期不同施肥方式下，农田土壤杂草种子库的物种多样性有显著差异：PK 区 Shanon-Wiener 指数大于其他处理区，但是 Simpson 优势度指数最低；NPK 区 Simpson 优势度指数最高；PK、CK 区 Pielou 均匀度指数大于其他处理区。Sorenson 群落相似性指数和 Bray Curtis 指数聚类分析结果表明，与不施肥相比较，长期施用 N、P、K 肥能显著改变旱地土壤杂草种子库的组成。田间杂草种子库的群落结构及其物种组成也发生了一定的变化，Whittaker 指数表明，与不施肥处理相比较，半量的 P 和缺 N 的影响最显著。不同施肥处理均明显影响晚稻田杂草群落组成和杂草密度。土壤有效氮对晚稻田杂草群落组成的影响最为明显，其次是土壤有效磷。对照区和 P-K 处理区杂草种类和密度均高于 N，P，K 混施处理区。长期平衡施肥处理更有利于维持和保护旱地土壤杂草种子库的生物多样性。

2. 杂草抗药性研究

随着化学除草剂的大量、连年使用，杂草对除草剂的抗药性问题已经日益突出，国内发现的抗药性杂草种类已近 30 种。

（1）杂草抗药性单剂量甄别技术和快速生测技术。山东农业大学王金信课题组运用单剂量甄别技术对不同生物型对苯磺隆的抗药性进行了检测，并以温室盆栽法及皿内抗性水平测定法验证其可靠性和可行性。南京农业大学董立尧课题组采用种子生测法和整株测定法测定了13个日本看麦娘种群对高效氟吡甲禾灵的敏感性水平。

(2)重要杂草的抗药性水平。中国农业科学院植物保护研究所张朝贤团队在陕西、河北、天津、甘肃省多地都发现了播娘蒿抗性种群。其中山东菏泽和邹平、河北正定、陕西江阳的一些种群对苯磺隆的抗性指数分别高达500、1175、1472和1594倍。王金信等发现河南、陕西、安徽和山东省一些地区麦田猪殃殃均产生了不同程度的抗药性,抗性倍数在1.6～4.3之间。吉林省农业科学院卢宗志课题组发现吉林省7个水稻产区发生的雨久花对磺酰脲类除草剂均存在不同程度的抗药性。

(3)重要抗药性杂草的交互抗药性。董立尧等明确了句容日本看麦娘种群对AOPP类精喹禾灵、精吡氟禾草灵、精噁唑禾草灵都存在不同程度的抗药性。句容日本看麦娘种群对CHD类除草剂烯禾啶的交互抗性指数为7.81。中国农业科学院植物保护研究所崔海兰等明确了河北和陕西省抗苯磺隆播娘蒿种群对嘧草硫醚的交互抗性指数都达到100以上。

(4)重要抗药性杂草的抗药性分子机制。王金信等通过对敏感和抗药性猪殃殃生物型*ALS*基因片段进行扩增、克隆和测序,比对两种生物型的*ALS*序列发现,第574位氨基酸的突变位于高度保守区Domain B处,该位点的突变可能是猪殃殃对苯磺隆产生抗药性的主要原因。崔海兰等以采自各地的播娘蒿为对象,研究其对苯磺隆的抗药性水平及其抗药性机理,结果表明,比较敏感和抗药性生物型的*ALS*序列发现,抗药性生物型在Pro_{197}发生了突变。吉林省农业科学院卢宗志等对抗苄嘧磺隆的雨久花进行了抗药性机理的研究,发现与敏感性雨久花生物型*ALS*相比,抗药性雨久花生物型的*ALS*基因共有三处发生突变,即第197位脯氨酸突变为组氨酸,第200位蛋氨酸突变为缬氨酸,第388位精氨酸突变为组氨酸,其突变可能是雨久花对磺酰脲类除草剂产生抗药性的主要原因。

3. 微生物除草剂研究

(1)除草活性物质。南京农业大学强胜课题组从外来入侵杂草紫茎泽兰自然致病菌链格孢菌的代谢中提取分离的除草活性物质AAC-Toxin,可以广谱地防除禾本科、莎草科及阔叶类杂草,在83 mL ai/hm^2剂量下,防效达90%以上,杀草速度快,类似百草枯,具有触杀型特性。从外来入侵杂草加拿大一枝黄花上分离获得具有生物除草潜力的小菌核菌(*Sclerotium rolfsii*),它通过侵染加拿大一枝黄花根部,导致其迅速死亡。该除草活性物还具有防除紫茎泽兰、黄顶菊、薇甘菊等菊科外来杂草的潜力。华东理工大学李元广等和上海南方农药研究中心从2500多份土壤样本中分离出3000余株放线菌菌株,通过生物测定分离获得了40个高除草活性菌株。

(2)除草生防菌。中国农业大学倪汉文课题组对来自稗草致病株的新月弯孢[*Curvularia lunata* (Wakker) Boedijn]菌株B6的侵染稗草的机制、菌株的生长条件、发酵工艺进行了研究。初步明确了B6菌株对稗草的生长有强烈的抑制作用,稗草根茎的生长抑制率可达90%,对水稻没有抑制作用,有些甚至有促进作用。

江苏省农业科学院植保所陈志谊课题组利用莲子草假隔链格孢[*Nimbya alternantherae* (Holcomb & Antonopoulos) Simmons & Alcorn]SF-19防除空心莲子草。广东仲恺农业工程技术学院向梅梅课题组研究利用莲子草假隔链格孢代谢产物控制空心莲子草及其他杂草,并深入研究了代谢物的作用机理。

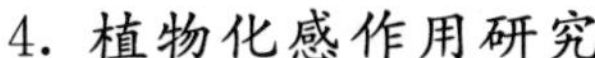

4. 植物化感作用研究

利用化感作用控制杂草是一种具有潜力的可持续发展农业的杂草控制措施，也是植物保护研究的发展方向之一。

(1)化感水稻研究。中国农业大学孔垂华研究团队研究明确了我国化感水稻产生的化感物质主要是黄酮和萜类并对其抑草机理进行了研究。筛选出化感作用较强的水稻品种武粳15，盐粳9号，两优华6号等，对稗草和莎草科等杂草均表现出较强的抑制能力。选育出化感稻8号和培杂软香等数个具有明显化感特性的水稻品种参加了广东省区试，并申请了国家植物新品种权保护。同时我国研究人员不断发现新的具有强化感作用的野生稻种质资源，在云南等地的野生稻资源中筛选出几种具有较强化感活性的野生稻品种，为以后培育出具有强化感作用并高产的水稻品种奠定了良好的前期基础。

在明确化感物质并获得有化感作用的新品种基础上，我国学者又开展了确定与水稻化感活性相关的基因标记工作，研究发现低N条件下，弱化感水稻品种中亚硝酸还原酶基因和谷氨酰胺合成酶基因相对表达量下降，降幅较化感水稻高。这一研究结果，为培育高化感作用的品种提供了分子基础，同时也为将来转具有化感潜力的基因作物提供理论指导。在利用化感水稻品种控草技术方面，研究表明，利用水稻化感品种，在田间结合使用苄嘧磺隆(除草剂)控制水稻田阔叶杂草和莎草，并在稗草萌发前或萌发早期保持较深的水层，再结合化感物质的作用，可提高水稻化感品种的竞争能力而最终达到理想的田间杂草控制效果。

(2)外来杂草的化感作用。研究揭示了这些外来杂草释放化感物质的途径和环境响应机制。发现营养缺乏、植物竞争和病虫害等自然胁迫因子能使假高粱、胜红蓟、薇甘菊和紫茎泽兰产生化学响应抵御逆境；而面对机械损伤和除草剂等人为胁迫因子则不产生相应的响应机制。证实引种到柑橘园的胜红蓟向土壤中释放化感物质是通过一个可逆的二聚化过程抑制其他杂草和病原菌。明确了薇甘菊的主要化感作用是通过残株降解或淋溶的方式释放黄酮类和备半萜类化感物质而影响其他植物生长及土壤微生物。明确了假高粱化感作用机制主要是通过根系分泌酚酸及蜀黍苷而显示出较强的化感抑制效应。

5. 杂草综合治理研究

(1)建立了油菜田生态控草与化学防除相结合的杂草治理技术体系。湖北省农业科学院植保土肥研究所联合中国农业科学院植物保护研究所及其他攻关单位，系统、全面地研究了不同生态区油菜田灾害性杂草的组成及群落结构特征，明确其发生消长规律，以及灾害性杂草菵草、野燕麦、牛繁缕等对油菜田环境资源的竞争及对油菜生长的影响，确定了减量、精准的草害防控指标；筛选出炔草酯、吡草胺、精氟·胺苯·草除灵、乙·异恶松等多种高效、安全、适用范围广的油菜田新型除草剂品种；完善了丙酯草醚、二氯吡啶酸、草除·精喹禾灵等26种主要除草剂品种(含剂型)的配套应用技术；建立了以秸秆覆盖、合理密植、深沟窄厢等农作措施为主的油菜田生态控草体系，并由此创建了生态控草与化学除草相结合的油菜田杂草综合治理技术体系。

(2)构建了以除草剂减量使用技术为核心的小麦—玉米两熟农田除草剂安全高效技术体系。河北省农林科学院粮油作物研究所与中国农业科学院植物保护研究所、农业部农药检定所等单位协作，通过“优选除草剂品种，优化施药条件、优配农艺措施、研制智能化施药机械和建立药效早期诊断方法”等系统研究，构建了“以除草剂减量为核心，以精准施用低风险药剂为主体，以杂草叶龄、温湿度优化为施药条件，配合秸秆覆盖生态控草、辅以改进的喷雾机械和药效早期诊断”的小麦—玉米两熟农田杂草综合治理技术体系。在小麦—玉米两熟农田的杂草治理中，采用上述配方辅以生态控草及改进喷雾机械等综合技术措施，农田除草效果达 90%以上，除草剂总用量降低 24%～40%。从而保障了生态安全，促进了作物增产，降低了常规药剂的环境风险，当茬及后茬作物生长不受伤害，实现了作物全年增产 6%～8%。

6. 杂草识别及精量喷药自控系统

该系统基于目前普遍使用的 GPS 定位手机平台，采样人员在调查田间杂草的分布过程中，只需打开系统软件的运行界面，手机平台的卫星定位系统可以将采样人员现场的地理坐标显示在手机的液晶界面上，采样人员只需输入该地杂草的主要种类和发生程度，该记录完成后采样人员按下记录按钮，采样系统则可以将采集的地理坐标及杂草信息记录在手机的数据记录卡上，采样完成后将采集的数据导入办公室的计算机系统内，利用 GIS 软件生成杂草在整个地块的分布现状图。该采样系统可在任意一款安装有 WIN CE 操作系统的手机上使用。应用简便，可操作性强，同时也可连接外部差分 GPS 硬件设备，采用 NMEA 标准处理信号，兼容国内外所有标准 GPS 设备进行杂草分布采样。该系统在性能指标上达到了国际先进水平。将上述杂草识别控制系统通过三点悬挂机构悬挂在拖拉机后部，在驾驶台右侧安装控制装置并和拖拉机 12V 电源连接，即可进行除草作业，对除草剂实施适量、定位喷洒，而在没有杂草的区域喷头则不喷洒除草剂。

(四)生物防治学

1. 害虫生物防治的研究与应用

昆虫性信息素的研究与应用，近年来在害虫生物防治领域发展较快，除原有开展此项研究的中国科学院动物所、上海昆虫所、有机所以及江苏金坛激素研究所外，新成立的开发昆虫性诱剂公司，如宁波纽康生物技术有限公司、北京中捷四方生物科技有限公司等也成为推动昆虫性信息素商品化的重要力量。同时在性诱和化学信息素技术的理论和应用领域都获得了长足进步，在诱芯化合物合成与纯化，以及诱芯剂型、稳定剂、缓释剂等研究方面，取得了重要的技术突破。根据诱杀目标害虫的行为，研制成了多种诱捕器，提高了诱杀效果，加上农技推广部门的重视和组织示范，使得我国昆虫性信息素的生产应用达到了前所未有的规模。目前我国已合成了 30 多种重要害虫的性信息素和性引诱剂，在蔬菜、果树、水稻(二化螟)、烟草、茶叶等害虫的性诱防治和测报上推广较快，取得了较好的应用效果。统计显示 2005～2009 年间，我国在 32 个省(自治区、直辖市)62 个县共建立了 260 多个性诱剂监控技术试验示范点，截至 2009 年年底，全国 32 个省(自治区、直辖市)性诱剂累计推广应用面积达 80 多万公顷。

寄生蜂寄生机理研究。浙江大学、河南农业大学、中国科学院动物研究所等单位对菜蛾盘绒茧蜂、半闭弯尾姬蜂、烟蚜茧蜂、棉铃虫齿唇姬蜂、中红侧沟茧蜂等重要的容性寄生蜂，开展了寄生机理的基础研究，在寄生蜂克服寄主的免疫系统、调节寄主生长发育机制、天敌昆虫营养及发育调控技术研究等方面取得了重要的研究成果。

在植食者诱导的植物挥发性物质对寄生性天敌的行为调控方面，研究探明了寄生性天敌可利用相同或相近的挥发物谱对不同的植食者进行寄主定位，植食性昆虫诱导与机械损伤诱导组分存在差异，寄生性天敌可能利用某一类挥发物进行寄主定位，以及植食者诱导的挥发物调控寄生性天敌与捕食性天敌间的相互作用，同时明确了寄生性天敌寄主定位受植食者为害程度、植物品种、不同生育期等的影响。这些结果，为昆虫天敌的利用提供了科学支撑。

人工饲料是资源昆虫繁育、生产的重要条件。中国农业科学院植保所、河南省农业科学院植保所、华中农业大学、华东师范大学等单位开展了大草蛉、日本通草蛉、异色瓢虫、龟纹瓢虫、红点唇瓢虫、六斑月瓢虫、南方小花蝽等捕食性天敌昆虫的人工饲料研究，包括人工饲料配方、剂型及加工工艺。为了利用昆虫本身固有的滞育遗传性，实现对天敌昆虫产品发育进度的调控，江西农业大学、中山大学、华中农业大学、中国农科院植保所、河北农科院旱作所、吉林农科院植保所等单位对中华通草蛉（*Chrysopa sinica*）、玉米螟赤眼蜂（*Trichogramma ostriniae*）、菜蛾盘绒茧蜂（*Cotesia vestalis*）和烟蚜茧蜂（*Aphidius gifuensis*）等开展了昆虫滞育研究。研究了环境因子与昆虫滞育的影响、滞育期间昆虫的生理生化特点以及滞育激素和滞育关联蛋白等，探索滞育发生的机制。研究表明，通过光周期、温度等环境因子调控，可诱导松毛虫赤眼蜂、玉米螟赤眼蜂、甘蓝夜蛾赤眼蜂等天敌昆虫进入滞育。

2. 植物病害生物防治的研究与应用

利用海洋微生物作为创制生物农药新的资源是较为突出的进展之一。中国科学院沈阳应用生态研究所、华东理工大学、国家海洋局第一海洋研究所、中山大学生命科学学院等都建立了从事海洋微生物资源农业利用高水平的研究团队。上海泽元海洋生物技术有限公司与华东理工大学生物反应器工程国家重点实验室及国家海洋局第一海洋研究所合作，在国家“十一五”海洋“863”计划重点项目课题（2007AA091507）支持下，从渤海潮间带植物盐地碱蓬根内分离到 1 株海洋芽孢杆菌 B-9987（*Bacillus marinus*，CGMCC 号：2095）。现已用 B-9987 创制出首个海洋微生物农药——10 亿 CFU/g 海洋芽孢杆菌可湿性粉剂（简称海洋 WP）（中国专利公开号 CN101331881A），并建立了中试生产线。该药剂对番茄青枯病、辣椒疫病、西瓜（甜瓜）枯萎病和炭疽病、黄瓜细菌性角斑病等土传病害和叶面病害均有良好防效。该药剂为微毒类农药，正在进行田间药效试验，有望成为国内外首个商业化的海洋微生物农药。中国科学院沈阳应用生态研究所胡江春团队发现海泥的地衣芽孢杆菌 BAC-9912 控制真菌病原菌病害的主要活性物质为脂肽，分离鉴定出其中一个活性组分为 surfactins 系列化合物，为 7 个氨基酸的环脂肽，此菌与华北制药集团爱诺有限公司联合开发为宁康霉素生物农药。

木霉菌作为一种经典的生物防治微生物，其研究与开发不断深化。我国在木霉菌领域近年来在生防木霉菌资源库、多功能木霉菌剂创制，生防木霉菌分子改良与工程菌构建，木霉菌功能基因挖掘、木霉菌诱导植物免疫机理以及生防木霉菌应用技术和制剂产业化等方面取得明显进展，部分研究已达到或接近国际水平。上海交通大学陈捷教授团队将绿僵菌的几丁质酶基因(*chit*42)、蛋白质酶基因(*pr*1)成功转化木霉菌,转化子对玉米螟幼虫的致死率明显高于绿僵菌。转绿僵菌基因的木霉菌今后有望在兼治地下害虫或与玉米螟危害相关的穗腐病中发挥作用。

木霉菌除具有防治病害和促进作物生长的功能外,还具有显著的环境生物修复功能。山东科学院杨合同研究员和上海交通大学陈捷教授团队筛选出一批具有解磷作用(磷酸钙)、解钾的木霉菌株。上海交通大学陈捷教授团队成功开发出木霉菌—油菜联合吸附土壤超量重金属(Cd^{2+}、Cu^{2+}、Zn^{2+})的土壤修复技术。上述成果均为国内外首次报道。

在木霉菌基因资源利用方面,新疆农业大学李莉等利用木霉菌几丁质酶基因成功转化棉花,提高了棉花对黄萎病的抗性。浙江大学徐同教授团队将T22的*Chit*42基因转化水稻,获得对水稻纹枯病的抗性工程植株。上海交通大学陈捷教授团队将木霉菌几丁质酶基因*chit*42和*chit*33、*sm*1成功转化链霉菌获得了兼有抗生作用和诱导抗性功能的工程菌。同时近几年木霉菌制剂生产工艺发展较快,上海交通大学、沈阳农业大学通过优化发酵工艺形成了诱发木霉菌产生厚垣孢子专利技术,并联合开发出木霉菌分生孢子粉尘剂,获得国家发明专利,提高了木霉菌菌剂对叶部病害的防效。木霉菌高产厚垣孢子发酵工艺的建立为我国木霉菌的产业化提供了技术保障。

(五)农药学

1. 农药创制的基础研究

近年来我国在农药创制的基础研究方面取得重要进展,其标志性成果是2008年10月完成并验收的我国第一个“973”农药项目“绿色化学农药先导结构及作用靶标的发现与研究”。项目组5年内共发表SCI收录论文650余篇,获授权发明专利90余件,取得的成果对于我国的农药创制有重要作用,验收专家组给予了高度评价,项目所含七个课题均评价为优。主要成果有:①在农药定量构效关系理论方面,南开大学,华中师范大学及华东理工大学建立了基于密度泛函的QSAR理论(DFT/QSAR)和基于分子聚集态的QSAR理论(QAAR);这些工作丰富了农药分子设计理论,加深了对农药作用机制的理解。②华东理工大学在乙酰胆碱受体中,建立了基于氢键协同作用的$\pi-\pi$堆积的作用模型,并随后得到国外报道的复合物晶体结构证实,据此建立了以顺式硝基烯为代表的基于新靶位的反抗性杀虫剂创制方法,发现了系列超高活性的化合物。③南开大学与澳大利亚科学家合作解析了自主创制的新型除草剂单嘧磺隆与拟南芥乙酰羟酸合成酶催化亚基复合物的晶体结构,从分子水平上阐述了单嘧磺隆的作用机制。④南开大学在沙漠植物牛心朴子草活性成分——娃儿藤碱B作用机制研究中发现,病毒RNA特异起始碱基的空间结构可作为抗植物病毒药剂的高选择性的靶标;提出了基于阻碍病毒颗粒组装的抗植物病毒新作用机制。⑤贵州大学通过仿生合成方法合成系列含氟含杂环的氨基膦酸酯化合物,并借助于芯片技术等研究手段和酶生物化学技术,发现高活性抗病毒化合物——毒氟磷。⑥此外,中国科学院生物物理所与植物所合作在国际上率先完成了菠菜光合反应系统的主要捕光复合物(LHC-II)三维结构的测定,也是这一时期取得的重要成果。

2. 农药新品种开发研究

近五年来,我国在农药新品种的开发研究方面同样取得重要进展,其标志性成果是

“十一五”国家科技支撑计划项目“农药创制工程”的完成。重要成果有：①五年里共有33个具有自主知识产权的创制品种取得农药登记进入产业化开发，绝大部分为高效、低毒、环境相容性好的品种；②2008年以来，5个创制品种取得了农业部农药临时登记证；③近五年获得一批处在农药创制的不同阶段，具有良好的杀虫、除草和杀菌活性的新结构化合物，为“十二五”农药的持续创新工作打下了很好的基础；④近五年，我国农药行业共性关键技术开发取得明显进展，吡啶碱合成新技术的成功开发，打破了跨国公司对吡啶类产品的垄断，对促进我国杂环类农药健康发展具有重要意义，乙基氯化物绿色合成新技术成功开发，实现了清洁生产和资源综合利用；⑤近五年，“农药创制工程”项目新申请发明专利172项，其中国内160项，国外12项；新获得发明专利64项，其中国内58项，国外6项。

3. 农药环境安全评价与环境行为研究

（1）由农业部农药检定所牵头，中国农业科学院、中国农业大学等单位共同完成或正在进行的农药风险评估相关项目，包括：“十一五”国家科技支撑计划——食品中农药残留风险评估技术研究课题（2006～2008）；中荷合作农药环境风险评估项目（2007～2010）；公益性行业（农业）科研专项经费项目——农药风险评估综合配套技术研究（2009～2013）。取得的研究成果有：建立了我国农药环境行为、环境毒理试验方法21项，并形成了国家标准报批稿；基本建立了地下水（饮用水）、地表水、鸟、蜜蜂和家蚕风险评估程序和方法，编写了我国农药环境风险评估手册；初步构建了我国农药6个环境风险评估标准场景，其中包括6个北方旱作地下水场景，2个南方水田区地下水场景，2个南方水田区地表水场景；研究建立了我国农药环境风险评估基本框架，包括分级评估程序、暴露分析、生态效应分析、风险表征的基本方法；完成了3个已登记农药氟虫腈、毒死蜱对地表水，莠去津对地下水环境风险研究，研究成果为氟虫腈全面禁限用提供了科学依据。

（2）中国农业大学开展了多种手性农药对映体的选择性环境行为研究，包括甲霜灵等12种手性农药在土壤、水、植物（多种蔬菜、农作物）样本中的残留、降解、代谢等环境行为研究；在家兔和大鼠等动物体内的降解、代谢等环境行为及在各脏器组织中的分布研究；苯霜灵等6种手性农药在土壤动物体内的代谢行为研究。这些研究结果表明，大部分手性农药对映异构体在土壤、植物及动物体内的残留、降解、分布及代谢行为存在较大差异。

4. 农药毒理学研究

我国在这一领域的重要进展是在手性农药对映体水平上的深入研究。浙江大学和浙江工业大学以美国环保局（EPA）水生毒性试验生物大型蚤和网纹蚤为标志生物，建立了手性农药对映体的水生急性毒性试验评价方法，并在此基础上先后建立了多种体内、外研究模型，在手性农药慢性毒性对映体选择性，及藻类和植物的对映体选择性等方面取得重要成果。

5. 农药残留分析方法研究

近年来我国科技工作者致力于寻求高灵敏度、高分辨率、高选择性、高通量的定量分析方法。代表性成果有：①中国检验检疫科学院建立了多个多残留分析方法，应用于各种农产品、食品中的农残检测，在同时检测的品种数量上，居国际领先地位。②中国农业大学系统建立了己唑醇等20余种手性农药在土壤、水、多种植物体、动物组织中的残留分析方法，为研究这些手性农药单一对映异构体的残留行为提供了基础。

6. 农药残留标准研究

(1)近年来我国已建立了涉及178种农药在92种(类)作物的农药残留限量标准807项，同时制定了500多种农药在农产品、环境中残留量检测的国家标准和行业标准方法232项，农药合理使用准则、残留田间试验准则等技术规程39项，初步形成了以国家标准为主，行业标准为辅，以及安全标准和配套支撑标准共同组成的较为完善的农药残留标准体系，奠定了我国农药残留标准体系框架。

(2)2006年7月，在瑞士日内瓦举行的第29届国际食品法典委员会大会批准中国成为国际食品法典农药残留委员会主席国，并设立了相应的农药残留委员会秘书处(挂靠农业部农药检定所)，标志着农药残留膳食摄入风险评估工作在我国的正式开端。目前，我国已初步建立起农药风险评估的技术体系、程序与方法。为建立残留限量标准提供了科学基础。

(3)2009年4月，我国举办了国际农药残留风险评估研讨会，形成了农药残留风险评估准则 、农药残留限量标准制定指南和农药登记与残留评价作物分类等3项技术规范，初步建立起符合我国国情的农药残留膳食摄入评估体系。

(六)生物入侵学

近几年，国家通过加强对生物入侵基础、应用基础以及应用技术的立项研究，开展了重要入侵物种的种群形成与扩散、重要入侵物种的适应性与进化、重要入侵物种对土著种的竞争排斥机制与置换效应、生物入侵对生态系统结构与功能的影响和外来入侵物种的风险评估与早期预警技术体系等研究，在理论和技术上取得了一些突破性进展和成果。

1. 重要入侵物种的种群形成与扩张机制

(1)紫茎泽兰的种群形成与扩张机制。从紫茎泽兰化感作用角度深入研究了其种群形成和扩张，现已分离鉴定根系和花中的多种新化合物，克隆得到了紫茎泽兰次生代谢途径中的6个调控基因，鉴定出与紫茎泽兰化感物质——羟基泽兰酮代谢相关的目标基因(查尔酮合酶基因和苯丙氨酸解氨酶基因)，分析了这两个基因的表达谱，并利用生物信息学的方法进一步分析了查尔酮合酶基因编码蛋白的各级结构。通过系统调查研究发现紫茎泽兰种子产量呈现从南到北先增后减的趋势。种子产量在低纬度地区较低，随着纬度升高，气候不适，尤其是冬季的低温使得紫茎泽兰难以顺利完成其生活史而降低了在繁殖上的投入，种子产量逐渐降低。由于紫茎泽兰与当地植物种类在物候学和个体生长上的差异，可为紫茎泽兰种群形成和抑制本土植物的生长与发育提供发展空间。通过空间分析探明了紫茎泽兰在新入侵地区(川渝)的快速扩散机制，主要沿河流、公路和铁路扩散，83%的入侵点集中在沿河流、公路和铁路20公里的范围内，并且随着离河流、公路和铁路距离的增加入侵点减少。其快速扩散是其生物学特性和当地地理生态特点多种因素之间一系列耦合关系共同作用的结果。紫茎泽兰在新入侵地垂直分布范围的研究，说明随海拔高度上升所引起的垂直地带性气候变冷是紫茎泽兰入侵和扩散的自然限制条件。

(2)烟粉虱的种群形成与扩张机制。通过取样调查监测,明确了新入侵物种 Q 型烟粉虱在我国的分布扩散现状,分析了影响扩散的主要因子,并推测我国 Q 型烟粉虱的起源地为地中海西部国家或地区。从对山东省 4 年烟粉虱生物型系统监测表明,2005 年以来,Q 型烟粉虱种群数量逐年上升,B 型烟粉虱种群下降,2007 年 Q 型烟粉虱已经成为烟粉虱的优势生物型。寄主植物种类、不同生物型烟粉虱的种群比例以及温湿度等生态因子对烟粉虱 Q 型与 B 型竞争取代起着重要作用。通过对国内 18 个地理种群和 13 种寄主植物上的 Q 型烟粉虱内共生菌的检测,明确了其多样性变化格局,有助于理解内共生菌与烟粉虱生物学的意义及 Q 型烟粉虱在中国的入侵机制。结果发现,在自然种群中 Q 型烟粉虱次级内共生菌的种类和数量变化多样。初步分析次级内共生菌在宿主中的感染受寄主植物、寄生生物、光照、降雨量以及某些偶发因素的影响,进而导致这些微生物多样性的形成。研究结果有助于了解内共生菌对烟粉虱的生物学意义及 Q 型烟粉虱在中国的入侵机制。

(3)松材线虫入侵种群致病作用与遗传分化机制。完成了松材线虫与拟松材线虫基因组的比较测序和基因注释,发现松材线虫存在 705 个种特异基因,一些基因家族如果胶酶基因家族存在明显的基因扩张,为从全基因组解析入侵松材线虫致病作用机制提供了依据。收集美国 7 个州的 20 多个松材线虫种群,以及中国主要分布地和日本、葡萄牙等地 50 多个入侵种群,正以已完成的松材线虫全基因组为参考进行重测序分析,通过从全基因 SNP 多态性与生活史特征的关联分析(GWAM)解析松材线虫成功入侵的遗传机制。

2. 重要入侵物种的适应性与进化

(1)紫茎泽兰的适应性与进化。从紫茎泽兰种群对低温适应进化的分子生态学角度,深入分析了紫茎泽兰高海拔种群的耐寒性以及相关 HSP 的表达差异。结果表明,低温胁迫下,紫茎泽兰叶片中 HSP70 基因的表达水平升高,不同地理种群的紫茎泽兰其 HSP70 基因的表达水平各异。表明热激蛋白的过量表达可能有助于提高紫茎泽兰对温度逆境的适应能力,可能是其成功定植的生态适应性机制之一。

(2)烟粉虱的适应性与进化。探明了高温胁迫对烟粉虱种群动态、性比以及繁殖力、求偶和交配行为的影响,分析了高温热胁迫下热激蛋白基因在 B 型烟粉虱不同性别中的差异表达,并采用 RNA 干涉技术鉴定了其在雌雄中的耐热功能,为从基因水平上解析 B 型烟粉虱雌虫较雄虫耐热的热适应机制提供依据。研究了入侵粉虱热激蛋白基因的表达及其功能,揭示了入侵粉虱 3 种热激蛋白基因表达与其温度胁迫适应性的关系,明确了 3 种热激蛋白基因在 B 型烟粉虱和温室粉虱中的热适应功能。上述研究结果为从基因水平解析 B 型烟粉虱雌虫较雄虫耐热的热适应机制,以及烟粉虱入侵扩张能力的温度适应性差异提供了依据。解析了 B 型烟粉虱对寄主植物的适应性,对具有同一遗传背景的 5 种寄主植物 B 型烟粉虱种群的内共生菌研究发现,连续饲养 5 年其内共生菌的多样性和感染率都发生显著变化;在甘蓝、棉花和一品红上连续饲养 5 年的 B 型烟粉虱种群,其体长以及成虫和卵的分布等生物学特性亦明显区别。

(3)松材线虫入侵的生态适应机制。完成了松材线虫不同地理种群(原产地种群和入侵地种群)、不同形态类型(R 型和 M 型)、环境胁迫(低温)和非胁迫(常温)以及繁殖期与扩散期的 MicroRNA 组测序分析，发现 MicroRNA 参与松材线虫的生活史转换及低温适应性调控。揭示了松材线虫热激蛋白 70 基因上调表达参与温度逆境适应性调控作用。

(4)大豆疫霉毒性因子与寄主的协同进化。首次发现了大豆疫霉的 RxLR 类毒性因子能够抑制植物的防卫反应，而且此类毒性因子对寄主防卫反应的抑制在不同类型生物间具有高度的保守性。对大豆疫霉 180 多个 RxLR 类效应分子进行了详细的转录组、与寄主适应性进化面临的选择压力、效应分子的功能等进行了系统的研究，明确了大豆疫霉通过转录协调大量不同的毒性因子，通过抑制植物的基础防卫反应，实现对寄主植物的成功侵染，同时大量毒性因子之间可以通过相互掩护破坏寄主植物的防卫反应，从而导致外来病原菌成功适应寄主植物的抗病性，进而发展成为危险性病原菌。

3. 重要入侵物种对土著种的竞争排斥机制与置换效应

明确了紫茎泽兰在入侵和生长过程中，不断通过将其化感物质融入土壤，直接或间接改变土壤微生物区系，进而影响土壤酶活性和营养元素，使得土壤微环境条件向着有利于紫茎泽兰自身生长的方向演变，进而抑制本地植物的生长。

探明了烟粉虱可通过不同途径从中获得竞争优势。当植物本身适合性不高时，通过传播双生病毒可提高植物对其的适合性，但不提高对土著烟粉虱的适合性；而当一种植物对其适合性高而对土著烟粉虱不高时，传播双生病毒不会影响植物对它的适合性或影响不大，而植物对土著烟粉虱的适合性则下降。入侵烟粉虱在与寄主植物互作中所获得的这种优势是他们能广泛成功入侵并取代土著烟粉虱的一个重要机制。在对中国境内 6 个烟粉虱推测种 30 个组合杂交试验的基础上，结合对近 20 年来各国同行有关不同遗传群之间的杂交试验数据进行综合分析，表明这些隐种之间生殖上完全隔离或基本隔离。所得结果首次为“烟粉虱复合种包含许多隐种”这一复杂的自然现象提供了遗传学证据。

研究了松材线虫侵染循环过程与本地传播媒介昆虫松墨天牛之间在种群发生、发育途径、抗性代谢、化学通讯等方面的关系，表明入侵种与本地传播媒介间的协同互作，可以影响松材线虫的生活史策略，增强松材线虫生存、传播和进攻入侵及其传播扩散能力，解析了其协同入侵的化学通讯和分子机制。

4. 生物入侵对特定生态系统结构与功能的影响

(1)松材线虫对入侵地生态系统生物多样性的影响。当遭受松材线虫危害时，混交林植物多样性指数变化幅度小于纯林，随松材线虫危害程度的逐渐增加，昆虫多样性指数逐渐降低，天敌群落的种类与数量逐渐增加，植食性群落逐渐减少，其中混交林昆虫多样性变化幅度较纯林小。不同森林群落对松材线虫入侵的抵抗力表现为混交林大于纯林，马尾松林的抵抗能力大于黑松林；混交林中针叶阔叶混交比例为 5∶5 时，林分表现出最大的抵抗能力。在松材线虫不同感病阶段的黑松及马尾松上分别发现 10 种天敌昆虫和 9 种钻蛀性害虫，分析了马尾松和黑松在感病初期至完全枯死的 4 个状态过程中，各种钻蛀类昆虫的生态位宽度；此外，研究还显示，在感病中期，无论是马尾松还是黑松，天牛霉纹斑叩甲对松墨天牛的控制能力最强。

(2)森林生态系统对松材线虫入侵的生理响应。在感病初期，黑松、马尾松针叶的净光合速率(Pn)、叶绿素含量和类胡萝卜素含量均高于健康时期，之后逐渐下降，而病重期间针叶的净光合速率为负值。此外，针叶含水量也呈下降趋势，并成为导致松树萎蔫，叶绿素含量下降，光合作用速率降低的主要原因之一。随着病情的逐渐加重，黑松和马尾松过氧化氢酶（CAT）活性逐渐降低，过氧化物酶（POD）活性和超氧化物歧化酶（SOD）活性略有上升；挥发出的 α-蒎烯、β-蒎烯、莰烯、3-蒈烯等针叶树特有的单萜类化合物在逐渐减少。马尾松在感病初期其皮层薄壁细胞即开始木质化，同时伴有细胞破裂并融合成空腔；感病中期其周皮的栓内层细胞、皮层薄壁细胞以及韧皮部薄壁细胞均发生木质化，细胞内含物增多，甚至形成层细胞也发生一定程度的木质化现象，树脂道因周围细胞破裂而变形；松材线虫病严重发生期，除木质部以外所有部分均被木质化、大量细胞破裂。黑松发病症状与马尾松大致相同但发病时间稍晚，发病程度也较轻。

5. 重要入侵物种预警和控制技术基础

通过系统研究，构建了表达中国番茄黄化曲叶病毒（TYLCCNV）*CP* 基因和表达烟粉虱内共生菌 *GroEL* 基因 dsRNA 的植物表达载体，建立了一套基于筛选的 MicroTom 番茄的高效遗传转化体系，以及 B 型烟粉虱的饲毒和传毒体系，并对转 *CP* 基因和 *GroEL* 基因烟草植株抗双生病毒的活性进行了分析，明确了其抗双生病毒的活性，对有效阻止病毒病的进一步暴发与流行，提供了技术保障。

在豚草天敌昆虫的有效利用方面。经过 20 多年的努力，筛选出了豚草卷蛾和广聚萤叶甲两种有效的豚草专一性天敌。对广聚萤叶甲的气候适应性、繁殖行为及耐寒性进行了研究。结果表明广聚萤叶甲发育最适宜湿度范围为 75%～90%，喜欢潮湿的小气候生境，适应亚热带和部分温带气候条件。由于我国绝大多数豚草发生区均属亚热带气候，因此其应用前景广阔。广聚萤叶甲工厂化生产的最适宜条件为（28±1）℃、（75±5%）RH 及光照 14L：10D。其成虫短距离配偶定位、识别和交配需借助触觉与嗅觉协同完成。广聚萤叶甲不同地理种群耐寒性研究表明，其具备北迁控制豚草的潜力，并可通过人工冷驯增强其种群的耐寒能力。上述基础研究，为实现两种豚草专一性天敌广聚萤叶甲和豚草卷蛾的工厂化生产和组建这两种天敌联合控制豚草的生物防治技术体系提供了科学依据。目前广聚萤叶甲和豚草卷蛾的工厂化年生产量已分别达到 150 万～160 万头和 30 万～50 万头，两种天敌联合控制豚草技术体系已先后在湖南、湖北、广西、广东、江西、福建、浙江、安徽等省、自治区进行大规模示范和应用推广，有效遏制了豚草种群的扩散与蔓延，取得了显著的经济、社会和生态效益。

紫茎泽兰生态修复技术。通过对德昌县的环境与当地紫茎泽兰的生长习性调查，在野外建立了三种牧草单独种植和与紫茎泽兰混合种植种群。发现鸭茅和苇状羊茅能够有效地抑制紫茎泽兰实生苗生长以及发展为种群的可能性。多年生黑麦草在雨季后期，其株高和生物量显著降低且光资源的争夺能力明显减弱，不建议作为竞争期较长的替代植物。鸭茅在整个雨季均能保持较高的生物量和极强的光资源竞争力，建议作为替代植物。同时，建立了入侵杂草紫茎泽兰生态修复技术基础理论与应用示范的野外研究基地。

松材线虫预警防控技术。研究开发了以 DNA topoisomerase I 基因为靶标的松材线虫巢式 PCR 分子标记技术和实时 PCR 检测技术。两种方法都能检测包括卵在内的单条线虫，且能有效排除松树次生代谢产物对 PCR 反应的抑制作用，实现了松材线虫的特异性分子检测。研究揭示了次生代谢物对松材线虫的诱集效应，建立了利用油酸乙酯、棕榈酸乙酯、亚油酸乙酯、反油酸乙酯不同组合的诱集预警的防控技术。

6. 外来入侵物种的风险评估与早期预警技术

重要入侵物种的远程鉴定系统和复核系统(图像识别系统)。在完善外来入侵物种数据库,构建20多个初级查询项目的基础上,实现了与植被、地理、气象环境等辅助数据库的链接和共享,建立了部分重要入侵物种的远程鉴定系统和图像识别系统以及一套具备地理数据的创建、提取、管理能力的外来有害生物大尺度生物—环境关系分析平台,该平台支持外来有害生物潜在分布分析过程中的数据提取、模型调试、模型预测、预测结果评估等全部过程,为外来入侵生物空间扩散模式的研究奠定了基础。

建立了外来入侵物种适生性风险分析评估技术体系。完成了对40种局部入侵物种(7种入侵病害、5种入侵线虫、16种入侵昆虫、7种入侵杂草和5种林业入侵昆虫)的适生性风险分析,并制定了15种外来入侵物种的紧急控制预案,为监测预警与防控提供了依据,有助于管理部门进行有效的行政决策。重要潜在入侵物种和局部分布入侵物种的口岸侦测、快速检测监测和除害处理新技术取得了明显的突破。

有害生物远程鉴定系统的建立与应用。通过客户端和服务器软件集成显微图像采集设备、超景深照片合成模块、远程视频会议系统、有害生物辅助鉴定系统、口岸截获有害生物鉴定复核管理系统等与口岸检疫工作相关的各种软硬件资源,可实现远程实时显微视频交流、专家在线式语音/视频远程鉴定指导和在线鉴定、专家非在线式静态图像鉴定、计算机辅助鉴定以及鉴定档案管理等多种与有害生物鉴定相关的实用功能,可满足从标本观察、鉴定、复核到截获疫情上报、归档等口岸工作的业务需求。图文辅助鉴定应用系统在保留传统信息系统对图文资料的管理、查询等功能的基础上,开发了模糊形态识别和电子化二叉检索表等多种辅助鉴定方案,使得不同知识层面的用户在本系统中都能找到合适的查询检索方案。该项研究已获得国家发明专利和软件著作权4项(有害生物远程鉴定系统2008SR21880,进境植物检疫截获疫情上报系统2008SR21878,动植检移动工作站软件2009SR040907和检疫性仓储害虫辅助鉴定系统2009SRBJ3287)。该系统已开始在国家质检总局口岸系统推广应用。

入侵物种特异性的分子检测技术。以外来生物的近缘种为参照,采用多种分子生物学标记技术,筛选获得入侵物种检测的特异性靶标,建立了13种入侵物种(香蕉青枯病、亚洲梨火疫病、大豆疫霉病、小麦矮腥黑穗病、黄瓜绿斑驳病毒病、番茄斑萎病毒病、柑橘杂色退绿病、葡萄黄痘类病毒病、香蕉穿孔线虫、马铃薯茎线虫、西花蓟马、Q型烟粉虱、螺旋粉虱)的DNA检测技术体系;建立了以抗体为基础的番茄斑萎病毒病免疫学检测方法。研制出小麦矮腥黑穗病菌及梨火疫病菌快速检测、诊断试剂盒2套;制定大豆疫霉菌及亚洲梨火疫病检测技术标准2项。

入侵物种实时荧光定量检测及寄主早期诊断技术。开展了入侵物种(大豆疫霉菌、亚洲梨火疫病菌、黄瓜绿斑驳病毒病、番茄斑萎病毒病、西花蓟马、Q型烟粉虱等)的田间检测和监测技术的研究,进行了疫情监测调查,初步确定了其在我国的实际分布和发生数量。开展黄瓜绿斑驳花叶病毒TaqMan探针实时荧光定量PCR检测、全基因组序列测定及致病力分析、对番茄斑萎病毒病入侵我国的分布及疫情现状进行了调查分析,利用已建立的分子检测技术进行西花蓟马分布范围及寄主种类调查,结果表明TaqMan探针实时荧光定量 PCR 检测灵敏度可达 50 拷贝/20μl 体系;获得了河北滦县、湖北武汉、山东昌乐和辽宁盖州等 4 个地区病毒分离物的核苷酸全序列,同源性高达 99.5%,接种不同品种南瓜、西葫芦、甜瓜后,品种内以及品种间的致病力并没有明显差异;采用已建立的 RT-PCR 一步法(采用 N 基因)对我国湖南、湖北、广东和云南等省的蔬菜、花卉和马铃薯等作物进行了普查,共采集标本 129 份,发现番茄斑萎病毒(TSWV)在云南、湖南和广东有较广泛的分布,平均检出率达 73.6%。利用西花蓟马的 COI 标记检测技术明确我国已有 8 省市有西花蓟马的分布。

(七)转基因生物安全学

在确保生物安全的前提下,大力发展生物技术和生物产业,是我国保障粮食安全、增加农民收入的重大战略选择。2007 年以来,通过实施国家"973"计划《农业转基因生物安全风险评价与控制基础研究》项目和"转基因生物新品种培育"科技重大专项,把我国农业生物技术的产业化发展推向了新的快速发展的轨道。经过近几年的努力,在转基因抗虫水稻和植酸酶玉米的生物安全潜在风险的系统评价,转基因抗虫棉对棉铃虫调控作用的系统监测,抗虫棉种植后盲椿象灾变原因及控制技术,棉铃虫对抗虫棉抗性风险评估与预防性治理技术等项研究中,取得了突出的进展,为转基因新品系的安全管理、转基因新品种的产业化和持续应用提供了坚实的科学基础或关键性的技术支撑。

1. 转基因抗虫水稻生物安全性的系统评价

转 cry1Ab/1Ac 抗虫基因水稻"华恢 1 号"和"Bt 汕优 63"是由华中农业大学张启发实验室培育。2004~2009 年,中国农业科学院植物保护研究所等农业部转基因生物安全检测机构,在研发者试验研究和安全性评价的基础上,对抗虫基因水稻的目标性状功能效率、分子特征、环境安全性和食用安全性的一些关键指标进行了系统的试验研究和安全性分析。通过对其环境安全性和食用安全性进行研究分析结果表明,在环境安全性和食用安全性方面"华恢 1 号"和 "Bt 汕优 63"与非转基因水稻对照同样安全。

(1)环境安全性。在生存竞争能力方面,华恢 1 号转基因水稻与非转基因对照"明恢 63"相比,在有性生殖特性和生殖率、花粉传播方式和传播能力、有性可交配种类和异交结实率、花粉离体生存与传播能力、落粒性和落粒率、休眠性和越冬能力、生态适应性和生物量等方面,均未发现明显的差异,同时在杂草性和入侵性方面未发现明显的变化。在基因漂移对生态环境的影响方面,没有发现 cry1Ab/1Ac 杀虫蛋白基因漂移对农田生态和自然环境安全有不良影响。其对地方品种和野生稻种质资源保护与利用的影响,与非转基因的品种中都是一样的。在对非靶标生物和生物多样性影响方面,"华恢 1 号"转基因水稻对稻飞虱、叶蝉等非靶标害虫,对稻田蜘蛛、寄生蜂等天敌和益虫,对家蚕等经济昆虫没有发现不利的影响;对稻田主要昆虫种群结构,对植食类、捕食类、寄生类、腐生类等昆虫的生态学功能和节肢动物多样性也没有发现不良的影响。

(2)食用安全性。华恢 1 号转基因稻米与非转基因对照明恢 63 相比,在主要成分(蛋白质、脂肪、淀粉、水分、灰分等,包括氨基酸和脂肪酸构成分析)、微量营养成分(矿物质、维生素)、抗营养因子,以及在营养学方面没有生物学意义上的差异。cry1Ab/1Ac 蛋白的急性毒性试验表明,该蛋白属于实际无毒。华恢 1 号稻米的大鼠 90 天喂养试验、短期喂养试验、遗传毒性试验、三代繁殖试验、慢性毒性试验结果表明，对试验动物未见不良影响。在致敏性方面，其间没有苏云金芽孢杆菌及其蛋白引起过敏反应的报告，也没有与生产含有苏云金芽孢杆菌的产品有关的职业性过敏反应的记录。cry1Ab/1Ac 蛋白与已知致敏原的氨基酸序列同源性比较结果显示，cry1Ab/1Ac 蛋白与已知致敏原无序列相似性。cry1Ab/1Ac 蛋白体外模拟胃肠道消化试验结果表明，该蛋白不具消化稳定性。试验数据还表明，华恢 1 号稻米对农药、重金属食品污染物没有富集作用。

2. 转基因植酸酶玉米生物安全性的系统评价

转植酸酶基因玉米自交系 BVLA430101 由中国农业科学院生物技术研究所培育。2006～2009 年，农业部有关转基因生物安全检测机构对转基因植酸酶玉米的环境安全性和食用安全性的一些关键指标进行了系统的试验检测和安全性分析。结果表明，在国内种植转基因植酸酶玉米对生态环境和食用性的影响与非转基因对照同样安全。

(1)环境安全性。转植酸酶基因玉米与非转基因对照玉米相比，在有性生殖特性和生殖率、花粉传播方式和传播能力、有性可交配种类和异交结实率、花粉离体生存与传播能力、落粒性和落粒率、休眠性和越冬能力、生态适应性和生物量等方面，均未发现明显的差异，在杂草性和入侵性方面未发现明显的变化。在基因漂移对生态环境的影响方面，根据国内外文献和对该转基因玉米的观察，转基因玉米能够向其他栽培玉米发生基因漂移，其基因漂移的可能性和基本规律与非转基因对照品种是一致的，没有发现植酸酶基因漂移对农田生态和自然环境有不良影响。在对植物病虫害和生物多样性影响方面，室内和田间试验结果，该转基因玉米对玉米螟和棉铃虫等农田害虫的生长发育，对玉米大斑病、小斑病、纹枯病等病害的发生危害，对玉米田蜘蛛、草蛉、寄生蜂等天敌和有益昆虫没有发现不利的影响；对玉米田节肢动物多样性也没有发现不良的影响。

(2)食用安全性。转基因植酸酶玉米与非转基因玉米对照相比，在主要成分(蛋白质、脂肪、淀粉、水分、灰分等，包括氨基酸和脂肪酸构成分析)、微量营养成分(矿物质、维生素)等方面，在营养学方面，没有生物学意义上的差异。植酸酶急性毒性试验表明，该蛋白属于实际无毒。转基因植酸酶玉米的大鼠 90 天喂养试验，以及植酸酶的遗传毒性试验和慢性毒性试验结果表明，对试验动物未见不良影响。在致敏性方面，植酸酶基因的来源黑曲霉是重要的发酵工业菌种，在食品工业中广泛应用。微生物和转基因微生物发酵生产的植酸酶作为饲料添加剂也已有多年安全应用的记录。植酸酶与已知致敏原的氨基酸序列同源性比较结果显示，植酸酶与已知致敏原无序列相似性。体外模拟胃肠道消化试验结果表明，该蛋白不具消化稳定性。与过敏人群血清无交叉反应。

3. 转基因抗虫棉对棉铃虫调控作用的系统监测

Bt 作物大面积种植对靶标害虫区域性种群的调控作用一直是国际学术界关注的热点。中国农业科学院植物保护研究所吴孔明研究团队就我国多作物共存生态系统中 Bt 棉花种植对棉铃虫种群的调控作用进行了系统监测研究。研究发现，随着 Bt 棉花的种植，棉花上棉铃虫种群发生数量逐年下降，世代重叠现象明显减少。同时，玉米、花生、蔬菜、大豆等其他寄主植物上棉铃虫的发生数量也随着 Bt 棉花的种植呈显著下降趋势。逐步回归分析发现，棉田内外棉铃虫种群数量的下降与 Bt 棉花的种植比率呈显著相关。这些结果表明，Bt棉花的种植不仅有效控制了Bt棉田棉铃虫种群，而且明显减轻了其他作物上棉铃虫的危害，从而减少了这些作物上化学农药的使用量。导致这一现象的主要原因是：第2代棉铃虫成虫对棉花具有强烈的产卵趋性，使Bt棉花成为棉铃虫的诱杀陷阱。连续多年Bt棉花的大规模商业化种植破坏了棉铃虫在华北地区季节性多寄主转换的食物链，压缩了棉铃虫的生态位，不仅有效控制了棉铃虫对棉花的危害，而且高度抑制了棉铃虫在玉米、大豆、花生和蔬菜等其他作物田的发生与危害。这一研究成果阐明了转基因抗虫棉花对棉铃虫种群演化的调控机理，对发展利用Bt植物可持续控制重大害虫区域性灾变的理论技术体系有重要指导意义。相关研究论文于2008年9月19日国际著名杂志《科学》上以封面论文发表。《科学》高度重视该论文的发表，9月17日在北京举行了中国首次国际新闻发布会，资深编辑帕梅拉·J.海因斯就这篇论文发表了书面评价。2009年1月，本研究成果被两院院士推选为2008年年度国内十大科技进展新闻之一。

4. Bt棉花种植对盲椿象种群区域性灾变影响机制

由于人类对大规模种植Bt植物对生态环境可能产生的潜在影响尚缺乏足够的经验和知识，Bt作物大面积种植对非靶标害虫地位演化的影响受到高度重视。自我国Bt棉花的种植初期，中国农业科学院植物保护研究所吴孔明研究员和他的研究团队就开始系统监测研究Bt棉花对盲椿象区域性发生危害的影响效应。研究结果表明，随着Bt棉花的大面积种植，棉田盲椿象的发生数量及用于防治盲椿象的杀虫剂施用次数不断上升。而Bt棉花大面积种植后用于防治棉铃虫的化学农药使用量与棉田杀虫剂使用总量均明显降低。逐步回归分析发现，Bt棉花种植的12年间棉田盲椿象种群数量及其杀虫剂施用次数的变化均与Bt棉田棉铃虫化学防治次数呈显著负相关，这说明Bt棉花种植后防治棉铃虫化学农药的减少使用直接导致棉田盲椿象种群上升、为害加重。区域性调查同时发现，随着Bt棉花的种植，枣树、苹果、梨树、桃树、葡萄等其他作物上盲椿象为害程度日益严重，呈现出多作物、区域性成灾趋势。在我国华北地区盲椿象一般于6月上中旬从早春寄主迁入棉田。由于此阶段为二代棉铃虫的防治期，普通棉花防治棉铃虫施用的化学农药，间接地杀死了刚侵入棉田的此类害虫，从而使普通棉花成为盲椿象的诱杀陷阱。Bt棉花大面积种植有效地控制了二代棉铃虫的危害，棉田化学农药使用量显著降低，给盲椿象的种群增长提供了场所，导致其在棉田的暴发成灾，并随着种群生态叠加效应衍生成为区域性多种作物的重要害虫。这一研究成果明确了我国商业化种植Bt棉花对非靶标害虫的生态效应，为阐明转基因抗虫作物对昆虫种群演化的影响机理提供了理论基础，对发展利用Bt植物可持续控制重大害虫区域性灾变的新理论和新技术有重要指导意义。相关研究论文于2010年5月27日国际著名杂志《科学》上发表。论文的发表受到了《自然》等国际知名杂志、国内外媒体的普遍关注。

5. 棉铃虫对抗虫棉抗性风险评估与预防性治理技术

中国农业科学院植物保护研究所吴孔明、郭予元和南京农业大学吴益东等研究团队针对棉铃虫对Bt棉花的抗性风险评估和治理技术开展了深入的研究。

(1)抗性风险评估。在实验室通过对棉铃虫种群定向选择，获得对Bt棉花抗性品系的基础上，研究了棉铃虫对Bt棉花抗性的遗传方式、适合度成本、生物学行为、交互抗性以及自然条件下不同地区 Bt 棉花毒蛋白表达量变化对不同代别棉铃虫形成的选择压力。通过对各种影响抗性发展因素的综合分析，建立了预测棉铃虫对 Bt 棉花抗性演化的风险评估技术及模拟模型，综合评估了我国农业生态系统下棉铃虫种群对 Bt 棉花的抗性风险，以及 Bt-Cry1Ab 玉米等棉铃虫寄主作物商业化种植对棉铃虫抗性发展的潜在影响。结果显示，Bt 棉花生长中后期 Bt 蛋白表达量的稳定性和商业化表达类似 Bt 蛋白的玉米等作物是引起抗性风险的最关键要素。在华北种植模式下，如不采取抗性预防措施，棉铃虫自然种群将在 Bt 棉花大规模商业化种植的 7 年内产生抗性。抗性一旦产生，Bt 棉花的抗虫效率将下降 20%以上。

(2)抗性早期监测与预警技术。建立了基于种群水平的常规生物测定法，通过测定不同浓度 Bt 毒素下的棉铃虫生长抑制率，从而确定种群对 Bt 棉花的抗性程度。该方法可以大规模检测完全显性抗性基因的杂合子和隐性基因控制的纯合子。建立了基于单雌家系水平检测的 F1/F2 方法，田间诱捕已交配的单头雌虫繁殖后代，然后进行同胞自交，使所有的基因都纯化为纯合子，再生物测定。该技术能检测不完全显性抗性基因的杂合子。研究明确了棉铃虫对 Bt 棉花产生抗性的基因调控机制，发现中肠钙粘蛋白和氨肽酶基因突变是引起抗性产生的主要原因。建立了基于抗性基因的 DNA 分子检测方法，可直接检测稀有抗性隐性基因中的杂合子。在此基础上，构建了棉铃虫抗性早期预警与监测技术体系，可分别进行抗性基因(检测灵敏度小于 0.0001)、抗性个体(检测灵敏度约为 0.001)和抗性种群(检测灵敏度约为 0.01)三个水平的抗性检测和监测。

(3)抗性预防性治理技术体系。采用 C12/C13 稳定性同位素与微量棉酚分析方法，研究发现不同作物间棉铃虫种群普遍存在自由交配与基因交流现象。通过种群杂交，玉米、大豆、花生等寄主作物上的敏感棉铃虫可以稀释 Bt 棉花上个体所携带的抗性基因，延缓抗性演化，起到了天然庇护所作用。抗 Cry1Ac 棉铃虫对 Cry1A 类其他 Cry1A 蛋白之间存在明显的交互抗性。在 Bt 棉花种植区，如商业化 Bt-Cry1A 玉米、大豆、花生等寄主作物，将直接导致棉铃虫天然庇护所的丧失，引起抗性的产生。据此，创造性地提出我国应实行利用小农模式下玉米、小麦、大豆和花生等棉铃虫寄主作物所提供的天然庇护所预防性治理抗性的策略。其中，应采取的关键措施为禁止种植低表达量的 Bt 棉花品种、禁止种植 Bt-Cry1A 玉米、小麦、大豆、花生。

本研究成果被农业部直接应用于我国 Bt 棉花安全评价与种植管理，以及其他转基因作物的基因布局。这一成果的推广应用有效缓解了我国棉铃虫抗性演化问题，使棉铃虫田间种群对 Bt 棉花一直保持在较为敏感的范围内，抗性基因频率低于 10^{-3}。该项研究获 2010 年国家科技进步二等奖。

(八)农业鼠害防治学

受全球气候变化加剧、环境条件改变以及人为因素等影响，农业鼠害问题已成为农牧业持续稳定发展、生物多样性保护和生态环境建设及人民身体健康的一个重大隐患。近年来，鼠害防治学科通过加强鼠害基础生物学、鼠害成灾规律和防治技术的研究，提升了鼠害防治的科技水平。

1. 鼠类种群数量暴发机制研究

(1)对气候、植被等环境因子的分析预测害鼠种群的波动。中国科学院动物所张知彬实验室通过分析气候、植被等生态因子变化，探讨气候变化对内蒙古地区啮齿类种群数量波动的成因，为进一步深入研究气候变化对我国北方典型草原和荒漠生态系统啮齿类动物种群和群落的影响提供了理论基础。研究表明鼠类种群动态过程中受到气候和植被在小尺度对鼠类的影响十分重要；揭示了气候和植被在不同的季节对鼠类的影响具有不同的正负作用，与传统对生态因子的影响评价形成了鲜明的对比。

将环境因子如气候因子引入鼠害预测的参数中是近年来本学科的重要进展之一，其中主要是研究温度和降水因素，这样不仅可延长鼠害预测模型的时间尺度，同时可提升鼠害预测模型的预测精度。鼠类对极端或异常气候变动具备生理上和进化上的适应对策，并影响鼠类种群的暴发过程。全球性的气候变化可在较大的空间尺度诱发鼠类危害发生，鼠类种群暴发有明显的空间尺度相关性。与厄尔尼诺—南方涛动(ENS)关联的气候或食物是引起啮齿动物种群暴发的关键因子，并提出厄尔尼诺—南方涛动(ENSO)可能是鼠类种群暴发的重要启动因子。

(2)运用数学统计方法、数值模拟技术及遥感信息技术，对区域性鼠类种群暴发资料分析，揭示气候及其影响下的食物、植被等因素对鼠类种群暴发的影响。中国科学院陶毅研究组通过运用模块化信息处理技术和时空模型构建技术，整合生物信息、地理信息及气候气象信息，从主要鼠种、区域鼠种演替和气候因子综合作用分析鼠害区域性暴发的特征及其与气候的关系；构建了鼠害区域性暴发的计算机数值模拟；并在网络建设的基础上组建了鼠害暴发预警系统。

(3)鼠类种群暴发的生理、免疫调节机制及鼠类对环境的适应性。王德华研究组依据鼠类生殖期的免疫功能、褐色脂肪组织(BAT)产热与免疫功能的关系，揭示了低温驯化和IBAT切除对免疫指标的影响。同时通过对布氏田鼠在繁殖期的生理适应调控的研究发现，血清瘦素在布氏田鼠妊娠期和哺乳期对能量摄入和产热调节的不同作用。

(4)鼠类种群遗传结构动态及调控机制。徐来祥教授研究组采用分子生物学方法，研究了不同地理区域、不同年份黑线仓鼠群体的遗传多态性以及不同发育时期基因表达与黑线仓鼠数量发生、繁殖状态的关系，研究表明鼠类群体的遗传多态性与鼠群体数量的暴发成正相关。刘晓辉研究组利用分子生物学和表观遗传学的方法，研究鼠类繁殖的遗传调控机制表明，高低纬度地区褐家鼠对环境因子的响应方式不同；布氏田鼠减数分裂则呈现与种群繁殖状态完全一致的年度性周期变化，并且光照因子是决定其遗传表达的最重要因子之一。

2. 人类活动对鼠类的影响

人类对鼠类栖息环境的巨大改变，经常成为鼠害加重的诱发因素。在草原生态系统，过度放牧形成的裸露斑块生境和低矮草场可能会有利于害鼠的栖息和繁衍，并进一步加剧草场的退化，甚至沙化。广泛应用免耕技术，喷灌技术也有利于害鼠栖息和繁殖。中国科学院亚热带所王勇研究员研究了洞庭湖区域东方田鼠与稻田的关系，发现围垸外水位明显影响东方田鼠的栖息环境与迁移方向，同时也是东方田鼠成灾的主导因素。

3. 鼠类营养代谢

扬州大学魏万红教授探讨了食物中单宁和蛋白对小家鼠蛋白质代谢的影响。发现食物中的单宁酸对小家鼠的蛋白质代谢有抑制作用。并且食物中单宁对肾上腺指数和皮质酮含量均有刺激增加的作用；食物添加单宁对雄性的脾脏指数有抑制作用可显著降低睾酮含量对雌鼠则可抑制子宫发育。结果表明添加单宁不仅会降低其免疫功能而且可抑制鼠的繁殖能力。

中国科学院西北高原所张堰铭研究员研究表明，高原鼠兔的啃食活动会显著增加植物的总酚、简单酚以及缩合单宁的含量，但在不同月份，对不同植物的次生化合物含量的影响不同。高原鼠兔的啃食能够显著的提高禾本科植物生长期总酚、简单酚、缩合单宁的含量。

4. 天敌捕食对鼠类种群的作用

扬州大学魏万红教授通过模拟天敌动物的气味实验，观测和测定了鼠类对不同天敌气味的行为和内分泌特征。在天敌动物数量显著下降的条件下，高原鼠兔的地面活动时间减少，警戒和观望行为投入也减少，同时高原鼠兔的繁殖时间延长、繁殖次数增加。天敌捕食一方面能阻止种群急速增长，另一方面能加速种群下降及保持鼠类较长期地处于低密度状态。天敌的捕食作用对鼠类是一个强大的选择压力，显著影响鼠类的行为进化及繁殖策略进化，反过来又影响天敌的进化。

5. 鼠害治理技术

(1)生态治理技术。根据人类活动干扰下鼠类群落演替规律及鼠类生物学特性的研究，提出以栖息环境治理为主的生态治理的策略是当前鼠害防治的主流方向之一。在内蒙古典型草原区研究表明，采用生态控制技术，优化放牧管理制度，通过改变鼠害草场的栖息地，恶化田鼠的越冬食物条件，根据草场鼠类群落演替规律及与放牧强度的关系，调整以草—畜—鼠协同关系为主的生态治理新策略，为实现无公害可持续控制草原鼠害奠定了基础。

(2)毒饵站技术。毒饵站技术是近年来兴起的一项药饵投放的配套技术，该项技术通过设计特异性的毒饵站，一方面提高药物的利用效率，在毒饵站中的药物一般能防止日晒雨淋，从而保持较长时间的药效；另外一方面，防止药物被非靶目标所误食，降低对非靶生物的毒害；并能有效地防止药物散落在环境中，降低环境残留等诸多优点。我国各地已经开发出适合多种地区的毒饵站，如北京的纸质简易毒饵站、陶质毒饵站、PVC 管多用途毒饵站(已经实现机械化生产)，四川的竹桶毒饵站，东北的水泥毒饵站，一方面大大降低了制作成本，同时使药物发挥到最大效能。毒饵站的使用是药物投放技术的飞跃。这项技术的广泛应用有力地促进了农村与农田的鼠害防治力度。

(3)鼠类不育控制。鉴于传统灭杀鼠类的缺点，不育控制已成为当前研究热点。不育控制与传统灭杀策略截然不同，前者是通过降低种群的生育率，后者采取增加种群的死亡率，但都能达到降低种群数量的目的。不育个体除不生育外，还继续占有配偶和巢域，消耗资源，保持社群紧张，有利于抑制种群反弹和快速恢复，是鼠害可持续控制的理想选择。在野外应用方面,不育剂已经相继在小毛足鼠、黑线仓鼠、黑线毛足鼠、长爪沙鼠、高原鼠兔、大沙鼠以及布氏田鼠控制研究上进行了应用。结果表明:一次性投药,可实现对其整个年度的繁殖控制,尤其对北方有季节性繁殖期的鼠类种群而言。但应当看到,不育控制也存在一些问题,如在控制区域需要容忍一定密度的鼠害存在不育个体,在附加值比较高的地方如蔬菜大棚以及粮仓,人们对鼠类存在是不能容忍的。

(4)围—捕(TBS)控制技术。使用 TBS(tapbarried system,围—捕控制)方法,主要利用鼠类的迁移习性以及对栖息地选择的习性将鼠类诱捕到特定区域,实现对大田鼠害的防控效果,可达到无药物控制鼠害的目的。在华中地区对东方田鼠以及华北、东北地区的应用表明,TBS 是切实可行的方法,尤其是其不用鼠药可控制鼠害的特点,使这一技术具有良好的未来发展前景。

三、植物保护学科国内外研究进展比较

近几年,我国植物保护科技工作者刻苦钻研,辛勤努力,取得了显著的研究进展,涌现出一批研究成果,缩短了与国际先进水平的差距,某些成果达到国际领先水平。但是,我国植物保护学科研究总体水平与国际先进水平相比,还有较大差距,原创性研究不足,基础研究和高新技术研究仍较薄弱。未来 5～10 年应以国际先进水平和国家重大需求为目标,对农作物重要有害生物的灾变规律、成灾机理、预测预警的理论和技术以及有害生物控制的理论与技术等进行系统、全面的研究,以提高植物保护学科的整体水平,为我国农作物生物灾害持续控制,确保农业生产安全提供理论基础和关键技术。

(一)植物病理学

"十一五"期间,我国政府对科技投入支持力度显著增加,对提升植物病害研究的总体水平和加速成果转化起到了重要的推动作用,逐步缩小了与发达国家的差距。科研平台建设形成了以科研项目为纽带,以现代农业产业技术体系功能实验室、岗位科学家、试验站,大区流行病害研究协作组及野外台站为依托,中央与地方及基层大范围多层次的科技协作,初步建立了产学研一体化的研究和技术推广平台。在此基础上,通过运用分子遗传学、分子生物学和生物化学等技术和手段,极大地丰富和促进了植物病理学科的发展,取得了一批突破性的研究进展。陆续在 *Cell*、*PNAS*、*Plant Cell* 等国际高水平杂志上发表具有重要影响的论文,提升了我国植物病理学基础研究的国际地位。

但是,我国在植物病害学基础研究的深度和系统性方面还有待加强,在病原菌侵染及其病害的灾变分子机理、病原菌致病性与毒性及其变异的分子机理、植物持久抗病性分子机理、病原菌与植物寄主合作机制等研究方面,尚有较大的差距。

(二)农业昆虫学

近年来,我国农业昆虫学学科研究与过去相比,取得了快速的发展与进步,特别是在 Bt 抗虫棉应用与抗性治理、稻飞虱雷达检测等方面颇有特色。但在微观层面的基础研究方面,与发达国家相比仍较薄弱。我国对转基因昆虫、昆虫功能基因组、害虫与寄主植物

的协同进化、农田生态系统食物网、转基因作物利用等领域的研究工作还有待加强。在新技术研究开发中，需要加强应用地理信息系统、全球定位系统等信息技术和计算机网络技术，以提高对害虫种群监测和预警的能力和水平。

有关农药诱导害虫的再猖獗研究，国际上很早就有记录。但纵观国际研究现状，主要是发现了一些农药的使用诱导了害虫再猖獗的现象，而其中的机制探讨还鲜见报道。害虫再猖獗是由于农药使用直接刺激了生殖，还是由于杀伤天敌的间接作用，或是农药通过改变植物体内的成分而有利于害虫发生等，都有待于逐步研究解析。

转基因抗虫作物种植导致农药使用模式的变化程度是史无前例的，这必将导致害虫种群地位的演替。美国、澳大利亚等发达国家，在大农场种植模式下，转基因抗虫作物田农药使用模式的改变，对害虫种群发生影响方面已有不少研究报道，但其长期性、区域性的影响效应（特别是在中国等发展中国家小农种植模式下）评估还比较缺乏。

（三）杂草学

近几年，我国杂草科学研究尤其是农田杂草治理取得了可喜的成绩，但杂草科学应用基础研究，包括杂草致灾生物学和遗传学基础、杂草与农作物的互作机制、除草剂作用机理等，与发达国家相比依然明显滞后。国外杂草科学家运用现代分子生物学技术和手段研究杂草生物学，从基因组和分子水平理解杂草的生物基础，明确杂草的生态适应性、基因多样性、杂草与农田作物间的竞争基础。精确地鉴定导致抗药性的基因突变，揭示了部分已知抗药性杂草的抗药性分子机制，对已报道的绝大多数抗药性杂草的抗药性水平进行了检测；运用计算机图像技术，结合3S研究农田杂草种群的空间分布（图）及其特点，成功地进行外来入侵杂草 spotted knapweed（*Centaurea maculosa*）和 babysbreath（*Gypsophila paniculata*）的预警；运用计算机网络技术建立杂草治理专家支持系统。我国除需加强应用基础研究外，在应用技术研究方面，生态控草技术、3S和信息技术应用、杂草抗药性治理、除草剂对作物的安全性、除草剂药害预防与修复、除草剂利用率的提高，以及环境保护等均有待加强和提高。

（四）生物防治学

在寄生蜂功能基因组研究方面。国外一直重视寄生蜂防御寄主免疫与调控寄主发育机理的研究，特别是研究寄生蜂有关寄生因子如多分 DNA 病毒等有关功能基因及其生理功能的研究，相比之下，尽管我国在小菜蛾盘绒茧蜂 PDV 和蝶蛹金小蜂毒液组成与功能方面有不少研究，但在功能基因组研究方面还有待加强。在寄生蜂识别行为机理方面国外研究多已关注于信息物质与化学感器受体的互作研究，这方面国内工作也有待加强。

在昆虫信息素的基础研究方面。由于我国昆虫化学生态学基本为跟踪国外的进展开展研究，总体来说，化学生态学的各个方面都与国外有很大的差距。在信诱剂方面主要表现在诱芯释放材料、化合物的合成、各种应用技术的基础研究比较薄弱。

在木霉菌的应用基础研究方面。近年来，我国在木霉菌研究领域，在生防木霉菌资源库、多功能木霉菌剂创制、生防木霉菌分子改良与工程菌构建、木霉菌功能基因挖掘、木霉菌诱导植物免疫机理以及生防木霉菌应用技术和制剂产业化等方面取得明显进展，部分研究已达到或接近国际水平。但还需在木霉菌激发子诱导植物免疫机理、木霉菌-植物特异互作的分子机理和木霉菌厚垣孢产生机理的研究方面加强研究，以全面达到国际先进水平。

(五)农药学

农药学科研究与先进国家相比，主要差距有以下几方面。

(1)我国农药创制基础研究的理念经历了从仿制转向跟踪创新继而追求原始创新，从先导和靶标相互分离的独立研究转而开展分子靶标导向的先导发现。但是，由于起步较晚，无论是机理研究还是靶标研究，目前都还处在"追踪世界先进水平"的阶段。

(2)据初步统计，近两年国外新上市或即将上市的农药新品种共有 29 个，就农药产业强国而言，首推日本。在全球从事农药创制的公司中，有一半为日本公司。反观我国的新农药创制局面，不但创制的品种少(2008 年以来共 6 个)，所占份额低(不到国内市场的 3%)，且主要源于跟踪创新。究其原因主要还是基础研究的落后。

(3)目前国际上对 100 余种手性农药进行了对映体的拆分，与国内研究相比较，拆分的数量大，使用的手段多样，对拆分的机理探讨比较深入，提出了很多拆分模型与手性作用机理。

(4)国际上目前还没有系统的对映体的常量分析方法或相关标准，国内中国农业大学在对数十种手性农药对映体拆分的基础上，建立了较为系统的检测方法。国内外越来越多的研究学者致力于手性农药的残留分析方面研究工作，但所涉及的手性农药品种并不多，主要为有机氯类杀虫剂。

(5)手性农药对映体的不同环境行为的研究，一些发达国家起步较早，但是由于受分析方法难度所限，进展一直缓慢。国内中国农业大学对多种手性农药进行了系统的研究。虽然涉及的品种主要集中于有机氯杀虫剂和芳氧羧酸类的除草剂，但总的说来，仍处于国际先进水平。

(6)国外在手性农药毒理学研究方面比较有限，而国内浙江大学在急慢性毒性、神经毒性、内分泌干扰、生殖发育毒性的对映体选择性及其分子机理方面取得了一系列国际领先的标志性成果。

(7)日本 2006 年实施的农产品"肯定列表制度"，对农产品中 800 多种农兽药规定了限量指标，成为目前世界上最严格的食品中农兽药残留限量管理法规，几乎覆盖了我国现在种植养殖的所有农产品，严重制约了我国农产品、食品的出口，对我国农兽药残留检测技术提出了巨大挑战。相反，目前我国农药残留标准的制定及修订机制尚不健全，标准数量少。

(六)入侵生物学

尽管目前我国已组建了一支涵盖多学科、多层面、稳定发展的从事生物入侵学的研究团队，初步形成了符合我国国情的生物入侵学学科体系。然而，就国外生物入侵学学科研究的发展趋势而言，我国入侵生物学的应用基础和应用技术研究还相当薄弱，检测和监测手段还比较落后，自动化水平不高且远未形成体系，无法实现对入侵物种的远程实时监测及其识别与诊断。相当数量的高度危险的潜在外来有害生物甚至还没有基本的检测方法和标准，已有的检测方法也还存在检测时间过长或敏感性不够的缺陷，远远不能满足维护国家安全的实际需求，使大量外来疫情不能得到及时、准确鉴定，无法组织对国内突发以及尚未定殖的外来有害生物进行监测、调查和封锁控制；在对国内外疫情调查和风险分析，疫情数据库信息管理系统的建立与实时更新，以及快速的信息沟通与反应机制等方面的研究工作均存在较大的差距；此外，入侵物种的转基因控制技术研究尚属空白。

(七)转基因生物安全学

与美、欧先进国家相比，我国转基因生物安全研究起步晚，但发展快，成效显著。在已经实现产业化的转基因抗虫棉的环境安全性研究方面，我国总体上与美国、澳大利亚的水平相当，领先于其他国家。但在其他方面与先进国家相比存在不同程度的差距，有的差距很大。

根据联合国粮农组织(FAO)、世界卫生组织(WHO)和国际食品法典委员会(CAC)关于转基因食品生物安全分析的指导原则规定，风险评价、风险管理和风险交流是有机衔接的一个整体，三者间紧密联系，互相依存，缺一不可。许多国家也是三种技术研究同期开展，同步推进。与先进国家相比，我国转基因生物安全技术研究按照差距由小到大的顺序，依次为风险评价技术、风险管理技术、风险交流技术。其中，室内风险评价技术的差距大于田间风险评价，尚无产品应用的风险管理技术差距大于已有产业化应用的。

(八)鼠害防治学

1. 农业害鼠可持续控制技术

当前各国都在积极研究、发展生态治理技术。比较突出的是欧美国家根据鼠类生活习性，通过大规模清理农田，包括挖低旱作区田埂，修建硬底化排灌系统以及田间杂草的防除等工作，在易于发生鼠害的农田尽可能把鼠类适宜的栖息地改造成不适栖息地。并采取同种作物大面积连片种植的方式降低鼠类栖息的机会。相比之下，我国虽然也有类似的研究，但农田改造的强度和实际害鼠控制效果均有一定的差距。

2. 合理使用抗凝血灭鼠剂

世界各国普遍以抗凝血剂作为主要的杀鼠剂品种。其中除澳大利亚等少数国家仍然使用，如氟乙酰胺、甘氟等药物外，大多数国家已不再使用急效神经毒素。但鉴于害鼠种群对抗凝血杀鼠剂易于产生抗药性的特点，欧洲推广使用了以凝血因子鉴定的标准；并重视杀鼠剂品种的轮换。特别当第一代抗凝血剂如还具有较好灭效的情况下，不主张更换第二代药物。与之相比，我国对抗凝血杀鼠剂的使用缺少宏观控制，一些地区连续多年使

用溴敌隆、氟鼠灵等第二代抗凝血剂，以至于出现了抗性鼠群；且对抗性问题重视不够，构成了农区灭鼠中较为突出的问题。

四、植物保护学科发展趋势及展望

(一)植物病理学

近年来，植物病理学研究发展迅速，取得了可喜的研究进展，在基础研究方面与国外的差距正在逐步缩小，陆续在国际高水平杂志上发表具有重要影响的研究论文，提升了我国植物病理学基础研究的国际地位。但是在基础研究的深度和系统性方面还有待加强。

随着植物与病原物互作基础研究的深入，将有越来越多的功能基因被用于改善植物持久抗病性，转基因植物的应用前景广阔。我国植物病理学研究应对全球气候变化和种植结构调整，应强化重大病害发生规律的基础研究。

发挥新技术如生物芯片、DNA条码等技术在植物病害监测与诊断中的应用。发挥网络和信息系统的作用，建立各级网络化诊断、监测以及预警体系和平台，提高应对突发事件的能力。随着国际农产品市场的逐步融合，加强危险性入侵植物病害的监测预警与应急防控技术的储备研究。

植物病害的防控策略方面，应贯彻“绿色植保”的理念，在防控策略上朝着有害生物的系统管理(SPM)、生态治理(EPM)和持续治理(SPM)方向发展。随着大众对食品安全的广泛关注，对病害的无公害防控提出了新的要求，需要研发农作物产前、产中、产后生物灾害的无公害防控新技术，减少食物中农药和真菌毒素污染。在病害控制方面，应更加注重自然控害作用，强化生物多样性的利用，实现农作物病害的可持续控制。为植物病害防治注入发展观、经济观、生态观和环保观的理念。

(二)农业昆虫学

随着分子生物学、转基因技术和信息技术等生物技术和现代科学技术领域理论、技术和方法的发展和应用，农业昆虫学将围绕揭示农业害虫猖獗成灾机制、天敌控害机制以及害虫控制新原理与新方法等科学技术问题，进入一个新的发展阶段。

(1)农业昆虫的有关分子生物学基础研究。选择我国重大农业害虫及其天敌，系统开展功能基因组学、转录组学、蛋白质组学、代谢组学和生物信息学；深入研究重大农业害虫及其天敌的遗传、化学行为、免疫防御、生长发育、生殖、抗逆性(抗农药、抗极端气温等)等生命活动本质的机制，为揭示害虫成灾机制以及害虫控制与天敌利用提供理论依据。

(2)迁飞昆虫学的研究。迁飞昆虫一般具有跨境转移危害特点，我国农作物几种重大迁飞性害虫，其虫源来自境外，加强境外虫源的研究，可提高我国对迁飞性害虫的早期异地测报技术；为了提高迁飞性害虫监测预警水平，要加强对害虫暴发临界条件的多尺度演化过程的研究，同时要加强对迁飞性害虫间歇性猖獗生态机制的研究，阐明其间歇性猖獗的宏观规律和微观机制；要综合运用昆虫雷达监测技术、遗传分析与分子检测等技术，加强对迁飞种群的降落机制和再起飞机制的研究。加强对传毒虫媒生物学、生态学及植物病毒病流行学的研究，揭示灰飞虱带毒、传毒机制。

(3)昆虫抗药性机制的研究。虽然我国在一些抗药性监测、抗药性品系选育、抗性相关基因克隆及抗药性治理技术等方面在国际上略占优势或与国外相当，但在抗性基因异源表达、功能鉴定、调控、蛋白互作等方面的研究则显得不足。随着昆虫基因组测序种数的增加，基因组学、蛋白质组学、细胞组学、mRNA 差异显示技术、膜蛋白基因表达技术等的进一步应用，昆虫抗药性机制将会得到更深入的研究，昆虫抗药性机制将从分子水平上得到进一步阐释。同时研究农药使用后害虫再猖獗以及种群地位演替等系列生态效应将有助于阐明褐飞虱、盲椿象等重大农业害虫成灾原因、提出相应的治理对策与技术。

(4)加强对气候变化及农药使用对害虫种群发生的影响效应的研究，以全面揭示温室气体对农业害虫及其天敌的效应及其机理。同时要关注农业生态系统中重金属污染对害虫及其天敌效应的研究。要综合运用生态学、分子生物学等理论和方法，更系统深入研究农药使用后害虫再猖獗以及种群地位演替等系列生态效应，以阐明褐飞虱、盲椿象等重大农业害虫成灾原因，并提出相应的治理对策与技术。

(5)农业害虫控制与天敌利用新方法的研究。运用基因工程技术、转基因技术和 RNA 干扰技术等现代生物技术，开展新生代抗虫转复合基因植物培育、转基因昆虫、基因工程微生物杀虫制剂、害虫关键功能基因干扰、天敌基因修饰改良等研究，探索害虫控制与天敌利用的新方法、新技术，寻求害虫可持续控制的新途径。

(三)杂草学

针对全球气候变化，耕作制度向少耕和免耕的转变，抗除草剂转基因作物的推广应用，农田化学除草面积不断扩大的形势，我国杂草科学研究必须围绕杂草种群变化和群落演替加速，抗药性杂草种类不断增加和作物药害等制约国家现代农业发展的问题，加强基础与应用基础研究，运用分子生物学技术，研究重要杂草的生态适应性与致害、恶化机制，杂草一作物一除草剂一环境间的互作机制，抗药性杂草发生发展的生态适应性和抗药性机制，为杂草治理奠定理论与技术基础将是我国杂草科学研究的方向。在杂草治理研究方面，以生态农业的观点，针对农业生产中严重危害的杂草(如节节麦、杂草稻)，日益严重的抗药性杂草和除草剂药害等问题，探索以生态控草为核心，以生物防治、精准施药为基础的杂草治理新方法和关键技术，将是我国杂草治理技术研究的重点。

(四)生物防治学

1. 害虫生物防治

根据国际发展趋势和我国现状，亟待加强的优先研究领域为：①天敌昆虫资源及其控害作用特征，尤其是外来生物与设施农业害虫的天敌资源，以及新杀虫蛋白/肽基因资源的挖掘；②天敌与害虫互作的行为、免疫、生理与分子机制，尤其是寄生性天敌和病原性天敌控制害虫的生理活性物质的作用机制；③天敌昆虫种质选育与人工繁育，以及病原性天敌培养的营养学和生理学基础；④害虫及其天敌的种群波动机制；⑤农田食物网作物—害虫—天敌间的化学信息网与通讯机制；⑥农田景观格局内害虫、天敌的库与源动态，以及生物多样性对天敌控害功能的作用；⑦天敌应用或引进、基因工程生物防治制剂以及抗虫

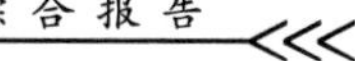

转基因植物的环境安全性评价;⑧植物害虫生物防治新方法和新技术的发展。

2. 植物病害生物防治

优先发展的研究领域如下。

(1)高效新型植病生防因子(细菌、真菌、弱毒菌株、抗生素、蛋白质、多糖)的筛选和发展,生防功能基因的挖掘和利用;创制高效安全基因工程复合生物杀菌剂。

(2)农用抗生素生物合成基因改造技术研究。筛选、改造抗生素工程菌,提高有效活性物质的组分,研制新型杂合抗生素,建立产品质量控制标准。高活性抗病丝状真菌基因工程菌及转化体系的研究。提高丝状真菌的抗病活性和扩大抗病作物谱,研制高活性多功能抗病真菌及工程技术研究。新型微生物农药创制与发酵工程技术研究。构建高活性基因工程菌株,优化发酵工程技术,提高有效活性物质产率;研究突破真菌农药发酵、分离工业化生产技术"瓶颈"。

(3)新型高效多功能蛋白质农药研究。克隆新型高活性防病的药物蛋白基因,构建高效表达蛋白质药物的基因工程菌株;研究药物蛋白发酵、分离和提取工艺;研究产品剂型。

(4)生防因子作用的分子机理,研究植物、病原菌和生防因子植检的互作,分子检测技术在植病生防检测中的应用。

重点研究方向:

(1)基于基因组学、生物信息学和化学基因学等学科的基本理论和方法,以化学基因学、分子生物学和生物技术等新理论新方法为手段,创建生物药物及基因靶标设计和高效筛选技术。

(2)研究或挖掘农业生物药物资源,应用生物芯片技术和蛋白组学方法,实现基因靶标的高通量筛选,有效预测新化合物功能,设计新型先导生物活性结构。

(3)利用计算机模拟分子设计技术,分析构效关系,设计具有高效农业生物药物活性的分子。

(4)基于蛋白质组学技术进行蛋白质结构与功能,表达与调控和蛋白质修饰等关键技术研究,运用蛋白质生物信息学技术实现蛋白质药物的基因改造和蛋白质药物的分子设计。

(5)通过 RNA 干扰,基因调控研究生防微生物次生代谢生物药物相关基因的时空表达,降低特定代谢途径上重要基因的表达水平或阻断竞争性代谢支路,为农业生物药物制备构建代谢捷径。

(6)构建重大农用抗生素品种的高效遗传菌株;进行农用抗生素生物合成关键酶基因的克隆及功能鉴定,建立农用抗生素的安全性评价和质量标准鉴定体系。

(五)农药学

(1)新的作用靶标的发现成为基础研究的热点。在新农药的创制研究中,生物合理设计是效率最高的方法,因此,分子靶标导向的先导发现已成为现阶段国际上农药研究与开发的主流,发现新的作用靶标成为研究热点。

(2)农药研究开发将朝着绿色、生态、和谐的方向发展。目前农药研究开发的重点是绿色生态农药,其特征是低毒、低残留、低用量、高效、高选择性、良好的环境相容性以及经济适用性。

(3)天然产物的研究开发再度受到重视。生物源农药的研究开发不仅可直接用于防治农作物的病虫草害,而且为化学农药的研究提供了先导结构。

(4)杂环化合物是农药研究开发的重要方向。近年来,在农药新产品的专利中,约有90%是杂环化合物,超高效的化合物居多。这些农药不但使用成本低,更重要的是对环境的影响亦降低到很小的程度。

(5)手性农药高活性异构体的研究开发是发展趋势。随着高新技术的发展,越来越多的光学活性农药新品种已成功开发。手性农药高活性异构体的开发应用,避免了大量无效物质施放到环境中,既减少了环境压力,又节约了大量资源。

(6)转基因作物发展迅速,非选择性除草剂备受青睐。随着转基因作物安全性评价和管理体系的不断完善,转基因作物的种植面积将会稳步增长,因此对灭生性除草剂的需求会随之增长,而且会促进新的非选择性除草剂的研究开发。

(7)目前常用的手性农药中大约28%具有手性,而完全实现了对映体的拆分并建立了有效的拆分方法的品种还很有限。继续开发其他手性农药对映体的拆分、建立它们的有效的常量及残留分析方法是一个重要趋势,也是手性农药相关研究的基础。

(8)目前用于环境行为研究的手性农药种类还不多,系统地进行各类手性农药的环境行为研究是今后的重要趋势。

(9)对映体选择性毒性将为手性农药的环境安全和人体健康评价提供不可或缺的技术支持和科学依据。尤其是与人体健康密切相关的手性农药的对映体选择性毒性(如内分泌干扰、神经毒性、免疫毒性等)的研究还需要加强。

(10)需要尽快完善农药残留标准制定和风险评估的管理法规。吸收其他国家和组织的有益经验,加强国际协调与合作,尽快建立起我国农药风险评估技术体系,为我国人民的身体健康,生态环境的保护,进出口食品的安全作出我们的贡献。

(六)生物入侵学

根据国际上对生物入侵研究的发展趋势,我国应加强以下研究工作。

(1)重要入侵物种的适应性与进化研究。入侵物种的表型可塑性及其生态基因组表达谱特征(即"前适应性")和入侵物种种群在逆境、亚适宜环境条件下的生态适应特征、寄主谱适应性扩张(即"后适应性")等,在入侵物种种群形成以及对亚适宜新生境的适应性快速进化过程起决定性作用。研究验证外来物种入侵"前适应性"与"后适应性"进化理论,对解析入侵物种生态适应性及其进化机制具有重要意义。

(2)重要入侵物种对土著种的竞争排斥机制与置换效应。外来物种与土著种的竞争排斥及其置换效应决定着入侵物种是否能在新的入侵地成功定殖。从种间水平研究外来物种对土著种(或生态位近似种)的资源利用/瓜分效能,入侵物种与土著种的化感互作、行为互作机制,入侵物种与土著生态位近似种、与携带菌或本地共生菌、与本地传播媒介之间的协同效应,入侵生境生态因子对入侵物种与土著种竞争的反馈作用。在此基础上构建多物种入侵的"协同入侵"模型,揭示入侵物种与土著种对资源利用能力的差异,探明入侵生境生物因子的反馈机制,诠释入侵物种对土著种的竞争排斥机制与置换效应。

(3)生物入侵对生态系统结构与功能的影响。外来生物的入侵往往会对入侵地的生态系统结构和功能造成不可逆转的影响。以群落和生态系统中多物种互作、环境因子互作为切入点,系统研究入侵物种对入侵地生境物种多样性、遗传多样性、物质循环和能量流动、生态系统承载力等的影响,以及由此导致的对生态系统结构和功能的影响,进而阐明入侵物种在不同生境入侵地的群落演替过程及其竞争演替机制,明确受干扰生境以及生境异质性对特定生态系统可入侵性和抵御作用的影响。

(4)重要入侵物种预警和控制技术基础研究。针对近年来中国各机场与港口截获外来物种的批次和数量逐年增加的问题,从预警的角度研究潜在入侵物种风险评估技术和分子检测技术,以及新入侵物种的实时监测技术;从控制的角度研究局部发生入侵植物竞争替代的生态修复技术及其资源利用机制,入侵昆虫的化学信息与食物结构调控机理及其分子干涉调控技术,以及入侵物种的传统生物防治控制技术、控制效应及天敌适应机理。通过上述系统研究,为潜在入侵物种的预警和检测监测,以及局部发生重要入侵物种的持续治理提供技术基础。

(七)转基因生物安全学

1. 靶标害虫对抗虫作物的抗性机制与抗性治理

靶标害虫对抗虫转基因作物的抗性是国内外研究的主要方向之一,我国在这方面研究已有良好基础,继续开展深入研究,既有助于对主要害虫的持续控制,也可以形成我国转基因生物安全性研究的特色。作为现代生物技术重大科技创新的成功范例,以转基因抗虫棉花为代表的转 Bt 基因抗虫作物新品种的大规模生产应用,一方面为棉铃虫、玉米螟等主要害虫的有效防治开辟了新的途径;另一方面为了保障抗虫品种的使用寿命,减缓或防止害虫对 Bt 产生抗性又成为转基因作物商业化应用所必须解决的关键问题。

继高剂量、庇护所策略之后,近年来国际上又提出了一些新的可能预防甚至消除靶标害虫产生抗性的新策略或新方法,对这些方法的有效性和安全性的研究是我们下一步需要研究的新任务。例如,Tabashnik 等 2010 年在 *Nature Biotechnology* 上报道其在美国亚利桑那州连续 4 个生长季节的田间试验结果,田间释放雄性不育棉红铃虫与种植转基因抗虫棉花品种相结合,可以有效替代种植非转基因普通棉花的庇护所策略,预防害虫产生抗性,促进 Bt 作物品种的持续应用。这一新的策略一经发表,立刻引起了学术界和产业界的重视,预计对这一技术的进一步研究必将成为未来几年的一个热点。此外,目前已有应用的其他方法还有培育含有 2 个或多个杀虫基因的转基因抗虫品种,将含有不同杀虫基因的转基因抗虫品种在时间和空间上进行合理布局或轮换使用等,害虫对这些基因的抗性机理、交互抗性和抗性监测与治理技术的研究,也势在必行。

2. 新型外源基因以及转基因作物的安全性评价

随着转基因技术在植物保护领域的进一步应用,转基因生物的对象范围势必更加广泛,不仅包括小麦、蔬菜、花卉、果树、林木等植物,还会有转基因的昆虫和微生物(包括防病杀虫固氮和清洁农田土壤环境的微生物),导入外源基因的来源更加广泛,一次导入的外源基因数量多达 8 个甚至 10 多个,药用、工业用转基因植物或植物生物反应器技术日趋成熟，将陆续进入实用。这些新的技术发展动向在为转基因生物安全性研究提出新的挑战的同时，也为转基因生物安全学科发展带来了新的机遇。

（八）鼠害防治学

1. 气候变化与鼠类种群波动的关系

研究降水、温度等重要气候因子对鼠类生长、发育、行为、繁殖、存活及种群增长的直接影响和间接影响（通过影响植被和食物等）；运用分子生物学、生理学、生物化学、生态学等多学科技术手段，宏观微观相结合，探讨不同生态系统中鼠类对极端气候条件变化的生理生态学响应，害鼠对环境胁迫的适应性进化和生存策略。

2. 害鼠种群繁殖特点及生殖调控机制

针对我国不同生态区的生态环境特点阐明影响鼠类繁殖启动和结束的关键因子，研究害鼠社群结构、婚配制度以及种群密度对繁殖的影响，运用分子遗传学、表观遗传学等技术研究害鼠生殖调控相关重要功能基因的作用机制及其与环境变化的关系，揭示害鼠生殖调控的生理学、遗传学内在调控机制，为鼠类种群的生殖调控提供理论基础。

3. 害鼠迁移为害特点及其机制

研究全球气候变化条件下害鼠局部暴发迁移为害以及在不同生态区迁移定居为害的特点及其与环境变化、害鼠适应性变化的关系，利用 3S 技术、分子生物学方法，分析害鼠迁移路线，揭示全球气候变化一害鼠迁移为害一害鼠适应性的机制，为迁移性害鼠的治理提供理论基础。

4. 植物一害鼠一天敌互作及调控机制

研究鼠类对植物的取食、储藏策略及对植物更新的意义以及植被组成及斑块化对鼠类的栖息地选择、行为模式及繁殖成功的影响，植物对鼠类种群暴发的响应及对鼠类种群恢复的影响，天敌在鼠类种群不同密度下的调节作用及其对鼠类种群暴发的阻滞作用，鼠类与植物、鼠类与天敌之间弥散协同进化关系，为鼠类生物控制以及生态调控措施的制定提供理论基础。

5. 鼠害区域性与大尺度预测预报模式

以鼠情监测站（网、点）的观测数据为基础，应用遥感、地理信息系统、全球定位系统和计算机网络以及专家决策系统等技术手段开展大尺度时间和空间（地理）过程中鼠害区域预警。为重大鼠害区域性暴发的实时监测、及时预警和有效治理提供理论依据和技术支持。

6. 绿色防控新技术的研究与应急防控技术的储备

针对不同农业生态系统中不同害鼠种类的为害特征、行为特征等，研发适宜于不同农业生态系统不同鼠种的以 TBS 为代表的各类绿色防控技术建立技术支撑。

7. 害鼠抗药性监测及其机制研究

监测害鼠抗药性的发生，明确害鼠在我国主要分布地区的抗药性发生动态，并制定相应的抗性风险治理对策；阐明抗药性害鼠的分子机制，为害鼠抗药性监测及治理提供理论依据与分子技术支持。

参考文献

[1] Kale S D, Gu B, Capelluto D G S, et al. External lipid PI3P mediates entry of eukaryotic pathogen effectors into plant and animal host cells. Cell, 2010, 142(2): 284-295.

[2] Zong N, Xiang T T, Zou Y, et al. Blocking and triggering of plant immunity by *Pseudomonas syringae* effector AvrPto. Plant Signaling & Behavior, 2008, 3(8): 583-585.

[3] Xiang T T, Zong N, Zou Y, et al. *Pseudomonas syringae* effector AvrPto blocks innate immunity by targeting receptor kinases. Current Biology, 2008, 18(1): 74-80.

[4] Yuan M, Chu Z H, Li X H, et al. The Bacterial pathogen *Xanthomonas oryzae* overcomes rice defenses by regulating host copper redistribution. Plant Cell, 2010, DOI: 10.1105/tpc.110.078022.

[5] Ding X H, Cao Y L, Huang L L, et al. Activation of the indole-3-acetic acid-amido synthetase GH3-8 suppresses expansin expression and promotes salicylate-and jasmonate-independent basal immunity in rice. Plant Cell, 2008, 20: 228-240.

[6] Yu X, Li B, Fu Y P, et al. A geminivirus-related DNA mycovirus that confers hypovirulence to a plant pathogenic fungus. Proc Natl Acad Sci USA, 2010, 107(18): 8387-8392.

[7] Xiong R Y, Wu J X, Zhou Y J, et al. Identification of a movement protein of the *Tenuivirus* rice stripe virus. Journal of Virology, 2008, 82(24): 12304-12311.

[8] Ying X B, Dong L, Zhu H, et al. RNA-Dependent RNA polymerase 1 from *Nicotiana tabacum* suppresses RNA silencing and enhances viral infection in *Nicotiana benthamiana*. Plant Cell, 2010, 22: 1358-1372.

[9] Xu J, Pan Z C, Prior P, et al. Genetic diversity of *Ralstonia solanacearum* strains from China. European Journal of Plant Pathology, 2009, 125(4): 641-653.

[10] Cao L H, Xu S C, Lin R M, et al. Early molecular diagnosis and detection of *Puccinia striiformis* f. sp. *tritici* in China. Letters in Applied Microbiology, 2008, 46: 501-506.

[11] Chen W Q, Wu L R, Liu T G, et al. Race dynamics, diversity, and virulence evolution in *Puccinia striiformis* f. sp. *tritici*, the causal agent of wheat stripe rust in China from 2003 to 2007. Plant Disease, 2009, 93(11): 1093-1101.

[12] Duan X Y, Tellier A, Wan A, et al. *Puccinia striiformis* f. sp. *tritici* presents high diversity and recombination in the over-summering zone of Gansu, China. Mycologia, 2010, 102(1): 44-53.

[13] Wei Y Y, Chen S, Kang L, et al. Characterization and comparative profiling of the small RNA transcriptomes in two phases of locust. Genome Biology, 2009, 10(1): R6.

[14] Xue C H, Li F. Finding noncoding RNA transcripts from low abundance expressed sequence tags. Cell Research, 2008, 18: 695-700.

[15] Wang L F, Chai L Q, He H J, et al. A cathepsin L-like proteinase is involved in moulting and metamorphosis in *Helicoverpa armigera*. Insect Molecular Biology, 2010, 19: 99-111.

[16] Hu C H, Hong B, Xu W H. Identification of an E-box DNA binding protein, activated protein 4, and its function in regulating the expression of the gene encoding diapause hormone and pheromone biosynthesis-activating neuropeptide in *Helicoverpa armigera*. Insect Molecular Biology, 2010, 19

(2): 243-252.

[17] Zhang T Y, Xu W H. Identification and characterization of a POU transcription factor in the cotton bollworm, *Helicoverpa armigera*. BMC Molecular Biology, 2009, 10: 25.

[18] Zhou D S, Wang C Z, Loon Van J J A. Chemosensory basis of behavioural plasticity in response to deterrent plant chemicals in the larva of the small cabbage white butterfly *Pieris rapae*. Journal of Insect Physiology, 2009, 55: 788-792.

[19] Zhu J Y, Ye G Y, Dong S Z, et al. Venom of *Pteromalus puparum* (Hymenoptera: Pteromalidae) induced endocrine changes in the hemolymph of its host, *Pieris rapae* (Lepidoptera: Pieridae). Archives of Insect Biochemistry and Physiology, 2009, 71: 45-53.

[20] Huang F, Shi M, Chen X X, et al. Changes in hemocytes of *Plutella xylostella* after parasitism by *Diadegma semiclausum*. Archives of Insect Biochemistry and Physiology, 2009, 70(3): 177-187.

[21] Shu Y H, Zhou J L, Tang W C, et al. Molecular characterization and expression pattern of *Spodoptera litura* (Lepidoptera: Noctuidae) vitellogenin, and its response to lead stress. Journal of Insect Physiology, 2009, 55: 608-616.

[22] Wu M, Sun Z C, Hu C L, et al. An active *piggyBac*-like element in *Macdunnoughia crassisigna*. Insect Science, 2008, 15: 521-528.

[23] Chen J, Tang B, Chen H X, et al. Different functions of the insect soluble and membrane-bound trehalase genes in chitin biosynthesis revealed by RNA interference. PLoS One, 2010, 5: e10133.

[24] Tian H G, Peng H, Yao Q, et al. Developmental control of a lepidopteran pest *Spodoptera exigua* by ingestion of bacteria expressing dsRNA of a non-midgut gene. PLoS One, 2009, 4: e6225.

[25] Huang C H, Yan F M, Byers A J, et al. Volatiles induced by the larvae of the Asian corn borer (*Ostrinia furnacalis*) in maize plants affect behavior of conspecific larvae and female adults. Insect Science, 2009, 16: 311-320.

[26] Yu H L, Zhang Y J, Kris A G, et al. Electrophysiological and behavioral responses of a parasitic wasp, *Microplitis* mediator (Haliday) (Hymenoptera: Braconidae), to caterpillar-induced volatiles from cotton. Environmental Entomology, 2010, 39: 600-609.

[27] Feng H Q, Wu X F, Wu B. Seasonal migration of *Helicoverpa armigera* (Lepidoptera: Noctuidae) over the Bohai Sea. Journal of Economic Entomology, 2009, 102: 95-104.

[28] 高希武.我国害虫化学防治现状与发展策略.植物保护，2010，36(4)：19-22.

[29] Ge L Q, Hu J H, Wu J C, et al. Insecticide-Induced changes in protein, RNA, and DNA contents in ovary and fat body of fmale *Nilaparvata lugens* (Hemiptera: Delphacidae). Journal of Economic Entomology, 2009, 102: 1506-1514.

[30] Lu Y H, Wu K M, Jiang Y H, et al. Mirid bug outbreaks in multiple crops correlated with wide-scale adoption of Bt cotton in China. Science, 2010, 328: 1151-1154.

[31] 白艺珍，曹向锋，陈晨，等. 黄顶菊在中国的潜在适生区. 应用生态学报，2009，20 (10)：2377-2383.

[32] 韩瑞娟，董立尧，李俊，等. 日本看麦娘对高效氟吡甲禾灵代谢抗性的初步研究. 杂草科学，2010，(1)：3-7.

[33] 张朝贤，倪汉文，魏守辉，等. 抗药性杂草研究进展. 中国农业科学，2009，42(4)：1274-1289.

[34] Qiang S, Wang L, Wei R, et al. Bioassay of the herbicidal activity of AAC-Toxin produced by *Alternaria alternata* isolated from *Ageratina adenophora*. Weed Technology, 2010, 24: 197-201.

[35] Kong C H. Rice allelopathy. Allelopathy Journal, 2008, 22: 261-273.

[36] 胡江春,刘丽,王楠,等. 海洋微生物脂肽研究及其在生物防治中应用. //生物防治创新与实践. 北京:中国农业科学技术出版社,2009,424-425.

[37] Tang Jun, Liu Lixing, Hu Shifeng, et al. Improved degradation of organophosphate dichlorvos by *Trichoderma atroviride* transformants generated by restriction enzyme-mediated integration (REMI)[J]. Bioresource Technology, 2009, 100: 480-483.

[38] 杨瑞，万方浩，郭建英，等. 中国生物入侵现状与发展趋势 [G]//万方浩，郭建英，张峰. 中国生物入侵研究. 北京：科学出版社，2009，10-24.

[39] Gong W N, Xie B Y, Wan F H, et al. Molecular cloning, characterization and heterologous expression of hsp70 and hsp90 of invasive alien weed *Ageratina adenophorum* (Asteraceae) under heat and cold stress[J]. Weed Biology and Management, 2010, 10: 91-101.

[40] Yu H, Wan F H. Cloning and expression of heat shock protein genes in two whitefly species in response to thermal stress[J]. Journal of Applied Entomology, 2009, 133: 602-614.

[41] Zhou Z S, Guo J Y, Chen H S, et al. Effects of humidity on the development and fecundity of *Ophraella communa* (Coleoptera: Chrysomelidae)[J]. BioControl, 2010, 50: 313-319.

[42] Zhou Z S, Guo J Y, Ai H M, et al. Rapid cold-hardening response in *Ophraella communa* LeSage (Coleoptera: Chrysomelidae), a biological control agent of *Ambrosia artemisiifolia* L[J]. Biocontrol Science and Technology, 2011, 21(1): 1-10.

[43] 贺晓云. 转基因水稻食用安全性评价国内外概况[J]. 食品科学，2008，29(12)：760-765.

[44] Wu K M, Lu Y H, Feng H Q, et al. Suppression of cotton bollworm in multiple crops in China in areas with Bt toxin-containing cotton[J]. Science, 2008, 321: 1676-1678.

[45] Lu Y H, Wu K M, Jiang Y H, et al. Mirid bug outbreaks in multiple crops correlated with wide-scale adoption of Bt cotton in China[J]. Science, 2010, 328: 1151-1154.

[46] 陆宴辉. 棉花盲蝽的发生趋势与防控对策[J]. 植物保护,2010,26(2)：150-153.

[47] Gao Y L, Wu K M, Gould F. Frequency of Bt resistance alleles in H-armigera during 2006-2008 in Northern China[J]. Environ Entomol, 2009, 38(4): 1336-1342.

[48] W et al . Phylogeography of the large white-bellied rat Niviventer excelsior suggests the influence of Pleistocene Glaciations in the Hengduan Mountains. Zoological Science, 2010, 27: 487-493.

[49] 吴孔明. 我国农业昆虫学的现状及发展策略[J]. 植物保护,2010,36(2):1-4.

[50] 叶恭银. 我国植物害虫生物防治的研究现状及发展策略[J]. 植物保护,2010,36(3):1-5.

[51] 翟保平. 农作物病虫测报学的发展与展望[J]. 植物保护,2010,36(4):10-14.

[52] 邱德文. 我国植物病害生物防治的现状及发展策略[J]. 植物保护,2010,36(4):15-19.

[53] 何晨阳，陈功友. 我国植物病原细菌学的研究现状和发展策略[J]. 植物保护,2010,36(3):6-8.

撰稿人:吴孔明　陈万权　倪汉祥　文丽萍

专题报告

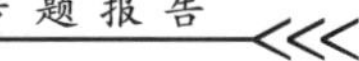

植物病理学科发展研究

一、引　言

近年来由于受全球气候变化、种植结构的改变、产业结构的调整及病原物变异等因素的影响，我国植物病害的发生流行和危害发生了较大的变化，新的病害不断涌现，传统病害的发生规律也发生了新的变化。分子生物学、基因芯片、网络信息等相关技术的迅猛发展，不仅极大地推动了植物病理学科的发展，并且为植物病理学基础研究、病害流行监测及病害防治等多个相关领域的研究带来了新的契机和活力。

本报告重点概述了2008～2010年我国植物病理学研究在植物与病原物互作机理、病原物致病机理、植物抗病相关重要功能基因的发掘与利用、病原物遗传结构与致病力分化及植物病害流行学研究与防治策略等方面的重要进展，介绍了植物病理学科的发展前景与展望。

二、植物病理学科近年的最新研究进展

（一）植物与病原物互作机理研究

国内近年来在植物与真菌、细菌互作机制，病毒与传毒昆虫介体互作研究中取得了重要进展。

1. 卵菌致病机理研究取得重要突破

病菌对寄主的侵染定殖直至病害的发生，涉及病菌产生的一系列在寄主细胞内发挥干扰效应的小分子蛋白。虽然15年前已在病原细菌研究方面取得突破，证实病原细菌的Ⅲ型分泌系统及其分泌的效应蛋白通过跨膜转运，进入寄主细胞，在细菌致病过程中起到至关重要的作用。然而对真核病菌效应蛋白转运机理的认识十分有限。在序列上高度分化的真菌效应蛋白是如何进入寄主细胞的？是否与细菌一样存在共同的机理？一直是科学家们十分关注的热点问题。

研究发现疫霉属（*Phytophthora*）卵菌如马铃薯晚疫（*Phytophthora infestans*）和大豆疫霉病菌（*Phytophthora sojae*）分泌的效应子含有RXLR和dEER结构，与效应子蛋白进入寄主细胞有关，而这种效应蛋白的进入并不需要病原菌的存在，但是其进入植物细胞的机制不明。

由西北农林科技大学、美国弗吉尼亚理工大学和法国农业科学院科学家组成的研究小组，在揭示真菌特别是卵菌的致病机理方面取得重要突破，在2010年*Cell*杂志上发表了题为“膜外3-磷酸磷脂酰肌醇（PI3P）分子介导真核病原菌效应蛋白进入动、植物寄主细胞”的研究论文。证明RXLR效应子能够与植物的3-磷酸磷脂酰肌醇（PI3P）分子专一

性地结合，然后进入植物细胞。证明这种效应子在植物真菌中广泛存在，如活体营养担子菌亚麻锈菌（*Melampsora lini*；AvrL567）、木质部定殖的枯萎病菌（*Fusarium oxysporum* f. sp. *lycopersici*；Avr2）及半活体营养的侵染叶和茎部的十字花科蔬菜黑胫病菌（*Leptosphaeria maculans*；AvrLm6）。且 PI3P 介导的效应子进入植物细胞在几种不同的真菌中是独立进化的。证明 PI3P 分子在植物和动物细胞表面广泛存在，是真菌效应蛋白进入动、植物寄主细胞的一种普遍机理。研究效应蛋白如何进入寄主细胞，对建立新型的病害防控策略意义重大，对于通过阻断和破坏真菌与寄主细胞分子的结合，开发有效的药物和杀菌剂具有开拓性的意义。

2. 细菌效应子 AvrPto 阻断和触发植物免疫反应的机理研究

北京生命科学研究所周俭民实验室近年来在对丁香假单胞菌（*Pseudomonas syringae*）AvrPto 效应子与感病植物互作模式研究中取得了突破性进展。AvrPto 效应子在感病植物中导致植物的感染，而在含有 Pto 蛋白激酶和 Prf 的植物中触发抗病反应。植物依赖受体激酶感应细菌的入侵并激活免疫反应，研究发现 AvrPto 进入植物细胞后直接作用于拟南芥 FLS2 和 EFR 以及番茄 LeFLS2 受体激酶，阻断信号传导，使植物丧失感受细菌的能力，AvrPto 发挥毒性功能需要靶定植物的这类受体激酶，揭示了 AvrPto 帮助细菌侵染植物的分子机理。Pto 与 FLS2 竞争与 AvrPto 的结合，有趣的是 FLS2-AvrPto 和 Pto-AvrPto 之间的相互作用需要的序列很相似，推断 Pto 在进化上最初可能模拟了受体激酶，作为一个假靶标吸引 AvrPto，从而使植物获得抗病性。

3. 病毒与传播介体间的互作研究

北京大学李毅实验室发现了水稻矮缩病毒（RDV）的 P2 蛋白具有和动物包膜病毒膜融合蛋白相类似的结构，P2 蛋白在较低的 pH 值条件下能够诱导昆虫细胞膜的融合。通过改进的载体系统将 RDV 各个结构蛋白在昆虫细胞表面表达，并通过酸诱导处理模仿病毒进入细胞时，发现 RDV 基因组 S2 编码的蛋白 P2 具有膜融合蛋白功能，对 P2 蛋白的功能单位分析发现，该蛋白膜融合必需的功能单位为 N 端的融合肽，以及两个 HR 区，这些功能区对 P2 的膜融合功能是必需的。这一结果为进一步阐明 RDV 以及同属病毒侵染昆虫宿主机制提供了一个研究模型。也是关于植物病毒蛋白介导昆虫宿主细胞膜融合的首次报道，对于病毒侵染昆虫细胞机制的研究具有重要意义。

（二）病原物致病机理研究

1. 水稻白叶枯病菌致病机理研究的新发现

华中农业大学王石平教授研究组在研究铜与水稻白叶枯病菌的关系中获得重要发现，研究成果发表在 2010 年 *Plant Cell* 上。研究发现白叶枯病菌（ *Xanthomonas oryzae* pv. *oryzae*, Xoo）通常对铜非常敏感，提高培养基中铜的含量可抑制 Xoo 的生长繁殖。水稻从根部吸收铜，通过导管将铜运输到植株的各个部位，而 Xoo 也是通过导管在水稻体内蔓延引起病害。增加导管内铜的含量，会抑制 Xoo 的生长繁殖。而研究证明 Xoo 会激活水稻自身的 *Xa*13 基因（该基因对水稻花粉发育必不可少）来消除导管中铜的抑制影响，通过调控铜在水稻体内的重新分布，实现对水稻的成功侵染。*Xa*13 蛋白和另外两个

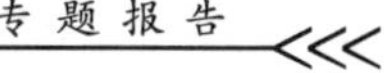

蛋白质 COPT1 和 COPT5 在细胞膜上共同作用，将细胞外的铜运输进入细胞内，从而减少导管中的铜，使白叶枯病菌能够在导管中繁殖并蔓延，造成水稻病害。

该研究不仅揭示了病原细菌利用宿主基因征服宿主的一种新机理，同时也是水稻与病原共进化的一个典型实例，将为设计有效途径培育抗病水稻品种提供重要的参考。

华中农业大学王石平教授研究组解析了白叶枯病病菌利用生长素作为毒性因子侵染水稻的研究成果发表在 2008 年 *Plant Cell* 上。研究发现作为植物生长发育促进因子的生长素（auxin）同时又是植物病原菌的毒性因子，白叶枯病病菌通过分泌生长素诱导水稻在被侵染部位合成自身的生长素，而生长素继而诱导水稻大量合成松弛细胞壁的蛋白质——伸展蛋白（expansins），破坏细胞壁对病原菌的先天屏障作用，为病菌开启一扇进入植物细胞的大门，以利于病原菌在水稻中生长繁殖。在抗病水稻品种中，病原菌引起的水稻感染部位生长素的合成可诱导水稻快速合成 IAA 酰胺合成酶 GH3-8。GH3-8 通过催化 IAA-氨基酸的合成抑制生长素的作用，从而阻止细胞壁的松弛，增强植物对病原菌的自身免疫功能。

研究结果不仅揭示了病原菌利用生长素作为毒性因子侵染水稻的机理，也展示了水稻应对这一毒性因子的调控途径，同时也从一个方面解释了为什么植物在抗病反应中通常要付出生长被抑制的代价的原因。

2. 水稻稻瘟病菌大规模蛋白—蛋白互作及致病机理研究

蛋白—蛋白相互作用的图谱是研究细胞基因功能的有用工具。水稻稻瘟病菌（*Magnaporthe grisea*）是水稻最重要的致病真菌。中国农业大学张子丁和彭友良教授实验室构建了水稻稻瘟病菌的蛋白—蛋白相互作用图谱，利用 interolog 方法，预测到了 *M. grisea* 中 3017 个蛋白之间的 11674 个相互作用。尽管该图谱中包括的蛋白大约只占到 *M. grisea* 总蛋白量的四分之一，但是这是第一次在稻瘟病菌中构建如此规模的图谱，可以对水稻稻瘟病菌的功能基因组学研究提供新的思路。利用这些致病性相关蛋白以及和它们相互作用的蛋白，构建了一个亚网络——致病性网络。这些数据可以为研究这些致病性蛋白的功能提供进一步的线索。发现 *M. grisea* 中的分泌蛋白质只和较少量的蛋白相互作用，这些分泌蛋白以及和它们相互作用的蛋白组成了一个分泌蛋白的网络，有助于了解稻瘟病菌和水稻之间的相互作用。将预测的稻瘟病菌中蛋白之间的相互作用的数据整理到了 MPID 数据库中，这个数据库可以为 *M. grisea* 的功能基因组学研究提供新的线索。

福建农林大学王宗华教授研究组以稻瘟病菌基因组学研究成果为基础，通过基因敲除的方法对稻瘟病基因进行了深入研究，首次发现小 GTP 酶 Rac1 是调控稻瘟病菌分生孢子形成、发育以及致病性的关键蛋白，它通过调控下游效应蛋白 PAK 激酶（Chm1）特异地调控分生孢子的形成和形态发育，而通过 NADPH 氧化酶来调控致病性。研究中还通过显性激活或失活的方法研究 Rac1 通过调控 Actin 蛋白的聚合和解聚而调控分生孢子的形态和发育。这一研究结果为进一步解析稻瘟病产孢和致病信号网络，以及制定新的防治策略提供了重要理论依据。

浙江大学林福呈教授研究组发现稻瘟病菌细胞自噬基因 *ATG1* 与 *ATG5* 与病菌的产孢量、孢子萌发、附着胞膨压及致病性密切相关。

3. 发现了一种可寄生植物病原真菌的新的DNA病毒

真菌病毒通过侵染真菌具有潜在的控制真菌病害的作用，以往发现的典型的真菌病毒是双链或单链的RNA病毒。核盘菌（*Sclerotinia sclerotiorum*）可以侵染450多种植物，其引起的菌核病严重威胁到油菜和大豆等多种作物的安全生产。华中农业大学姜道宏研究组从油菜菌核病菌致病力衰退的菌株中发现了一种DNA病毒（SsHADV-1），解开了多年来真菌中是否存在DNA病毒的谜团。这是国际上首次有关真菌DNA病毒的报道，在国际植物病理学界引起广泛关注。核盘菌DNA病毒与植物双生病毒亲缘关系较近。目前我国由双生病毒引起的农作物病害十分严重，该研究为双生病毒的起源和进化研究提供了新的科学证据，同时致病力衰退相关的真菌病毒有望用于植物病害生物防治。

4. 鉴定了水稻条纹病毒（RSV）基因沉默抑制子及移动蛋白基因

水稻条纹病毒是水稻上的重要病毒。浙江大学周雪平研究组利用农杆菌共浸润转GFP 16c烟草的方法鉴定出RSV RNA3编码的NS3为一个基因沉默强抑制子。NS3不仅能抑制局部的基因沉默，也能抑制系统沉默，并且能够抑制沉默信号的传导。NS3抑制基因沉默是通过竞争结合siRNA从而阻止沉默复合体RISC的形成而起作用。NS3抑制子的活性与该蛋白结合dsRNA和siRNA的能力密切相关。发现RSV RNA4编码的NSvc4是RSV编码的运动蛋白，是纤细病毒属中首次鉴定出的病毒运动蛋白。研究结果被*Nature China*《自然中国》作为突出科学研究成果刊登。

5. 双生病毒致病机理研究

双生病毒/DNA-β病害复合体在自然寄主上能诱导不同的症状表型。烟草曲茎病毒（TbCSV）/DNA-β在烟草和番茄上能引起曲叶症状，而中国番茄黄化曲叶病毒（TYLCCNV）/DNA-β除引起曲叶外，还引起寄主的脉突和耳突症状。对TbCSV/DNA-β和TYLCCNV/DNA-β进行了假重组试验，发现脉突和耳突的表型是由TYLCCNV/DNA-β决定的。利用Overlap Extension PCR的方法对两个卫星的βC1 ORF及其启动子分别进行了互换，证明DNA-β编码的βC1蛋白对病害复合体TbCSV/DNA-β和TYLCCNV/DNA-β产生的症状差异起主导作用，但βC1的启动子也能影响症状诱导。研究揭示了双生病毒卫星DNA是寄主症状的决定因子，导致了寄主表型症状的差异。

6. 黄单胞菌Ⅲ型效应子在致病过程中的作用研究

野油菜黄单胞菌（*Xanthomonas campestris* pv. *campestris*，Xcc）致病性主要依靠Ⅲ型分泌系统（type Ⅲ secretion system，T3SS）将效应子蛋白直接输送到植物细胞内，效应子蛋白在植物与病原物的分子互作过程中具有非常重要的作用。

黄单胞属细菌的T3SS由*hrp*基因簇编码，*hrp*基因簇的关键调控蛋白HrpX调控*hrp*基因和一些Ⅲ型分泌系统泌出的效应子蛋白基因。受HrpX调控的基因的启动子具有PIP（plant-inducible promoter，PIP）顺式作用元件，可以与HrpX结合。广西大学唐纪良研究组分析*X. campestris* pv. *campestris* 8004全基因组序列，发现56个基因具有PIP元件。其中9个基因编码T3SS效应子蛋白、Hrp蛋白或者Hrp相关蛋白。以*avrBs1*作为报告基因，鉴定了6个新的T3SS效应子蛋白，其表达均受HrpX调控，并且依赖于 HrpF 和 HpaB 伴侣运输至植物细胞体内。突变实验表明除了 AvrXccB 外，其他 5 个蛋白是 Xcc 毒性和在寄主中国大白菜体内生长所必需的。

在许多植物和动物病原菌 Ⅲ 型分泌系统泌出效应子中存在富亮氨酸重复序列（leucine-rich repeats，LRRs），广西大学唐纪良等从 Xcc 8004 菌株中获得一种新的含有 LRRs 结构域的 Ⅲ 型效应子分泌蛋白-*XC*1553，证明 *XC*1553 基因编码产物在寄主植物的维管束组织内被识别。

由组氨酸激酶感应子（histidine kinase sensor，HK）和响应调控子（response regulator，RR）组成的双组分信号转导系统（two-component signal transduction systems，TCSTSs）是原核生物感知外界环境信号并作出相应反应的主要分子机制，中国科学院微生物研究所何朝族等发现，黄单胞属中不同细菌的基因组中包含大量的 *TCSTSs*（92～121 个）基因，这些基因编码各种各样的 HK 和 RR。其中 70 个 *TCSTSs* 基因在黄单胞属细菌中均存在，属于核心组分，点突变发生的频率较低。而其他 *TCSTSs* 基因（特别是 *HKs* 基因）则具有广泛的遗传重组包括基因组重排、基因复制、缺失或增加、融合或断裂等方式。高频率的遗传重组促进了双组分系统调控基因表达方式的高效性和复杂性。此外，黄单胞属细菌中 *TCSTS* 基因的种内进化和保持机制是共进化的。在 *TCSTS* 基因功能研究方面，采用插入失活的方法对黄单胞菌甘蓝致病变种（Xcc）ATCC 33913 中的 54 个 *RR* 基因进行了突变，鉴定到 2 个与 Xcc 的毒性相关的调控子 XCC1958 和 XCC3107，XCC3107 与 Xcc 的生长和胞外酶活性有关。对 51 株突变体在各种逆境，如渗透性应激、高盐浓度、热激、十二烷基硫酸钠等环境条件下的生存情况研究，获得了多个参与 Xcc 逆境响应的基因。*RR* 基因的突变和表型鉴定为重要植物病原细菌 Xcc 的信号传递网络研究奠定了基础。

7. 大豆疫霉菌致病机理研究

南京农业大学王源超研究组在大豆疫霉菌 G 蛋白偶联受体（G protein-coupled receptors，GPCRs）参与细胞信号转导研究中，鉴定了一个具有 7 个跨膜结构域的 *PsGPR*11 基因，通过基因沉默的方法获得了 PsGPR11 缺失的转化子。这些转化子在菌丝生长及其形状、孢子囊产生及其大小以及交配行为方面均未发生变化。但是，从孢子囊中释放游离孢子的过程严重受损，大约有 50％的孢子囊没有完全释放掉其中的游离孢子。而且游离孢子的成囊和萌芽过程也受到了损害，并且丧失了对大豆的致病能力。研究表明 PsGPR11 蛋白介导的信号转导途径是独立于 G 蛋白的信号途径，控制了大豆疫霉菌游离孢子的发育和毒性。

锌指蛋白是真核细胞中最大的转录调控子家族之一。获得一个 C_2H_2 锌指蛋白 *PsCZF*1，它在已测序的卵菌病原菌中高度保守。*PsCZF*1 基因缺失突变体没有表现出在细胞大小以及孢子囊和菌丝形态上的改变，但是菌丝的生长速度减少了大概 50％。此突变体在卵孢子和游离孢子的产生和成囊的能力方面也受到了影响，说明 *PsCZF*1 在 *P. sojae* 生命周期的各个阶段都发挥了作用。此外，*PsCZF*1 基因缺失突变体丧失了对寄主大豆品种的毒性。卵菌特异性的 C_2H_2 锌指蛋白 *PsCZF*1 在病原菌的生长、发育以及致病过程中都有重要作用，因此，*PsCZF*1 可能被作为一个卵菌特异性的目标来筛选化学杀菌剂。

(三)植物抗病相关重要功能基因的发掘与利用

1. 植物抗病毒病研究获得重要发现

RNA 沉默途径(RNAi 途径)和水杨酸抗性途径(SA 途径)是植物抗病反应调控系统中两条非常重要的信号转导通路。植物中依赖于 RNA 的 RNA 聚合酶(RNA-dependent RNA polymerases, RDRs)家族有不同成员各自参与这两条抗性途径。其中,RDR6 参与 RNAi 途径,扩增 RNAi 途径的关键因子小 RNA (siRNA),并对抵抗病毒的侵染起关键的作用;而 RDR1 主要参与 SA 介导的抗病毒途径。

在本氏烟(*Nicotiana benthamiana*)中,RDR1 可自然突变成无功能基因。而以往的假设认为:可能由于本氏烟中与 SA-途径相关的 RDR1 的突变,导致本氏烟很容易被病毒感染,使其成为一种可被多种病毒寄生的植物宿主。

中国科学院微生物研究所郭惠珊研究组在植物抗病途径研究中获得重要发现,研究成果发表在 2010 年 *Plant Cell* 上。通过分析与本氏烟 RDR1 高度同源的普通烟草(*Nicotiana tabacum*)的 RDR1(Nt-RDR1),发现 Nt-RDR1 在本氏烟中过表达,非但不能提高本氏烟对病毒的抗性,反而使本氏烟对很多病毒出现超感表型。进一步研究发现 Nt-RDR1 蛋白具有 RNA 沉默抑制子活性。Nt-RDR1 蛋白能抑制 RDR6 参与的 RNAi 途径,干扰依赖 RDR6 产生的 siRNA 的沉默活性。研究表明 RDR1 蛋白具有双功能作用,一方面,参与 SA 抗性途径;另一方面,抑制 RDR6 介导的抗病毒 RNAi 途径。

研究揭示了本氏烟 RDR1 自然突变的生物学意义,阐明本氏烟 RDR1 的自然突变可能是植物本身长期面临广泛病毒侵染的选择压力而发生的结果,通过 RDR1 的失活突变以激活更强的 RDR6 介导的抗病毒能力。

该研究为植物抗病途径在农业抗病毒生产应用上提出新的思考:参与一条抗性途径的基因在特定寄主中可能干扰另一条抗性途径,并不是将抗性基因在一种植物中高表达就一定能获得更高的抗性,有时会适得其反。

2. 提高水稻抗病性的研究

在水稻自身抗病基因的发掘与利用方面,中国农业大学彭友良教授实验室从水稻中分离获得了一种细胞壁相关的蛋白激酶 *OsWAK*1,受机械损伤、SA 处理和 MeJA 处理诱导表达,但不受 ABA 诱导表达,属于一类新的水稻抗病基因。6 个转 *OsWAK*1 基因水稻株系表现出对稻瘟病亲和小种的抗性,然而在正常生长条件下的叶片、茎和花中检测不到 *OsWAK*1 的表达,但在根中可以检测到很弱的表达,结果表明 *OsWAK*1 可能作为一类新的受体类激酶在植物的抗病中发挥重要作用。

WRKY 类转录因子在植物应对生物和非生物胁迫过程中发挥着多种调控作用。从水稻中分离获得一个由稻瘟病菌(*Magnaporthe grisea*)及生长素诱导表达的 WRKY 类基因—*OsWRKY*31。在转基因水稻中可增强水稻对稻瘟病菌的抗性,影响根的生长和植物激素的反应,表明 *OsWRKY*31 可能是水稻应答生物素以及防御反应的信号转导途径中的一个组成成分。

在利用病原菌基因提高植物抗病性方面。植物病原细菌产生的 Harpin 蛋白可以激发植物过敏性细胞死亡(hypersensitive cell death, HCD)和防卫反应。鉴定 Harpin 的有益结构域和有害结构域或许可以将有益结构域用于作物病害控制。南京农业大学董汉松研究组鉴定和测试了水稻细菌性条斑病菌(*Xanthomonas oryzae* pv. *oryzicola*, Xooc) Harpin 蛋白 HpaG 的 9 个功能片段。通过 PCR 方法突变产生了 9 个蛋白质 HpaG 片段。这 9 个蛋白片段引起烟草和水稻的不同反应。发现 HpaG62-137 片段可以诱导烟草发生更强烈的 HCD,与此相反 HpaG10-42 则不能引起烟草明显的 HCD,然而两个片段比全长的 HpaG 更能激发水稻更强烈的防卫反应和促进水稻的生长。9 个蛋白片段中,主体蛋白和 HpaG10-42 更能刺激水稻的生长以及更能增强水稻对白叶枯病菌和稻瘟病菌的抗性。

在大田条件下 HpaG10-42 比 HpaG 对水稻生长的促生效果明显,激发水稻对 3 种病原菌的抗性和增加水稻产量。在三个不同地区、672 个地块种植的 9 个水稻栽培品种对 HpaG10-42 应用速率、频率以及在水稻不同生长期的施用进行了优化。比较不同的施用浓度、时间和水稻生长期,发现 HpaG10-42 施用浓度为 6mg/mL,在水稻育苗期使用一次,在田间使用 3 次的效果最佳。与对照相比产量增加了 22%～27%。表明 HpaG10-42 有望用于控制水稻病害和增加产量。

3. 导入动物融合蛋白基因提高小麦对赤霉病的抗性

赤霉菌在侵染小麦和其他谷类作物后,其产生的赤霉菌毒素会直接积累在小麦麦粒和谷类粮食中,这对人类和家畜饲养业具有很大的危害性。由于天然存在的抗赤霉菌资源稀少,开发赤霉菌抗性品种阻止赤霉菌毒素的污染面临着巨大的挑战。目前已有研究报道在转基因植物中,融合抗真菌蛋白的抗体可以显著增强植物对赤霉菌的抗性,有效地抑制作物中真菌毒素的污染。华中农业大学廖玉才等通过融合鸡的赤霉菌特异性抗体和曲霉菌的抗真菌多肽,将融合抗体采用转基因方法导入到小麦植株体内,显著提高了小麦对赤霉病的抗性,增强了小麦对赤毒病的内源抗性,减少了毒素的产生。因此,抗体融合蛋白可以作为一种高效的防控小麦赤霉病害的方法应用于农业生产。

4. 研究基因功能的基因沉默系统的建立

病毒诱导的基因沉默(virus-induced gene silencing, VIGS)是功能基因组学研究的重要工具。浙江大学周雪平研究组在植物病毒的开发与利用方面,根据烟草曲茎病毒(TbCSV) DNA1 组分,开发了一种 VIGS 载体,多克隆位点可以插入需要沉默基因的 DNA 片段。当寄主内源基因(*Su*)或者转入的基因(*GFP*)插入到修饰过的 DNA1 载体后,与 TbCSV 或番茄黄化曲叶病病毒(TYLCCNV)共接种普通烟,同源基因的沉默效率提高。用修饰过的 DNA1 和 TbCSV 或 TYLCCNV 在烟草、茄子和矮牵牛中建立了诱导基因沉默的体系,该沉默体系能有效沉默包括分生组织和花器官发育在内的一系列基因,可以用于研究、分析和发现各种重要作物的基因功能,为植物基因功能的鉴定提供了便利。

(四)病原物遗传结构、寄主适应性变异及致病力分化研究

1. 植物青枯菌种以下分类及致病力分化研究

作为复合种,青枯菌(*Ralstonia solanacearum*)群体具有高度的变异性及适应性,不同地区或寄主来源的青枯菌表现出明显的生理分化或菌系多样性。传统的种以下分类框架将其划分为5个生理小种或5个生化变种,难以体现病菌的遗传特征。中国农业科学院植物保护研究所冯洁等根据国际最新的青枯菌种以下演化型(phylotype)分类框架(phylotype Ⅰ,Ⅱ,Ⅲ,Ⅳ),在演化型和序列变种两个分类水平上对中国青枯菌群体进行了种以下分类研究。在演化型(phylotype)分类水平上,揭示出来自13个省、18个寄主的286个参试菌株全部属于青枯菌演化型Ⅰ和Ⅱ型,即亚洲分支和美洲分支菌株。在序列变种(sequevars)分类水平上揭示出中国青枯菌群体具有丰富的遗传多样性,存在着亚洲分支的10个序列变种及美洲分支的1个序列变种。其中亚洲分支菌株中的序列变种33、44和48为国际上首次鉴定出的新序列变种。寄主为番茄、茄子、花生的菌株遗传多样性最为丰富,番茄青枯菌几乎涵盖了除桑青枯菌以外的所有序列变种。首次明确了中国青枯菌群体在种以下的分类地位,对有针对性的抗病育种工作具有指导意义,发现了亲缘关系很近,但寄主范围不同的菌株,为致病力分化研究提供了重要线索。

在青枯菌致病力分化研究中发现了在致病力分化上具有重要意义的来自马铃薯的Po82菌株,与寄主范围差异很大的香蕉青枯菌及NPB(not pathogenic to banana)菌株同属序列变种4。Po82不仅对茄科植物番茄、茄子及马铃薯致病,而且对香蕉也致病,是迄今为止发现的第一株可对香蕉致病的来自马铃薯的菌株,表明Po82是一个进化地位上极为独特的菌株。利用抑制性差减杂交(SSH)技术,发现桑青枯菌基因组中含有大量的IS插入元件,在GMI1000(1号小种)及其他已测序的小种中均未发现,推断其可能与桑青枯菌寄主适应性有关。

2. 中国禾谷镰刀菌种的重新界定

中国农业科学院植物保护研究所冯洁等建立和构建了我国数量最大,范围最广,涵盖了南方8省和北方6省256个采样点的4000多个单胞的菌种库和基因库。目前传统的禾谷镰刀菌群体(*Fusarium graminearum*)已经被划分成了Fg clade内的13个不同的种,而我国小麦禾谷镰刀菌种的分类状况不明。利用Luminex 200™液相芯片系统,采用高通量多位点基因型鉴定(MLGT)方法,开展了中国禾谷镰刀菌大范围种的鉴定工作。发现我国只存在Fg clade以内的3个种。北部省份主要以*F. graminearum*为主(占89.7%),南部省份以*F. asiaticum*为主(占81.3%),陕西省2个种的群体数量差别不大,云南、四川检测到了极少量的*F. meridionale*。

病菌毒素类型鉴定结果表明,所有*F. graminearum*菌株全部为15ADON,而*F. asiaticum*存在产生3种毒素类型的菌株,其中NIV和3ADON分别为39.8%和57.7%,产生15ADON毒素的*F. asiaticum*菌株比例很小。研究首次获得了山西、陕西、山东、河南等省份的赤霉病菌种类和毒素类型结果。建立了一套可以同时检测3种毒素类型的简便快速的分子检测方法。

SSR多态性分析结果与毒素类型关系密切。发现了NIV群体向3ADON群体转换的过渡类型，研究发现3ADON群体较NIV群体在致病性、病菌侵染量及生长速率方面具有明显优势，3ADON群体具有取代NIV群体的趋势，生物学特性的测定结果为群体遗传学研究结果提供了佐证。

将高熔点分辨检测点突变的方法引入菌株多菌灵抗药性的检测，利用高熔点分辨仪，通过熔解曲线的变化区分不同点突变类型，直接通过PCR的方法检测点突变。对2008年采集的全国15个省份4000多个菌株的抗药性位点突变分析，仅在江苏和浙江发现了抗性菌株，其中抗性菌株在江苏省分布较广，存在3种突变类型，F167Y是主要的抗药性突变类型(95%)。经平板验证，准确率达到100%。该方法的应用，大大降低了工作量，达到了准确、快速、低成本和高通量的要求，适用于大规模的抗药性菌株的鉴定。

该项研究首次大范围在新的分类框架下，采用国际最先进的技术和手段，对中国禾谷镰刀菌在种的水平上进行了新的鉴定和划分，明确了病原菌的优势种群和地域分布，对于监测赤霉病的流行、病菌进化趋势及毒素类型的变化具有重要意义。

3. 啤酒花矮化类病毒分子进化过程及寄主适应性变异规律研究

中国农业科学院植物保护研究所李世访研究组调查了9种类病毒在我国的发生分布情况，发现了3个类病毒新种。中国果树类病毒的种类与其他国家相比多样性十分明显，据此推测中国可能是类病毒的起源地。其中新疆树龄在150年以上的一棵老葡萄树上，不仅有国际上已报道的4种类病毒，而且还发现了类病毒新种，为进一步研究病原与寄主植物的共进化关系提供了绝佳的实验素材。

通过连续15年的跟踪研究，解析了日本啤酒花矮化类病毒的分子进化过程及寄主适应性变异规律，与日本科学家合作，采用葡萄型、李型和柑橘型3种HSVd的主要分离物人工接种啤酒花无毒苗，啤酒花感染了葡萄型菌株后，在持续感染过程中逐渐产生了突变，与啤酒花栽培农场中占据优势的突变体为同一突变体。说明在葡萄上表现为潜伏侵染的HSVd葡萄分离物，可能是啤酒花矮化病的初侵染来源。这些结果暗示着中国与美国的啤酒花矮化病有可能也是感染了葡萄植株中的HSVd而引起的。多数啤酒花与葡萄混合栽培的地区，都存在两种植物互相重叠的区域，因而只要是在同时栽培了葡萄和啤酒花的地区，啤酒花都有发生矮化病的可能。研究结果发表在2009年PLoS ONE上，是类病毒病害起源、进化研究方面取得的一项重大进展，对研究动、植物病毒的进化具有普遍的生物学意义。

该研究对控制病毒性病害的启示：有些类病毒并不在宿主植物表现出明显的症状，果树中的许多树种通过扩繁苗进行营养繁殖，随着国际贸易及农产品流通的增加，类病毒通过潜伏在无症状宿主载体进行远距离扩散的风险性随之加大。入侵到新环境中的类病毒，会像啤酒花矮化病的流行一样，一旦在新的栽培环境下遇到新的敏感性的宿主，就可能造成新病害的流行与扩散。开发高灵敏度、简易实用的类病毒诊断方法，培育抗类病毒品种迫在眉睫。摸清病毒和类病毒病害的初侵染来源，减少病原与敏感植物的接触，达到切断传播途径控制病害的目的。

(五)植物病害流行学研究与防治策略的创新发展

1. 小麦条锈病流行学及防治策略研究

小麦条锈病是制约小麦安全生产的重要生物灾害。我国是世界上最大的小麦条锈病流行区,病害流行传播规律与世界其他国家存在本质差异,具有明显的越冬、越夏菌源基地,自成独立的病害流行体系。陇南等地是我国小麦条锈病最重要的越夏区和东部广大麦区秋苗发病的主要菌源基地。随着全球气候变化、种植制度改变以及病菌致病性变异,小麦条锈病流行成灾规律也发生了一些新的变化,病害的研究与防治工作面临新的挑战。中国农业科学院植物保护研究所陈万权研究组针对我国小麦条锈病连年流行成灾的严峻形势以及菌源基地病菌致病性变异和品种抗病性"丧失"等突出问题,采用生态病理学原理和方法,对我国小麦条锈病菌源区范围及其作用、病菌致病性变异、品种抗病基因遗传、作物适应性以及生态防控技术等进行了系统调查和试验研究。发现陇南小麦条锈病菌源区范围显著扩大,由过去的300万亩扩大到近500万亩,并向高海拔地区(海拔2080m)发展,海拔1500～1800m地带是小麦条锈病的核心菌源区,自生麦苗提供有效菌源的时间为8月下旬至9月上旬,秋苗提供有效菌源的时间为10月中旬至12月下旬;渭河上游、陇南西和等地病菌越夏海拔明显下降(下降约200m),黔西北赫章等地海拔1700m以上地区病菌能够安全越夏。根据陇南菌源基地秋季菌源数量与全国小麦条锈病发生流行之间的关系,建立了小麦条锈病大区流行早期异地测报技术体系。完成了3894份小麦条锈病标样的毒性鉴定分析,查明了优势小种类型、消长动态及其对我国小麦主要生产品种致病性特点,在国际上首次发现小麦条锈菌在菌源基地存在遗传重组现象以及对抗病基因*Yr*24/*Yr*26有毒力的新致病类型V26,研发出小麦条锈病分子诊断检测技术,可检测潜伏期的条锈病害。鉴定评价了3268份小麦品种资源的抗条锈病性,筛选出优良抗病资源1573份,在鉴定评价的1322个新品种中有229个通过国家品种审定;查明了224个小麦品种(系)携带的抗条锈病基因状况及其遗传特点,发现抗性谱互补的主效基因和微效基因重组产生"基因集团效应",可有效延缓品种的抗病性"丧失";在小麦D染色体组和AB染色体组上发现抗锈性抑制基因,不仅对抗锈基因具有专化抑制作用,而且还表现出对锈菌生理小种的专化性。制备出与*Yr*1、*Yr*2、*Yr*5、*Yr*7、*Yr*8、*Yr*9、*Yr*10、*YrSp*、*YrVir*1、*YrKy*2、*YrJu*4和*YrV*23等12个抗条锈病基因共分离或紧密连锁的分子标记,并将*Yr*1、*Yr*2、*Yr*7、*Yr*9、*YrVir*1、*YrV*23等6个抗条锈病基因定位在小麦遗传图谱上,其中大多为国际上首次报道或与目的基因距离最近,为分子标记辅助育种和基因克隆奠定了基础。采用传统杂交育种与分子标记辅助选择方法,成功培育出中植1号(*Yr*9、*YrC*591)、中植2号(*Yr*5、*Yr*10、*YrC*591)、陇鉴9383(*Yr*10)等10个抗病高产小麦品种,通过新品种审定,创制出85份农艺性状较好且抗病基因明确的高代品系,提供给全国82家育种单位利用,共培育出71个小麦新品系参加产量比较试验和9个抗病新品种通过审定。在小麦条锈病核心菌源区引进和试种10多种高经济效益作物,研发出高垄低畦覆膜蔬菜、地膜马铃薯等配套栽培技术。研究提出基因布局、停麦改种、适期晚种、小麦混种、作物间套种以及自生麦苗防除等生态防病技术,并与药剂拌种等其他关键防治技术进行集成、组装和配套,创造性地构建了以生物多样性利用为核心,以生态抗灾、生物控害、化学减灾为目标的小麦条锈病菌源基地生态治理技术体系，即"两种(zhǒng)两种(zhòng)"技术体系。所谓两种(zhǒng)指抗锈良种和药剂拌种；两种(zhòng)指停麦改种和适期晚种。在小麦条锈病菌源区勘界、异地测报以及生态治理技术体系应用和成效等方面处于国际领先地位，研究经验和方法亦为国际上研究其他气传病害提供了重要的借鉴作用和参考价值，经济、社会和生态效益极其显著。

2. 小麦白粉病越夏、越冬区划及监测预警研究

中国农业科学院植物保护研究所周益林等在明确了小麦白粉病与温度的定量关系模型的基础上，建立小麦白粉病地理信息数据库，利用地理信息系统(GIS)和地统计学，对小麦白粉病越夏区、越冬区进行气候区划。研究采用3种模型和指标获得了小麦白粉病可能越夏区域和范围。结果表明，在我国小麦种植区，适合小麦白粉病越夏的地区主要分布在云南大部、贵州西部、甘肃南部、陕西秦岭北麓、渭北旱塬、关中北塬、宁夏南部、川南、川西北、豫西、鄂西山区、河北的西部山区、山西中部、新疆零星，并且验证越夏点均在此范围内。同样对小麦白粉病均越冬区划根据1951～2006年间12月和下一年1月、2月中最冷一个月的月平均温度，基于数字高程模型空间插值，结合实地越冬调查和冬小麦的分布界限，初步确定小麦白粉病越冬的北界在－6℃的月平均温度线附近，据此得出小麦白粉病越冬的最北界限可沿唐山－密云－昌平－房山－涞水－易县－平山－太原－介休－临汾－宜川—黄陵－庆阳－平凉－陇西－宕昌－松潘－黑水－马尔康－康定－稻城－德钦，此线以南、以东的地区小麦白粉病能够在当地越冬。本研究为更好地制定越夏区和越冬区的治理方案提供依据，也有利于指导进一步调查小麦白粉病的越夏、越冬情况。

将ASD Field Spec ProFR光谱仪应用于小麦白粉病田间病情及产量的预测，发现近红外波段(NIR)的反射率曲线随病情指数的增加而明显下降，其值与病情指数存在极显著的负相关性。建立了两品种、两密度扬花期、灌浆初期和后期基于NIR、差异植被指数(DVI)、土壤修正植被指数(SAVI)及红边面积的病情指数回归估计模型，并进行了品种模型间比较。结果表明，扬花期、灌浆初期和后期两品种、两密度分别基于不同参数建立的病害估计模型，且品种模型之间或种植密度之间斜率无明显差异。同时研究还对不同年份基于光谱反射率所建病情估计模型的比较分析，结果表明，相同品种情况下不同年份光谱参数的估计模型在扬花期无差异，但在灌浆初期除SDr外差异均达显著水平。京双16不同病情下产量、产量因子及蛋白质含量的方差分析结果表明，小麦白粉病为害后，产量、千粒重及蛋白质含量显著降低，且与病情之间存在极显著的负相关性，建立了基于病情曲线下面积(AUDPC)的产量、千粒重及蛋白质含量的预测模型；产量、千粒重、蛋白质含量和光谱参数的相关性分析结果表明，SAVI、DVI、R760-850与三者的相关性较好。因此，分别建立了产量、千粒重及蛋白质含量预测模型并对模型进行了检验。

利用无人飞机分别获得了不同品种和不同种植密度下不同发病程度的距地面的航空遥感照片，利用GIS软件提取不同处理的颜色特征值R、G、B值，并与病情指数进行相关性分析，结果发现不同高度下图像的R、G、B值与病情指数之间均存在显著或极显著的正相关性，并建立了病害估计模型。R、G、B值与产量、千粒重和蛋白质含量的相关性分析结果发现，图像R、G、B值与病情指数及产量、千粒重和蛋白质含量之间均存在显著或极显著的负相关性，其中产量和蛋白质含量与G值相关系数最大，而千粒重与B值的相关

性最好，这表明利用低空遥感设备监测小麦白粉病有着良好的应用前景。

采用定容式孢子捕捉器(7-Day Recording Volumetric Spore trap)连续3年对空气中小麦白粉菌孢子进行了监测，结合DYNAMET-CR1000自动气象站自动采集的数据分析，明确了空气中病菌分生孢子数的日变化动态和季节变化动态。捕获的孢子数与大气温度、太阳辐射之间有极显著或显著的正相关关系，大气压和湿度与孢子数之间有负相关性，分别达到了极显著和显著水平。不同进气口速度下所捕获到的孢子数无显著差异，但是不同高度空气中的分生孢子数存在显著的差异，其中冠层内(0.6m)的分生孢子数明显高于冠层外(1.6m)。在此研究的基础上建立了田间病情与空气中累积孢子数之间的关系模型，这为孢子捕捉器在病害流行监测中应用奠定了基础。

建立了小麦叶片中潜伏侵染白粉菌的Real-time PCR检测技术，可以用于监测小麦白粉病的发生和流行情况，为小麦白粉病的监测预警提供了新的手段。

3. 作物多样性在抗病增产中的作用

虽然传统耕作实践表明，根据时间和空间安排同一区域作物品种之间的混合种植，有利于提高作物产量和病害的防治，但是来自大规模的田间试验证据非常有限。“生物多样性促进粮食安全”是2004年世界粮食日的主题，也是当今国内外研究的热点。云南农业大学朱有勇研究组在农业生物多样性的利用和保护方面，获得了重要的研究进展。在中国云南省10个县15302hm^2的土地上，通过套作或根据作物高度的差异进行混种，测试了间作烟草、玉米、甘蔗、马铃薯、小麦、蚕豆的增产效果，部分组合作物产量增加了33.2%～84.7%，并且土地当量比(land equivalent ratio, LER)达到同季作物产量的1.31～1.84。证明通过间作增加农作物的多样性可以解决提高土地利用率和作物产量的问题，该方法更适用于发展中国家，对于缓解目前耕地减少与粮食需求增加的矛盾效果显著。

4. 小麦赤霉病防控关键技术研究获得重要突破

小麦赤霉病是世界性的穗部病害，不仅造成小麦严重减产和品质降低，而且受侵染小麦籽粒含多种真菌毒素，可引起人畜中毒和严重疾病。因此，小麦赤霉病的研究和防治在国内外一直受到高度重视，由西北农林科技大学、南京农业大学、浙江大学等单位联合攻关，“小麦赤霉病致病机理与防控关键技术研究”获2010年国家科技进步二等奖。由西北农林科技大学康振生教授率领的科研团队采用细胞学、细胞化学与分子细胞学等方法，围绕小麦赤霉病发生与防治中的关键问题开展了系统的研究，经过长达10年的不懈努力，终于取得重大突破：①揭示了小麦赤霉病菌在小麦穗部初侵染位点、侵染方式和扩展途径，较完整地提出了赤霉病菌在小麦穗部的侵染及扩展模式。②揭示了赤霉病菌对小麦穗部侵染初期病菌产毒的起始时间；确定了毒素在寄主组织中的分布及细胞内的结合位点；明确了寄主的病变与病菌扩展和毒素分布的时空关系，阐明了赤霉菌毒素在致病中的作用。③发现赤霉病菌在侵染和扩展过程中分泌产生了纤维素酶、木聚糖酶和果胶酶等细胞壁降解酶类及其对寄主细胞壁的降解作用。④发现了抗病小麦品种被病菌侵染后可迅速通过乳突、胞壁沉积物的形成、细胞壁的修饰及水解酶类的增长等形态结构和生化协同防卫反应抵御病菌在体内的扩展。⑤通过室内和田间试验发现新型杀菌剂戊唑醇和羟菌唑对小麦赤霉病有显著的保护和治疗作用，防效优于多菌灵，并揭示了杀菌作用的细胞学机理，为大面积推广使用提供了理论依据。

三、植物病理学科国内外研究进展比较

1. 在基础研究方面与国外的差距正在逐步缩小

近年来国内植物病理学家陆续在 *Cell*、*PNAS*、*Plant Cell* 等国际高水平杂志上发表具有重要影响的论文，提升了我国植物病理学基础研究的国际地位。但是在基础研究的深度和系统性方面还有待加强。

2. 政府对科技投入支持力度显著增加，逐步缩小了与发达国家的差距

"十一五"期间科研经费支持力度达到了前所未有的规模，国家"973"计划、"863"计划、科技支撑计划以及农业部公益性行业科研专项等对植物病害研究的支持力度较前几个五年计划已有了大幅度的增加，仅农业部公益性行业科研专项就分别对 20 多种(类)主要病害进行了单独立项支持，对提升我国植物病害研究的总体水平和加速成果转化起到了巨大的推动作用。

3. 产学研一体化研究构架已初步建立，形成了具有中国特色的大范围合作格局

以科研项目为纽带，以现代农业产业技术体系功能实验室、岗位科学家、试验站、大区流行病害研究协作组及野外台站为依托，逐步形成了中央与地方及基层大范围多层次的合作。在中国已初步建立了产、学、研一体化的研究和技术推广平台。

四、植物病理学科发展趋势及展望

1. 基础和应用基础研究方面

(1)病原物全基因组测序及功能基因组学研究。目前国际上大范围的植物病原全基因组测序工作已全面展开，已公布全基因组序列的植物病原细菌已近 30 种，如水稻白叶枯病菌(*Xanthomonas oryzae* pv. *oryzae*)、水稻细菌性条斑病菌(*Xanthomonas oryzae* pv. *oryzicola*)、植物青枯病菌(*Ralstonia solanacearum*)、柑橘溃疡病菌(*Xanthomonas axonopodis* pv. *citri*)、甘蓝黑腐病菌(*Xanthomonas campestris* pv. *campestris*)、甘蔗流胶病菌(*Xanthomonas axonopodis* pv. *vasculorum*)、香蕉细菌性萎蔫病菌(*Xanthomonas campestris* pv. *musacearum*)、大豆斑疹叶斑病菌(*Xanthomonas axonopodis* pv. *glycines*)、辣椒细菌性斑点病菌(*Xanthomonas campestris* pv. *vesicatoria*)、甘蔗白色条纹病菌(*Xanthomonas albilineans*)、十字花科黑斑病菌(*Pseudomonas syringae* pv. *maculicola*)、菜豆晕疫病菌(*Pseudomonas syringae* pv. *phaseolicola*)、番茄细菌性叶斑病菌(*Pseudomonas syringae* pv. *tomato*)、丁香叶斑病菌(*Pseudomonas syringae* pv. *syringae*)、烟草野火病菌(*Pseudomonas syringae* pv. *tabaci*)、水稻褐斑病菌(*Pseudomonas* syringae pv. *oryzae*)、七叶树叶斑病菌(*Pseudomonas syringae* pv. *aesculi*)、梨火疫病菌(*Erwinia amylovora*)、亚洲梨火疫病菌(*Erwinia pyrifoliae*)、桃、梨冠瘿病菌(*Agrobacterium tumefaciens*)、马铃薯黑胫病菌(*Pectobacterium atrosepticum*)、大白菜软腐病菌(*Pectobacterium carotovorum* subsp. *carotovorum*)、葡萄皮尔斯病菌(*Xylella fastidiosa*)、亚洲柑橘黄龙病菌(*Candidatus* Liberobacter asiaticum)、紫菀黄化植原体(*Candidatus* Phytoplasma asteris)、马铃薯环腐病菌(*Clavibacter michiganensis* subsp. *sepedonicus*)、番茄细菌性溃疡病菌(*Clavibacter michiganensis* subsp. *michiganensis*)、洋葱心腐病菌(*Enterobacter cloacae*)。

已公布全基因组序列的植物病原真菌有 11 种,如水稻稻瘟病菌(*Magnaporthe grisea*)、小麦颖枯病菌(*Stagonospora nodorum*)、蚕豆根腐病菌(*Fusarium solani*)、灰霉病菌(*Botrytis cinerea*)、玉米瘤黑粉病菌(*Ustilago maydis*)、棉花黄萎病菌(*Verticillium dahliae*)、苜蓿黄萎病菌(*Verticillium albo-atrum*)、水稻恶苗病菌(*Gibberella moniliformis*)、麦类赤霉病菌(*Fusarium graminearum*)、植物菌核病菌(*Sclerotinia sclerotiorum*)、番茄枯萎病菌(*Fusarium oxysporum* f. sp. *lycopersici*)。

已公布全基因组序列的植物病原线虫有 6 种,如南方根结线虫(*Meloidogyne incognita*)、北方根结线虫(*Meloidogyne hapla*)、花生根结线虫(*Meloidogyne arenaria*)、爪哇根结线虫(*Meloidogyne javanica*)、大豆胞囊线虫(*Heterodera glycines*)、马铃薯金线虫(*Globodera rostochiensis*)。

随着病原物全基因组序列的公布及功能基因组学的研究,将有越来越多致病相关基因的功能被解析,对病原物致病机理的研究将为设计阻断病原物侵染的防治策略,改善和提高植物持久抗病性提供重要的科学依据。

(2)转基因植物的应用与推广。目前全球共有 25 个国家的转基因作物进入商业化种植,玉米、大豆、棉花、油菜等 12 种转基因作物总种植面积增长迅猛,总面积已达 1.34 亿 hm^2。转基因作物育种带来的巨大经济、社会效益和显著的生态效益已充分显现。随着公众认识逐步走向科学和理性,转基因产品不仅受到广大农民的欢迎,也将被越来越多的消费者所接受。加强我国转基因技术自主研发实力,抓住转基因重大专项实施的契机,坚定不移地推进转基因技术的研究与应用是保障我国粮食安全的战略选择。

(3)应对全球气候变化下的病害发生规律的基础研究。我国粮食生产受气候变化的影响很大,全球变暖加重了病害对农业生产的危害程度。病害发生繁殖的时间相对延长,病菌的生长发育速度加快。如小麦锈病等病害的为害加重。大范围流行性、暴发性、毁灭性的农作物重大病害的发生、发展、流行与气象条件的关系十分密切。针对全球气候变化对植物病原物及农作物的影响,迫切需要加强新环境下的病害发生规律的基础研究,制定应对气候变化新的病害防治措施,保障国家粮食安全和农民收入稳定增长。

目前我国已陆续启动了气候变化与粮食安全生产研究专项,如国家"973"计划"气候变化对我国粮食生产系统的影响及适应机制研究"等项目,有助于加强全球气候变化下重大病害的发生规律的基础研究。

2. 应用技术研发

(1)发挥基因芯片、DNA 条码等新技术在植物病害检测与诊断中的应用。基因芯片检测技术以其高通量、快捷和简便的特点已在植物病原检测方面得到了快速发展，尤其适合海关检疫和大规模的病害普查。目前国外针对马铃薯病毒病及戚氏根结线虫(*Meloidogyne chitwood*)的基因芯片检测已获得成功。今后随着研发技术的不断成熟，基因芯片检测技术的应用范围也将不断扩大，应用前景广阔。

2003 年，科学家们依据各种生物 DNA 变异或演化速率适度的基因短片段序列差异，找到了一种特别的 DNA 标签，每个物种都具有自己的独特性，由此诞生了 DNA 条码(DNA-bar-coding)技术。国际生命条形码计划已于 2009 年 1 月启动，中国科学家也参与了这一扫描生命的浩大工程，让地球上几乎所有被发现的物种都拥有一张独特的“身份证”。今后即使作为一个生物学的门外汉，仅通过特殊的仪器，就像在超市里购物一样“扫描一下”条码就可以清楚地认识一种你从未见过的生物的名称。

国际生命条形码计划的启动对于植物病原物的检测、病害的诊断与防治等诸多方面必将产生巨大的影响。

(2)加强危险性入侵植物病害的监测预警与应急防控技术的储备研究。随着经济全球化和国际贸易自由化，农业外来生物入侵的危险性日益增加。目前已入侵我国的有害生物至少有 400 多种，造成较大危害的有 100 种以上。近年来，入侵我国的外来生物呈现出数量增多、频率加快、蔓延范围扩大、发生危害加剧、经济损失加重的趋势。

加强危险性入侵植物病害的监测预警技术储备研究，有针对性地制定应急防控措施，防范检疫性有害生物的入侵、扩散和蔓延，是维护我国农业生产安全的重要环节。

3. 植物病害的防控策略方面

(1)以“绿色植保”的理念为指导，在防控策略上朝着有害生物的系统管理(SPM)、生态治理(EPM)和持续治理(SPM)方向发展。

(2)随着大众对食品安全的广泛关注，对病害的无公害防控提出了新的要求，需要研发农作物产前、产中、产后生物灾害的无公害防控新技术，减少食物中农药和真菌毒素污染。

(3)在病害控制方面，更加注重自然控害作用，强化生物多样性的利用，实现农作物病害的可持续控制。

为植物病害防治注入发展观、经济观、生态观和环保观的理念。

参考文献

[1] Kale S D, Gu B, Capelluto D G S, et al. External lipid PI3P mediates entry of eukaryotic pathogen effectors into plant and animal host cells. Cell, 2010, 142(2): 284-295.

[2] Zhou J M, Chai J J. Plant pathogenic bacterial type III effectors subdue host responses. Current Opin Microbiol, 2008, 11(2):179-185.

[3] Zong N, Xiang T T, Zou Y, et al. Blocking and triggering of plant immunity by *Pseudomonas syringae* effector AvrPto. Plant Signaling & Behavior, 2008, 3(8): 583-585.

[4] Xiang T T, Zong N, Zou Y, et al. *Pseudomonas syringae* effector AvrPto blocks innate immunity

by targeting receptor kinases. Current Biology, 2008, 18(1): 74-80.

[5] Zhou F, Pu Y Y, Wei T Y, et al. The P2 capsid protein of the nonenveloped rice dwarf phytoreovirus induces membrane fusion in insect host cells. Proc Natl Acad Sci USA, 2007, 104(49): 19547-19552.

[6] Yuan M, Chu Z H, Li X H, et al. The Bacterial pathogen *Xanthomonas oryzae* overcomes rice defenses by regulating host copper redistribution. Plant Cell, 2010, DOI: 10.1105/tpc.110.078022.

[7] Ding X H, Cao Y L, Huang L L, et al. Activation of the indole-3-acetic acid-amido synthetase GH3-8 suppresses expansin expression and promotes salicylate-and jasmonate-independent basal immunity in rice. Plant Cell, 2008, 20: 228-240.

[8] He F, Zhang Y, Chen H, et al. The prediction of protein-protein interaction networks in rice blast fungus. BMC Genomics, 2008, 9: 519.

[9] Chen J S, Zheng W, Zheng S Q, et al. Rac1 is required for pathogenicity and Chm1-dependent conidiogenesis in rice fungal pathogen *Magnaporthe grisea*. PLos Pathog, 2008, 4(11): e1000202.

[10] Liu T B, Liu X H, Lu J P, et al. The cysteine protease Mo Atg4 interacts with MoAtg8 and is required for differentiation and pathogenesis in *Magnaporthe oryzae*. Autophagy, 2010, 6(1): 74-85.

[11] Yu X, Li B, Fu Y P, et al. A geminivirus-related DNA mycovirus that confers hypovirulence to a plant pathogenic fungus. Proc Natl Acad Sci USA, 2010, 107(18): 8387-8392.

[12] Xiong R Y, Wu J X, Zhou Y J, et al. Identification of a movement protein of the *Tenuivirus* rice stripe virus. Journal of Virology, 2008, 82(24): 12304-12311.

[13] Guo W, Jiang T, Zhang X, et al. Molecular variation of satellite DNA beta molecules associated with Malvastrum yellow vein virus and their role in pathogenicity. Applied and Environmental Microbiology, 2008, 74(6): 1909-1913.

[14] Qing L, Zhou X. *Trans*-replication of, and competition between, DNA beta satellites in plants inoculated with *Tomato yellow leaf curl China virus* and *Tobacco curly shoot virus*. Phytopathology, 2009, 99(6): 716-720.

[15] Hang X H, Tang D J, Lu G T, et al. Identification of six type III effector genes with the PIP box in *Xanthomonas campestris* pv. *campestris* and five of them contribute individually to full pathogenicity. Molecular Plant-Microbe Interactions, 2009, 22(11): 1401-1411.

[16] Jiang W, Jiang B L, Xu R Q, et al. AvrAC(Xcc8004), a type III effector with a leucine-rich repeat domain from *Xanthomonas campestris* pathovar *campestris* confers avirulence in vascular tissues of *Arabidopsis thaliana* ecotype Col-0. Journal of Bacteriology, 2008, 190(1): 343-355.

[17] Qian W, Han Z J, He C Z. Two-component signal transduction systems of *Xanthomonas* spp.: a lesson from genomics. Molecular Plant-Microbe Interactions, 2008, 21(2): 151-161.

[18] Qian W, Han Z J, Tao J, et al. Genome-scale mutagenesis and phenotypic characterization of two-component signal transduction systems in *Xanthomonas campestris* pv. *campestris* ATCC 33913. Molecular Plant-Microbe Interactions, 2008, 21(8): 1128-1138.

[19] Wang Y, Li A, Wang X, et al. GPR11, a putative seven-transmembrane G protein-coupled receptor, controls zoospore development and virulence of *Phytophthora sojae*. Eukaryot Cell, 2010, 9(2): 242-250.

[20] Wang Y, Dou D L, Wang X, et al. The PsCZF1 gene encoding a C_2H_2 zinc finger protein is required for growth, development and pathogenesis in *Phytophthora sojae*. Microbial Pathogenesis, 2009, 47(2): 78-86.

[21] Ying X B, Dong L, Zhu H, et al. RNA-Dependent RNA polymerase 1 from *Nicotiana tabacum* suppresses RNA silencing and enhances viral infection in *Nicotiana benthamiana*. Plant Cell, 2010, 22: 1358-1372.

[22] Li H, Zhou S Y, Zhao W S, et al. A novel wall-associated receptor-like protein kinase gene, OsWAK1, plays important roles in rice blast disease resistance. Plant Molecular Biology, 2009, 69(3): 337-346.

[23] Zhang J, Peng Y L, Guo Z J. Constitutive expression of pathogen-inducible OsWRKY31 enhances disease resistance and affects root growth and auxin response in transgenic rice plants. Cell Research, 2008, 18(4): 508-521.

[24] Chen L, Qian J, Qu S P, et al. Identification of specific fragments of HpaG Xooc, a harpin from *Xanthomonas oryzae* pv. *oryzicola*, that induce disease resistance and enhance growth in plants. Phytopathology, 2008, 98(7): 781-791.

[25] Chen L, Zhang S J, Zhang S S, et al. A fragment of the *Xanthomonas oryzae* pv. *oryzicola* harpin HpaG Xooc reduces disease and increases yield of rice in extensive grower plantings. Phytopathology, 2008, 98(7): 792-802.

[26] Li H P, Zhang J B, Shi R P, et al. Engineering Fusarium head blight resistance in wheat by expression of a fusion protein containing a *Fusarium*-specific antibody and an antifungal peptide. Molecular Plant-Microbe Interactions, 2008, 21(9): 1242-1248.

[27] Huang C J, Xie Y, Zhou X P. Efficient virus-induced gene silencing in plants using a modified geminivirus DNA1 component. Plant Biotechnology Journal, 2009, 7(3):254-265.

[28] Xu J, Pan Z C, Prior P, et al. Genetic diversity of *Ralstonia solanacearum* strains from China. European Journal of Plant Pathology, 2009,125(4): 641-653.

[29] Zhang H, Zhang Z, van der Lee T, et al. Population genetic analyses of *Fusarium asiaticum* populations from barley suggest a recent shift favoring 3ADON producers in Southern China. Phytopathology, 2010, 100(4): 328-336.

[30] Zhang Z, Zhang H, van der Lee T, et al. Geographic substructure of *Fusarium asiaticum* isolates collected from barley in China. European Journal of Plant Pathology, 2010, 127: 239-248.

[31] Hou W Y, Li S F, Sano T, et al. Dentification and characterization of a new coleviroid (CbVd-5). Archives of Virology, 2009, 154: 315-320.

[32] Hou W Y, Li S F, Wu Z J, et al. *Coleus Blumei Viroid* 6 : A new member of the geneus *Coleviroid* derived from extensive natural genome shuffling. Archives of Virology, 2009, 154: 993-997.

[33] Jiang D M, Guo R, Wu Z J, et al. Molecular characterization of a member of a new species of grapevine viroid. Archives of Virology, 2009, 154: 1163-1166.

[34] Jiang D M, Peng S, Wu Z J, et al. Genetic Diversity and Phylogenetic Analysis of Australian Grapevine Viroid (AGVd) Isolated from Different Grapevines in China. Virus Genes, 2009, 38, 178-183.

[35] Jiang D M, Zhang Z X, Wu Z J, et al. Molecular characterization of grapevine yellow speckle viroid-2 (GYSVd-2). Virus Genes, 2009, 38: 515-520.

[36] Guo L H, Liu S X, Wu Z J, et al. Hop stunt viroid (HSVd) newly reported from hop in Xinjiang, China. Plant Pathology, 2008, 57, 764.

[37] Liu S X, Li S F, et al. First report of Hop latent viroid (HLVd) in China. Plant Pathology, 2008, 57, 400.

[38] Yang Y A, Wang H Q, Cheng Z M, et al. Identification of a unique sequence variant of Hop stunt viroid in naturally infected plum tree with a tandem 15 nucleotides repeat. Biochemical Genetics, 2008, 46, 113-123.

[39] Zhang B L, Liu G Y, Liu C Q, et al. Identification and characterization of Hop Stunt Viroid isolated from jujube(Ziziphus jujub). European Journal of Plant Pathology, 2009, 125: 665-669.

[40] Kawaguchi-Ito Y, Li S F, Masaya T, et al. Cultivated grapevines represent a symptomless reservoir for the transmission of Hop Stunt Viroids to Hop crops: 15 years of evolutional analysis. PLoS one, 2009, 4(12) e8386. doi:10. 1371/journal. pone. 000836.

[41] Cao L H, Xu S C, Lin R M, et al. Early molecular diagnosis and detection of *Puccinia striiformis* f. sp. *tritici* in China. Letters in Applied Microbiology, 2008, 46: 501-506.

[42] Chen W Q, Wu L R, Liu T G, et al. Race dynamics, diversity, and virulence evolution in *Puccinia striiformis* f. sp. *tritici*, the causal agent of wheat stripe rust in China from 2003 to 2007. Plant Disease, 2009, 93(11): 1093-1101.

[43] Duan X Y, Tellier A, Wan A, et al. *Puccinia striiformis* f. sp. *tritici* presents high diversity and recombination in the over-summering zone of Gansu, China. Mycologia, 2010, 102(1): 44-53.

[44] 曹学仁，周益林，段霞瑜，等. 利用高光谱遥感估计白粉病对小麦产量及蛋白质含量的影响. 植物保护学报，2009，36(1)：32-36.

[45] 曹学仁，周益林，段霞瑜，等. 白粉病侵染后田间小麦叶绿素含量与冠层光谱反射率的关系. 植物病理学报，2009，39(3)：225-230.

[46] 马占鸿，曹克强，周益林. 植物病害流行学. 北京：科学出版社，2010.

[47] 周益林，段霞瑜，程登发. 利用移动式孢子捕捉器捕获的孢子量估计小麦白粉病田间病情. 植物病理学报，2007，37(3)：307-309.

[48] Zeng X W, Luo Y, Zheng Y M, et al. Detection of latent infection of wheat leaves caused by *Blumeria graminis* f. sp *tritici* using nested PCR. Journal of Phytopathology, 2010, 158: 227-235.

[49] Li C Y, He X H, Zhu S S, et al. Crop diversity for yield increase. PLoS One, 2009, 4(11):e8049.

撰稿人：冯　洁　彭友良　周雪平　周益林　李世访

农业昆虫学学科发展研究

一、引　言

农业昆虫学学科是植物保护学科的最古老且最重要的分支学科。它是以农业害虫及其天敌为研究对象的科学，重点研究农业害虫及其天敌的生物学、发生发展规律，以及害虫持续控制的理论与方法。近年来，为了应对全球气候变化、产业结构调整和国际贸易全球化对我国农业害虫发生与危害产生的新影响，以及随着现代生命科学等新兴学科的新理论与新方法对本学科的渗透、交叉与融合，特别是国家加大了对农业昆虫学科研究的投入，在国家重点基础发展计划（“973”计划）、国家“十一五”科技支撑计划、现代农业产业技术体系以及公益性行业（农业）科技专项等的实施，使本学科在害虫成灾机制与防控基础理论，以及高效、持久、安全的农业害虫监测预警、应急处理与可持续治理的技术体系的建立等方面已取得了可喜的成就。

本报告重点就我国近年来在农业昆虫生理生化与分子生物学、农业昆虫化学生态学、迁飞昆虫学、农业昆虫抗药性机理与监测控制、气候变化和农药使用对害虫种群发生的影响效应等方面研究所取得的新进展做代表性概述，分析我国与国际水平的差距并提出相应的发展对策。

二、农业昆虫学学科近年的最新研究进展

（一）农业昆虫生理生化与分子生物学研究进展

近3年来我国农业昆虫学学科在生理生化与分子生物学领域随着生命科学和生物技术领域原理、技术和方法的不断突破，以及生命科学新兴分支学科的涌现与渗透、交叉与融合也取得了明显的进步与发展。这在2009年7月和10月分别于河北和北京召开的第二届国际昆虫生理生化与分子生物学学术讨论会暨第八届全国昆虫生理生化与分子生物学学术研讨会和第六届亚太昆虫学大会研讨内容中也可得到充分反映。主要进展概述如下。

1. 农业昆虫小RNA的分析

在线虫、果蝇、哺乳动物中的大量研究表明，microRNA调节着许多重要发育过程，包括细胞凋亡、分化、胚胎发育、模式建成、神经发育等诸多方面，该领域已成为国内外研究热点之一。在昆虫领域中研究多以果蝇和家蚕为模式，而农业害虫涉及较少。中国科学院动物研究所康乐研究组，比较鉴定了东亚飞蝗散居型和聚居型的小RNA转录组。鉴定了50个保守的microRNA家族，发现最大有150个飞蝗特有的microRNA，长序列小RNA在散居型中的表达丰度高于聚居型，但这种差异分子机理有待探讨。南京农业大学

李飞研究组，利用生物信息学与分子生物学相结合，研究非编码 RNA 基因及其相关蛋白基因，旨在结合最新的 RNAi 技术，借鉴 RNA 作为药物或药物靶标进行开发的经验，探索 RNA 作为杀虫剂开发的应用前景。据报道利用新开发的算法从人低丰度的 EST 数据中预测出 118 个新的非编码小 RNA，并从中随机地抽取了 7 个进行分子生物学验证，其中的 6 个非编码小 RNA 成功地在人的 2BS 细胞中检测到，该结果为从人基因组中基因间区的 EST 数据中挖掘非编码小 RNA 提供了新的预测方法。

2. 农业昆虫发育与变态的相关基因及内分泌调控

发育与变态及其内分泌的调控一直是农业昆虫生理学研究关注的重点，旨在揭示规律以寻求害虫控制的新方法。山东大学赵小凡研究组以重要农业害虫棉铃虫为材料，开展了蜕皮与变态的分子机理的系列研究，具体表现在：①建立了棉铃虫 5 个龄期幼虫体壁表皮细胞系，用于研究蜕皮激素信号传导途径、体壁免疫反应相关基因的调控。②通过蛋白质组分析发现体壁皮细胞中有 18 个蛋白与幼虫向蛹转变的过程有关，这些蛋白的表达和磷酸化在幼虫和蛹间变态的生化加工过程有关键作用。③发现了棉铃虫变态和发育过程中有关基因表达的激素调控规律，如在血细胞中特异表达的类组织蛋白酶(cathepsin L-like proteinase)受 20-羟基蜕皮酮的正调控，对该酶进行 RNA 干扰处理后则导致幼虫死亡或出现嵌合型蛹(幼虫的头和胸，畸形翅和蛹腹部)，证明该酶的功能是参与幼虫蜕皮和变态；明确真核起始因子 5C(*Ha-eIF5C*)mRNA 在变态期间高表达于头胸、体壁、中肠、脂肪体，在体壁、中肠和脂肪体的核和细胞质中均有表达，其表达受 20-羟基蜕皮酮正调控，当蜕皮激素受体(ecdysone receptor, EcR)或超螺旋蛋白(ultraspiracle protein, USP)基因沉默后该基因转录表现负调控，说明棉铃虫变态过程中该基因通过 EcR 和 USP 的转录因子受 20-羟基蜕皮酮的正调控；明确体壁中的羧肽酶 *A* 基因转录水平分别于 5 龄幼虫蜕皮期和 6 龄予蛹期达到高峰，其表达受 20-羟基蜕皮酮的正调控，并发现该酶参与幼虫蜕皮和变态过程体壁溶离；类胰蛋白酶 2(trypsin-like protease 2, Ha-TLP2)在体壁中全组织表达，受 20-羟基蜕皮酮的负调控，却受保幼激素类似物 methoprene 的正调控，明确该酶参与各龄体壁的重塑(包括表皮细胞增生或外表皮形成，以及表皮重塑过程老外表皮的脱落)；参与细胞凋亡的胱天蛋白酶(caspase)基因表达受蜕皮素的正调控；主要在中肠中表达的酰基辅酶 A 结合蛋白(Acyl-CoA-binding protein)在幼虫和变态过程中呈现正调控，其基因表达是受转录后调控。仅存在于中肠的类胰蛋白酶在幼虫生长中参与食物消化，可能受 JH 的正调控，而受 20-羟基蜕皮酮的抑制。④发现核转运因子 2 和 Ran GTP 酶通过调节蜕皮酮受体的位置参与 20-羟基蜕皮酮信号转导途径；也认为热休克蛋白 Hsc7 通过结合超螺旋蛋白(USP1)和调控蜕皮激素受体 EcRB1、USP1 和 20-羟基蜕皮酮应答基因表达而参与 20-羟基蜕皮酮信号传递途径。

中山大学徐卫华研究组侧重开展昆虫滞育的分子机理研究，主要进展有：①明确棉铃虫 E-框 DNA 结合蛋白(Har-AP-4)通过结合滞育激素和性信息素合成激活肽(DH-PBAN)的启动子而在蛹发育调控中发挥作用，明确了转录因子通过对蜕皮素的应答和结合于滞育激素和性信息素合成激活肽(DH-PBAN)基因而调控棉铃虫蛹的发育。②鉴定了棉铃虫转 POU 转录因子(Har-POU)，明确 Har-POU 特异性地结合于滞育激素和性信息素合成激活肽(DH-PBAN)的启动子的典型八核苷酸基序，其 mRNA 分布于中央神

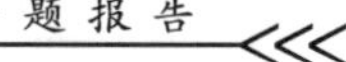

经、唾液腺和气管，在非滞育蛹中的表达高于滞育蛹，在滞育蛹中受蜕皮素正调控。③在鉴定得到棉铃虫海藻糖磷酸酶基因的基础上，明确了海藻糖参与棉铃虫蛹滞育。

3. 作物—害虫—天敌互作的生理基础

害虫与作物、害虫雌雄间、害虫与天敌，以及三者间的相互作用一直是国际上农业昆虫学领域的研究热点之一。中国科学院动物研究所王琛柱研究组通过行为和电生理相结合的方法研究了菜粉蝶幼虫对植物拒食剂反应的行为可塑性的化学感器基础，发现对拒食剂的饲料诱导习惯性行为多少可解释为单一上颚拒食制剂神经元的化学感受脱敏，对不同结构的拒食剂的交互习惯性行为可追溯到同一味觉神经元的交互敏感性。通过对棉铃虫和烟青虫的性信息素生物合成途径比较研究，为两者的演化关系提供了新线索。在此基础上对其遗传和分子机理也有了新认识，发现棉铃虫和烟青虫这 2 个姊妹种均以 *Z*11-16：Ald 和 *Z*9-16：Ald 混合物为性信息素，但在两者中比例不一，这种比例的差异主要由常染色体上 2 个等位基因决定，其中源于棉铃虫的等位基因相对源于烟青虫的为显性；同时分别从棉铃虫和烟青虫触角中克隆鉴定了性信息素受体 cDNA，即棉铃虫的 *HarmOR*1、*HarmOR*2 和 *HarmOR*3，烟青虫的 *HassOR*1、*HassOR*2 和 *HassOR*3，明确 *HarmOR*1 受体作用于 *Z*11-16：Ald，其转录水平也明显高于 *HassOR*1，说明了两者性信息素比例不同的原因所在。

就害虫与寄生蜂相互作用方面，近年关注更多的是寄生蜂有关寄生因子如多分 DNA 病毒(PDV)、毒液等如何攻克寄主的免疫应答和调控寄主害虫的发育，以及寄生因子的分子性质等等。浙江大学叶恭银研究组以菜粉蝶蛹重要寄生蜂——蝶蛹金小蜂为研究对象，在明确毒液是该蜂重要寄生因子的基础上，明确了毒液的主要生理功能是抑制寄主的细胞免疫和体液免疫，并调控相关基因的表达，基本毒液的组成与生化性质。浙江大学陈学新研究组就菜蛾盘绒茧蜂对小菜蛾生理调节作用及其机理开展了较系统研究，基本明确该蜂寄生能引起寄主小菜蛾取食、生长、代谢和免疫等方面相关的生理内环境的变化，同时明确这些变化与该蜂的多 DNA 病毒 CvBV、毒液和畸形细胞有关，其中 CvBV 是免疫抑制主要因子。中山大学张文庆研究组以腰带长体茧蜂——亚洲玉米螟寄生体系为研究对象，围绕腰带长体茧蜂的多胚发育和寄生蜂卵及初期胚胎如何逃避寄主的细胞免疫反应做了一定的研究，发现蜂胚胎表面有一种凝集素结合蛋白能保护蜂卵不被寄主血细胞包囊。

4. 农业昆虫生殖生理与抗逆生理

昆虫生殖生理研究旨在揭示生殖活动规律及其机理，其中关注较多的是卵黄发生及其内分泌调控等，但是近年国内研究不多，主要涉及的种类有蝶蛹金小蜂和斜纹夜蛾等。浙江大学叶恭银研究组证明菜粉蝶蛹期重要寄生蜂蝶蛹金小蜂确实拥有卵黄原蛋白(*Vg*)，明确该蜂的卵黄蛋白分子量(约为 370 kDa，含 205kDa 和 165 kDa 两个亚基，等电点约为 8.2)和卵黄原蛋白 cDNA 的全序列(含有 5634 bp，编码 1803 个氨基酸)，也明确了 *Vg* 基因转录与表达、*Vg* 摄取的时间动态，以及卵黄蛋白随胚胎发育的降解过程。中山大学周强等克隆获得了斜纹夜蛾 *Vg* 的 cDNA 全序列(含有 5247 bp，编码 1748 个氨基酸)，明确了该基因表达时间动态，表达起始于化蛹第 6 天，转录水平高峰为羽化后第一天，重金属铅(Pb)抑制了 *Vg* 的表达。

害虫抗逆生理的研究主要在于揭示昆虫对气象因子如高温或低温等环境因子的适应或抗耐性及其分子机理等。这方面也有明显的进展。中国科学院动物研究所康乐研究组以斑潜蝇为材料，克隆得到了美洲斑潜蝇和南美斑潜蝇的 4 种热休克蛋白基因（*Hsp*20、*Hsp*40、*Hsp*70 和 *Hsp*90)，发现 2 种斑潜蝇在这些基因中的类 TATA 框数和 5'非编码区的富含 A/T 的插入/缺失数有差异；南美斑潜蝇 *Hsp* 基因表达的启动(T_{on})与高峰(T_{max})诱导温度一般为 2.5～10℃，明显高于耐热的美洲斑潜蝇，说明前者耐寒性高于后者；发现 32℃和 35℃温度处理能诱导南美斑潜蝇 *Hsp*20 和 *Hsp*70 的表达，并提高其耐热性。

5. 转基因技术和 RNA 干扰技术的应用

昆虫转基因技术和 RNA 干扰技术在国际上已引起高度重视，一方面可用于昆虫有关功能基因的验证；另一方面也尝试用于害虫的控制。国内这方面也有新的突破。南京农业大学韩召军研究组建立了昆虫转基因技术体系，并就害虫转基因方法进行了探索，在棉铃虫中克隆得到了 2 个类 *piggyBac* 转座子元件，即 *HaPLE*1 和 *HaPLE*2。同样在甘蓝夜蛾中也获得了与 *piggyBac* 序列高度保守的 *McrPLE* 转座子元件。中山大学张文庆研究组在研究甜菜夜蛾几丁质合成相关酶基因功能研究的基础上，发展通过喂饲目标基因 dsRNA 的方法干扰目标基因的转录，导致基因沉默而实现控制害虫之目的。

(二)农业昆虫化学生态学研究进展

昆虫化学与分子生态学是近年研究热点之一。近年来，昆虫化学生态学的主要研究内容涉及以下几个方面：①植物化学信息分子的基因调控；②气味信息分子对昆虫行为的调控；③昆虫感知化学信息物质的分子机制。

1. 植物化学信息分子的基因调控

近年来，昆虫学家对寄主植物信息化合物的代谢调控进行了大量研究。浙江大学娄永根研究组克隆了一个叶绿体上的Ⅱ型脂肪氧合酶的基因 *OsHI-LOX*。通过 *OsHI-LOX* 的反义表达可降低二化螟和褐飞虱诱导水稻产生茉莉酸和胰蛋白酶抑制剂的水平，二化螟和稻纵卷叶螟的为害也上升。相反的，刺吸式口器的褐飞虱比起 as-lox 植物来偏好选择野生型植物来定居和产卵。这些结果意味着 *OsHI-LOX* 基因参与植食性昆虫诱导的茉莉酸生物合成过程。另外，他们还研究了 β-糖苷酶处理后水稻的水杨酸、茉莉酸、乙烯、H_2O_2 等所有已知的在植物防御反应中起重要作用的信号分子。结果显示褐飞虱伤口和 β-糖苷酶处理都能引起水杨酸、乙烯和 H_2O_2 水平上升，但不包括茉莉酸。初步表明，由 β-糖苷酶处理激活的信号途径与褐飞虱侵染引起的信号途径是相似的，两种处理都能够产生相似的挥发物来吸引天敌缨小蜂。中国农业科学院植物保护研究所郭予元院士、吴孔明研究组采用 RNA 干扰技术沉默了水稻萜烯合酶类似基因 *Os-X* 后发现，T1 代转空载体对照植株(野生型对照植株)相比沉默基因 *Os-X* 的 T1 代阳性转基因植株，在分蘖期显著吸引二化螟绒茧蜂。此外，在分蘖期沉默基因 *Os-X* 的 T1 代植株相比转空载体的对照 T1 代植株(野生型对照植株)缺失了两种萜烯类挥发物分别是 limonene 和(E)-β-farnesene,并在分蘖后期缺失了 9 种挥发物。此结果表明,水稻基因 *Os-X* 与水稻吸引二化螟绒茧蜂有关,是水稻—二化螟—二化螟绒茧蜂营养结构中的重要基因,并涉及包括 limonene 和(E)-β-farnesene 在内的多种水稻挥发物的合成代谢。另外,在分蘖期,沉默基因 *Os-X* 的 T1 代植株相比转空载体的对照 T1 代植株(野生型对照植株)显著吸引禾谷缢管蚜,说明水稻基因 *Os-X* 是水稻防御禾谷缢管蚜的关键基因。

通过改良寄主植物的遗传基因,设计植物释放特殊气味物质,从而趋避靶标害虫或吸引天敌昆虫,是一条有效的害虫控制措施,具有诱人的应用前景。目前已经能够成功地对一些寄主植物进行基因工程修饰获得转基因植株,这种转基因植物能够有效趋避害虫或吸引天敌昆虫。

2. 气味信息分子对昆虫行为的调控

气味信息分子在植物—害虫—天敌三重营养关系间的作用及对昆虫行为的调控的化学通讯机制越来越受到研究人员的普遍关注。Huang 等(2009)研究了亚洲玉米螟幼虫为害诱导玉米产生的挥发物对同种其他幼虫的定位反应和雌成虫产卵行为的影响。从采集被 3 龄幼虫为害的玉米植株挥发物鉴定出 19 种化学挥发物,主要成分为受萜烯类化合物。采用气相色谱与触角电位联用分析显示,亚洲玉米螟雌、雄蛾对这些挥发物的触角电位反应不同,雌虫对(E)-2-己烯醛、壬醛、顺-3-己烯-1-醇以及 3 种未知化合物有反应,而雄蛾只对(E)-2-己烯醛、壬醛及一种未知化合物有反应。室内定向行为研究表明,亚洲玉米螟幼虫被由同种为害玉米产生的挥发物以及人工合成的金合欢烯所吸引,但对顺-3-己烯-1-醇有驱避行为。室内产卵生测显示,抱卵雌蛾在被幼虫为害的玉米上的产卵量,要少于只受机械损伤或未受伤的玉米上的产卵量。在用(E)-2-己烯醛或顺-3-己烯-1-醇处理的蜡纸上的产卵量低于用己烷作对照处理的蜡纸上的产卵量。结果显示,亚洲玉米螟幼虫为害可改变寄主植物的挥发物进而影响同种幼虫和雌蛾的行为。Yu 等(2009,2010)报道,棉花被棉铃虫为害后,挥发物 3,7-二甲基,1,3,6-辛三烯的含量极显著增加,采用 GC-EAD 技术从棉铃虫幼虫取食为害的棉花植株挥发性抽提物中筛选出 7 个[一个为未知 3,7-dimethyl-1,3,6-octatriene 和 (Z)-3-hexenyl acetate,nonanal+(Z)-3-hexen-1-ol(共同),decanal, octanal]活性物质能够引起雌、雄中红侧沟茧蜂的触角电位反应。3,7-dimethyl-1,3,6-octatriene 和这几种挥发物的混合物对雌雄寄生蜂都有极显著的吸引性。雌蜂对 nonanal, nonanal+(Z)-3-hexen-1-ol 和(Z)-3-hexenyl acetate 有显著的趋性行为。另外,β-myrcene 虽然没有引起 EAG 反应,但对寄生蜂有行为反应。(Z)-3-hexen-1-ol 对雄蜂有协同效应。田间释放试验证明,3,7-dimethyl-1,3,6-octatriene 能够显著提高寄生蜂对棉铃虫幼虫的寄生率。此类研究为制备天敌引诱剂协同保护利用天敌奠定了基础。

3. 昆虫感知化学信息物质的分子机制

在分子生态学方面,昆虫感知化学信息物质的分子机理研究受到重视,并以棉铃虫、甜菜夜蛾、二化螟、棉盲蝽(谷少华等,2010)、中红侧沟茧蜂等为研究对象,鉴定获得了多种嗅觉相关蛋白新基因。对棉铃虫、棉盲蝽和中红侧沟茧蜂嗅觉受体基因的研究也取得了重要进展。Zhang 等(2009,2010)通过对文库的筛选,得到 10 个气味结合蛋白和 1 个化学感受蛋白基因全长序列。气味结合蛋白 MmedOBP2 能够与柠檬醛、α-蒎烯、β-紫罗兰酮、苯乙酮、苯甲醛、3,4-二甲基苯甲醛 、4-乙基苯甲醛等结合。推断 MmedOBP2 能够参与中红侧沟茧蜂对柠檬醛等气味的识别过程。另外发现,化学感受蛋白(MmedCSP1)在 365nm 激发光下能够产生内源荧光,MmedCSP1 能够与水杨酸甲酯、戊烷、罗勒烯、β-紫罗兰酮、3,4-二甲基苯甲醛、2-己酮、叶醇等多种信息化合物识别结合。上述成果为进一步研究中红侧沟茧蜂等膜翅目天敌利用嗅觉寻找寄主昆虫的行为奠定了基础。谷少华等(2010)新报道苜蓿盲蝽 27 个嗅觉相关基因、3 个气味受体基因和 2 个气味降解酶基因。蛋白与气味分子荧光互作测定发现,烷烃、醇、醛、酮(C5-C17)和苜蓿盲蝽气味结合蛋白 AlinOBP1 的结合能力强弱和 C 原子个数无线性关系;醛类较酮类与 AlinOBP1 有较强的结合能力,表明醛基(—CHO—)在 AlinOBP1 识别气味分子的过程中发挥关键作用;AilnOBP1 与已知盲蝽科性信息素(丁酸乙酯,丁酸反-2-己烯酯)和某些棉花挥发物(辛醛,壬醛,葵醛,异辛醇,β-石竹烯,β-紫罗兰酮)有很强的结合能力,揭示 AlinOBP1 在苜蓿盲蝽识别性信息素和寄主挥发物过程中发挥着双重作用。周耀振等(2009)采用 RNA 干扰技术,通过腹腔注射法将甜菜夜蛾信息素结合蛋白 SexigPBP1 双链 RNA 导入雄蛾体内,48h 后定量 PCR 检测表明,SexigPBP1 的 mRNA 表达量被敲减 90% 以上;同时,触角电位 (EAG) 测定结果表明,注射处理 48h 后雄蛾对雌蛾性信息素主组分 Z9, E12 14: Ac 的 EAG 反应降低了约 60% ,表明 SexigPBP1 在雄蛾对该组分的感受中起重要作用。上述研究对于靶向设计昆虫嗅觉干扰分子并进行调控治理具有重要的意义。此外,通过对 8 个目 54 种昆虫的 753841 个 EST 进行了分析,从中鉴定出 142 个气味结合蛋白(OBP)和 177 个化学感受蛋白(CSP),其中 117 个 OBP 和 123 个 CSP 是新报道的,并分析了 850 个 OBP 和 237 个 CSP 的结构和进化关系,为深入研究不同昆虫 OBP 和 CSP 在结合性信息素和植物挥发物中的功能奠定了基础。

(三)迁飞昆虫学研究进展

昆虫迁飞是一个多尺度、多变量的演进过程,涉及地学、天气学、气候学、物理学、化学、生物学等学科领域,是一个极其复杂的科学问题,需要相应的科学理论和技术方法。实现迁飞性昆虫的准确预报和有效防控,需要开展多尺度、多学科的综合研究和技术集成,综合应用"3S"技术,将地形地势图、土壤类型图、植被类型图、水系分布图、病虫分布图等建立成空间数据库,把发生数量、为害程度、各种气象因子等建成属性数据库,产生关于害虫暴发、为害、迁飞、扩散等信息,从而制定相应的管理措施。实现迁飞性害虫的早期预警技术,要从基础数据做起,建设国家级基础数据库,实现基础监测数据的网络化、标准化和信息共享,开展宏微观结合、多学科交叉的多尺度和多途径综合研究是实现有害生物灾变预警的基本前提,而"3S"技术和昆虫雷达技术等高新技术则是达到这一目标的基本工具。在许多发达国家,均建立了相应的农作物生物灾害监测和治理的网络设施和植物保护信息研究中心,为农业生产服务。我国与国外一些专业网站相比较,无论是在网站规模还是信息数量上均存在一定的差距。

1. 昆虫雷达监测网的建设与应用

近几年,国内昆虫雷达建设取得了突破性进展,2006 年中国农业科学院植物保护研究所与成都锦江电子系统有限公司合作组建了我国首台(世界第二)毫米波扫描昆虫雷达,已设置在广西兴安县主要开展稻飞虱等微小型昆虫的监测。2007年南京农业大学建成收发分置的多普勒昆虫雷达,用于对低空50m的昆虫迁飞行为进行监测,降低了雷达监测的盲区。2008年河南省农业科学院植物保护研究所建成厘米波旋转极化垂直监测昆虫雷达,目前正在相关数据处理软件的研制,有望实现迁飞昆虫目标识别。2009年中国农业科学院植物保护研究所和北京市农林科学院植保环保所又组装2台垂直监测昆虫雷达。分别安置在山东省北隍城岛和北京市延庆县用于开展我国北方地区迁飞性害虫的长期监测。目前已经有7台昆虫雷达分布于我国具有代表性的观测地点,组建了一个小型的雷达观测网,对农作物重要迁飞性昆虫开展长期监测。

中国农业科学院植物保护研究所程登发研究组,利用雷达对草地螟多年的系统监测,结合空中风场和轨迹分析,初步阐明了2007～2010年草地螟大规模迁飞的虫源,并提出蒙古国、俄罗斯、中蒙、中俄等三国交界处都可以形成我国草地螟大发生的虫源,做好境外虫源的监测工作对于草地螟的早期预警和有效防治具有重要意义。在2008年奥运会前夕,草地螟在我国北方再次大规模暴发,对北京奥运会的召开造成了严重的危害,程登发研究组根据多年昆虫雷达监测经验和对草地螟迁飞规律、空中飞行参数的掌握,通过昆虫雷达监测、空中气流分析、虫源地调查实时监控掌握草地螟大区虫情动态,提出了探照灯空中阻截、地面灯诱杀和植物源农药防治相结合的防控措施,保障了奥运会的顺利召开。

2. 昆虫的空中迁飞行为研究

雷达昆虫学家普遍认为,多数风载昆虫均具有很强的顺风定向能力。在传统观测中,昆虫确实是顺风定向的,因为所有观测到的大规模昆虫迁飞,均出现在高空风向较为适合的时刻(将昆虫带到适生区);但不同时间、不同地点、不同高度的风向极易改变,甚至逆转,也有可能将昆虫引入绝境。因此,风定向假说曾一度引起了学者们的质疑。中国农业科学院植物保护研究所吴孔明研究员经过多年的雷达监测发现:棉铃虫秋季回迁时,往往等到有利风向出现时才大规模起飞,或者先逆风爬升到有利风向出现的高度后,再顺风飞行;此外,如果飞行过程中气流偏离西南方向,棉铃虫还能主动向相反方向偏转,保证头部始终指向西南;因此,棉铃虫虽顺风飞行,但它可以主动识别方位,并借助有效的运载工具(风)实现回迁,这与盲目的顺风飞行有着本质区别。2010年英国自然资源研究所Chapman领导的昆虫雷达组在*Science*上发表文章。分析了2000～2007年在英国南部利用垂直监测昆虫雷达监测150～1200m范围内569个春季和秋季的迁飞峰次,结果表明昆虫迁飞具有典型的共同定向特征,春季偏北定向,秋季偏南定向。在风中表现为明显的侧风定向,轨迹分析显示侧风定向比单纯的随风飘移可以增加40%的迁移距离,在合适气流的运载下迁飞性昆虫经过3～4晚上持续8h的飞行,足以完成2000 km的迁移距离。

中国农业科学院植物保护研究所程登发研究员研究组经过多年雷达监测在国内首次证实了旋幽夜蛾在我国北方地区迁飞的事实和鞘翅目昆虫婪步甲的夜间迁飞行为。南京农业大学翟保平研究组通过境外虫源调查、地理气候学分析,初步阐明我国褐飞虱、白背飞虱的初始虫源主要来自中南半岛的越南、老挝、缅甸等国家,并承担2009年立项的国家基础发展规划(“973”计划)课题“稻飞虱灾变机理及可持续治理的基础研究”以期阐明越南、老挝、缅甸走廊和泰国各虫源区为我国滇黔桂三角提供虫源的概率分布及大气环流、气候、作物等环境条件对稻飞虱迁飞行为的影响。

(四)昆虫对 Bt 及化学农药抗性机制的研究进展

昆虫对各种杀虫剂产生抗性的主要原因是由于代谢抗性和靶标抗性,代谢抗性主要与昆虫体内一些解毒酶、代谢酶类改变相关;靶标抗性主要是由于昆虫体内各类杀虫剂的靶标部位对药剂的敏感性降低引起的。杀虫剂通过与害虫体内的靶标分子互作而产生致死效应,靶标分子的变异会导致其与杀虫剂亲和力的改变,从而使害虫产生抗药性。研究害虫靶标基因的抗药性突变位点,不仅可以设计精确的抗药性分子检测技术,同时可以弄清杀虫药剂与靶标的互作结合部位,以及突变对结合部位的影响,为负交互抗性杀虫剂以及新型高效安全药剂的设计开发提供新思路。因此,近年来昆虫靶标受体蛋白的研究已成为昆虫抗性机制研究的热点。

近年来,中国农业科学院植物保护研究所和蔬菜花卉研究所、中国农业大学、南京农业大学、山东农业大学等在棉铃虫、亚洲玉米螟、二化螟、褐飞虱、棉蚜、小菜蛾、桃蚜、烟粉虱、麦蚜等害虫对 Bt 杀虫蛋白和制剂、菊酯类、有机磷、氨基甲酸酯类及烟碱类农药等的抗药性研究中,针对靶标受体蛋白、受体离子通道蛋白(如乙酰胆碱酯酶、乙酰胆碱受体、GABA 受体、钠离子通道)、药剂解毒酶(如细胞色素 P450、谷胱甘肽转移酶)等的纯化、基因克隆、表达、功能分析等抗药性机制、抗药性基因的检测技术以及抗药性治理策略研究等方面都取得了显著进展。棉蚜乙酰胆碱酯酶和羧酸酯酶、棉铃虫细胞色素 P450 以及水稻害虫、棉花害虫、蔬菜害虫等抗药性的研究,尤其是棉铃虫对 Bt 蛋白的抗性机制、褐飞虱乙酰胆碱受体研究等方面都引起了国内外同行的关注。

1. 棉铃虫对 Bt 蛋白抗性机制

中国农业科学院植物保护研究所吴孔明研究组和南京农业大学吴益东研究组利用生态学、生物学、毒理学、生化与分子生物学等研究手段与方法,深入研究了棉铃虫对 Bt 蛋白抗性的形成、遗传、演化机制。遗传学分析表明,棉铃虫对 Bt 蛋白抗性为常染色体不完全隐性遗传;而且随着抗性水平上升,抗性基因数目增加,显性度降低。采用生物测定和体外结合能力测定研究抗性棉铃虫的交互抗性,发现抗 Cry1Ac 棉铃虫对其他 Cry1A 类蛋白存在明显正交互抗性,而与 Cry2A、Cry2Ab、Vip3A 等不存在交互抗性。抗性棉铃虫的相对适合度显著低于敏感品系,当抗性倍数增长到 2893 倍时,相对适合度下降到 0.59。

系统研究了抗性的生理生化和分子生物学机制,发现棉铃虫对 Bt 蛋白产生抗性与围食膜、中肠细胞组织、中肠蛋白酶等的变化有一定有的相关性。但抗性品系 Cry1Ac 结合能力的下降及结合位点的缺失是导致产生抗性的主要原因。首次揭示了棉铃虫钙粘蛋白和氨肽酶 *N* 基因突变导致对 Bt 棉花产生抗性的分子机制。比较了抗、感棉铃虫中肠氨肽酶和钙粘蛋白的 cDNA 序列,发现 Cry1Ac 抗性棉铃虫钙粘蛋白的表达量明显降低,其中一个品系棉铃虫钙粘蛋白基因终止子提前导致产生 564 倍的抗性,进一步发现钙粘蛋白基因在第 8 外显子与第 25 外显子之间序列缺失亦和抗性相关,共鉴定发现了导致棉铃虫对 Bt 蛋白产生抗性的 8 个钙粘蛋白基因突变型。抗性棉铃虫的氨肽酶 N3 序列发生多个突变。当抗性倍数达到 1000 多倍时,棉铃虫的氨肽酶 N1 序列有 8 个碱基发生突变，造成5个氨基酸发生变异；当抗性倍数达到2900倍时，氨肽酶N1产生一个缺失突变位点，而不能与Cry1Ac蛋白结合，导致棉铃虫对Bt蛋白产生了抗性。以此为基础建立了由DNA分子检测、单雌家系检测和生长抑制检测组成的棉铃虫抗性早期预警与监测技术体系，可分别进行抗性基因、抗性个体和抗性种群3个水平的抗性检测和监测。

2. 褐飞虱乙酰胆碱受体及附属蛋白功能的研究

昆虫乙酰胆碱受体（AChR）是一种异型五聚体配基门控离子通道蛋白，是沙蚕毒素类、烟碱类和多杀菌素等多种杀虫药剂的作用靶标。南京农业大学韩召军、刘泽文课题组在证实褐飞虱nAChR N1α1和N1α3亚基的B环上151位的酪氨酸替换成丝氨酸（Y151S）突变与其对吡虫啉抗性相关的基础上，以这两个亚基为中心，对褐飞虱nAChRs的亚基组成进一步深入研究，通过体外表达、免疫共沉淀，发现这两个α亚基与哺乳动物的β2亚基共聚，组成一个三亚基五聚体受体（N1α1/N1α2/rβ2）。N1α3亚基可以与N1α8亚基共表达，与哺乳动物rβ2在体外重组成另外一个三亚基五聚体（N1α3/N1α8/rβ2），这在昆虫nAChRs亚基组成中为首次发现。通过比较nAChRs亚基不同组合对吡虫啉的敏感性，并利用不同亚基的特异抗体对褐飞虱头部膜蛋白中的亚基进行逐个免疫消除，发现Nlα3 Y151S突变在吡虫啉靶标不敏感性中的作用更重要。因此，在褐飞虱对吡虫啉靶标抗性监测检测中，需要对N1α1和N1α3上的Y151S同时进行，尤其是Nlα3上的Y151S突变。

此外，通过褐飞虱EST文库筛选、免疫沉淀和体外验证等技术，从褐飞虱神经系统中鉴定了两种属于Ly-6/neurotoxin家族的调控蛋白，这两个调控蛋白都可以提高昆虫α亚基与哺乳动物β亚基复合受体的表达水平，而且在不同的亚基组成受体间存在显著的差异性。而且这两个调控蛋白都与Y151S突变的功能有关，影响褐飞虱对吡虫啉的抗性水平，预示着这类蛋白质同样可以成为杀虫剂的攻击靶标，也意味着昆虫nAChRs的附属蛋白同样可以作为杀虫剂开发的靶标蛋白。

（五）气候变化和农药使用对害虫种群发生的影响效应

随着全球对环境问题的关注，学术界也非常重视因环境变化而引起害虫发生与危害变化的问题。这些问题主要涉及农药使用、大气CO_2浓度升高和重金属污染等对害虫种群及其天敌的影响效应。近年来，国内关于这方面研究也取得一定进展，其中农药使用和大气CO_2浓度升高对害虫种群发生的影响效应研究更为突出。

1. CO_2浓度升高对害虫种群发生的影响效应

全球气候变化引起国内外的极大关注。其中，大气CO_2浓度增加被认为是导致全球变暖的主要原因。由于CO_2浓度升高明显影响到农林生态系统，不但直接影响植物的生长发育，还通过改变植物体内化学成分的组成与含量以及植物组织结构等间接影响到植食性昆虫，并通过食物链影响到更高营养层的天敌昆虫。正因如此，国际上学术界非常重视大气CO_2浓度升高对昆虫影响的研究。国内中国科学院动物研究所戈峰研究组在建立昆虫对温室气体（CO_2、O_3）响应的研究基地的基础上，以作物（棉花、小麦）、害虫（棉铃虫、棉蚜、麦蚜、烟粉虱等）、天敌（异色瓢虫、龟纹瓢虫、蚜茧蜂等）之间的相互关系为主线，

以 CO_2 浓度增加为作用因子，开展了多系统下不同类型昆虫对 CO_2 浓度升高的响应特征研究，并取得了良好进展。明确 CO_2 浓度倍增导致棉铃虫种群对作物取食量下降，但不引起棉铃虫—中红侧沟茧蜂的相互作用关系的变化；CO_2 浓度倍增导致棉蚜和麦长管蚜发生和为害加重；CO_2 浓度倍增对烟粉虱种群影响不明显。

2. 农药使用对害虫种群发生的影响效应

农药对害虫的影响是多方面的，除了最为熟悉的致死与亚致死作用外，此外农药使用还能导致害虫再猖獗问题、农药使用模式改变可能会对害虫区域性发生产生影响等等。

害虫再猖獗是指一种杀虫剂处理后目标节肢动物有害物种丰盛度超过对照或未处理种群。褐飞虱是典型的农药诱导再猖獗型水稻重大害虫，扬州大学吴进才研究组从“农药—水稻—褐飞虱”关系入手对褐飞虱再猖獗机制进行了系统研究。研究发现，一些杀虫剂（吡虫啉、三唑磷和溴氰菊酯等）的使用不同程度地诱导了褐飞虱再猖獗，如低浓度吡虫啉在无天敌的稻株上喷雾显著地刺激了褐飞虱生殖，且水稻植株上羽化的短翅型比例显著增加。机制分析表明，取食这些杀虫剂处理的水稻后，褐飞虱雌成虫脂肪体和卵巢内蛋白质、RNA 含量显著增加，主要由于杀虫剂影响了脂肪体和卵巢内 RNA 含量，使其卵黄蛋白转录水平增加。此外，一些农药的使用通过改变水稻的营养成分及抗虫物质含量从而诱导了褐飞虱的再猖獗。Wu 等把农药处理后由于植株营养成分的改变更适合褐飞虱生长发育和生殖的现象称为农药诱导水稻感虫性。他们发现井冈霉素喷雾降低了水稻植株草酸（草酸为抗褐飞虱物质）、叶绿素含量和叶片光合速率，也即意味着诱导了水稻对褐飞虱的感虫性，这种感虫性的持效期为井冈霉素 7 天左右、丁草胺 14 天左右，且褐飞虱在处理的水稻上取食量、存活率、产卵量显著增加。

转基因抗虫棉花的大面积推广应用，在减少化学农药施用的同时，导致非靶标害虫盲椿象上升为主要害虫。中国农业科学院植物保护研究所吴孔明研究组的研究表明，Bt 棉花的种植有效控制了靶标害虫棉铃虫种群发生为害。棉田化学农药使用模式的改变，特别是棉铃虫化学防治力度的降低，给盲椿象的种群增长提供了空间，导致其在棉田的暴发成灾，并随着种群生态叠加效应衍生成为区域性多种作物的重要害虫。

三、农业昆虫学学科国内外研究进展比较

近年来，我国农业昆虫学学科研究与过去相比，取得了较大的发展与进步，特别是在 Bt 棉应用与抗性治理、稻飞虱雷达检测等方面颇有特色。据不完全统计，近 3 年（2008～2010 年）在农业昆虫相关的前 10 位 SCI 收录的昆虫学领域期刊上发表论文数量来看，我国学者所发表的数量总计为 289 篇，稍少于日本的 292 篇，更少于美国的 1114 篇（表 1）。可见，我们与发达国家相比还是有差距的。

我国农业昆虫学科的微观层面的基础研究，与发达国家相比仍是较为薄弱。欧美等发达国家历来高度重视新理论与新方法对农业昆虫学的渗透与交叉。随着现代生命科学新兴分支学科（基因组学、蛋白质组学、转录组学、代谢组学、生物信息学等）以及生物技术的问世与发展，农业昆虫基础研究取得长足发展，并交叉融合形成了包括抗虫转基因植物、转基因昆虫、杀虫基因重组微生物、作物害虫的分子检测与诊断技术等在内的分子昆

虫学新分支。与此相比，我国对转基因昆虫、昆虫功能基因组、害虫与寄主植物的协同进化、农田生态系统食物网、转基因作物利用等领域的研究工作还有待加强。就宏观层面的研究，我国在迁飞昆虫的雷达检测方面有特色，为迁飞害虫的预测预报奠定了良好的基础，但在应用地理信息系统、全球定位系统等信息技术和计算机网络技术，以提高对害虫种群监测和预警的能力和水平方面，与发达国家相比还明显不足，有待加强。

表 1　中国、日本、美国三国在农业昆虫相关 SCI 收录的前 10 种期刊上发表论文数量的比较（2008～2010 年）

期刊名称	篇数		
	美国	日本	中国
Insect Molecular Biology 昆虫分子生物学	122	37	30
Insect Biochemistry and Molecular Biology 昆虫生物化学与分子生物学	140	52	34
Systematic Entomology 系统昆虫学	60	6	3
Journal of Insect Physiology 昆虫生理学	133	82	55
Ecological Entomology 生态昆虫学	102	15	8
Pest Management Science 害虫管理科学	156	19	61
Biological Control 生物防治	194	9	43
Bulletin of Entomological Research 昆虫学研究通报	40	9	17
Physiological Entomology 生理昆虫学	28	30	6
Entomologia Experimentalis et Applicata 实验与应用昆虫学	139	33	32
合计	1114	292	289

四、农业昆虫学学科发展趋势与展望

本学科应根据国际上学科发展新趋势，结合国家现代农业发展之战略需求，围绕揭示农业害虫猖獗成灾机制、天敌控害机制以及害虫控制新原理与新方法等科学技术问题，以重大农业害虫及其天敌为主要研究对象，高度重视多学科交叉与渗透，宏观与微观研究紧密结合，运用现代生命科学和生物技术领域理论、技术和方法，在深入发展本学科传统领域的同时，开拓学科新分支，促进学科的全面快速发展。重点关注下列领域的研究与发展。

1. 农业昆虫的有关分子生物学基础研究

选择我国重大农业害虫及其重要天敌，系统开展其基因组与功能基因解析研究，为深入研究害虫成灾与天敌控害作用的机制揭示，以及害虫控制新原理与新方法的创新奠定基础信息；综合运用基因组学、转录组学、蛋白质组学、生物信息学等现代生命科学理论，以及包括基因工程技术、转基因技术、RNA 干扰技术等在内的现代生物技术，系统深入研究重大农业害虫及其天敌的遗传、化学行为、免疫防御、生长发育、生殖、抗逆性(抗农药、抗极端气温等)等生命活动本质的机制,为害虫成灾机制的揭示以及害虫控制与天敌利用提供理论依据。在研究角度上,要从原来单一基因功能分析,转向多基因或基因家族的功能分析;另一方面更要关注基因转录与表达的调控研究。

2. 迁飞昆虫学的研究

昆虫从起飞、扩散、集聚、降落到定殖,作为一个连续的生态过程,最终起决定作用的是定殖,即迁飞种群能否在新的栖息地形成大发生种群。目前对于昆虫的空中迁飞行为,借助昆虫雷达的监测技术已经取得了重大进展。但对于昆虫的降落机制还尚未明确,迁飞种群的降落机制和再起飞机制是地面大发生种群最终形成的关键所在,也是迁飞性害虫大发生预测亟待解决的棘手问题。对此,要综合运用昆虫雷达的监测技术、遗传分析与分子检测等技术加强深入研究。

3. 昆虫抗药性机制的研究

由于农业生产的客观需求,应用化学农药仍是目前防治害虫的重要手段和必要措施。随着昆虫基因组测序种数的增加,基因组学、蛋白质组学、细胞组学、mRNA 差异显示技术、膜蛋白基因表达技术等的进一步应用,昆虫抗药性机制将会得到更深入的研究,昆虫抗药性机制将从分子水平上得到进一步诠释。

4. 气候变化及农药使用对害虫种群发生的影响效应的研究

在全球气候变暖对农业生产的影响以及在大气温室气体对害虫种群发生的影响效应方面,应从目前研究仅关注响应特征,转到响应的机制研究,再到模拟分析;从单个种群转到多个种群到食物链,再到地上与地下的互作的研究;从 CO_2 影响分析,转到 O_3 影响分析,再到 CO_2 与 O_3 等温室气体综合影响分析,以全面揭示温室气体对农业害虫及其天敌的效应及其机理。此外,也要关注农业生态系统中重金属污染对害虫及其天敌效应的研究。在农药使用对害虫种群发生的影响效应研究方面,应综合运用生态学、分子生物学等理论和方法,更系统深入研究农药使用后害虫再猖獗以及种群地位演替等系列生态效应,以阐明褐飞虱、盲椿象等重大农业害虫成灾原因,并提出相应的治理对策与技术。

5. 农业害虫控制与天敌利用新方法的研究

运用基因工程技术、转基因技术和 RNA 干扰技术等现代生物技术,开展新生代抗虫转复合基因植物培育、转基因昆虫、基因工程微生物杀虫制剂、害虫关键功能基因干扰、天敌基因修饰改良等研究,探索害虫控制与天敌利用的新方法、新技术,寻求害虫可持续控制的新途径。

参考文献

[1] Wei Y Y, Chen S, Kang L, et al. Characterization and comparative profiling of the small RNA transcriptomes in two phases of locust. Genome Biology, 2009, 10(1): R6.

[2] Xue C H, Li F. Finding noncoding RNA transcripts from low abundance expressed sequence tags.

Cell Research, 2008, 18: 695-700.

[3] Shao H L, Zheng W W, Liu P C, et al. Establishment of a new cell line from *lepidopteran epidermis* and hHormonal regulation on the genes. Plos One, 2008, 3(9): e3129.

[4] Fu Q, Liu P C, Wang J X, et al. Proteomic identification of differentially expressed and phosphorylated proteins in epidermis involved in larval-pupal metamorphosis of *Helicoverpa armigera*. BMC Genomics,2009, 10: 600.

[5] Wang L F, Chai L Q, He H J, et al. A cathepsin L-like proteinase is involved in moulting and metamorphosis in *Helicoverpa armigera*. Insect Molecular Biology, 2010a, 19: 99-111.

[6] Dong D J, Wang J X, Zhao X F. A eukaryotic initiation factor 5C is upregulated during metamorphosis in the cotton bollworm, *Helicoverpa armigera*. BMC Developmental Biology, 2009, 9: 19.

[7] Sui Y P, Liu X B, Chai L Q, et al. Characterization and influences of classical insect hormones on the expression profiles of a molting carboxypeptidase A from the cotton bollworm (*Helicoverpa armigera*). Insect Molecular Biology, 2009b, 18: 353-363.

[8] Liu Y, Sui Y P, Wang J X, et al. Characterization of the trypsin-like protease (Ha-Tlp2) constitutively expressed in the integument of the cotton bollworm, *Helicoverpa armigera*. Archives of Insect Biochemistry and Physiology, 2009, 72: 74-87.

[9] Yang D T, Chai L Q, Wang J X, et al. Molecular cloning and characterization of Hearm caspase-1 from *Helicoverpa armigera*. Molecular Biology Reports, 2008, 35: 405-412.

[10] Wang J L, Wang J X, Zhao X F. Molecular cloning and expression profiles of the Acyl-CoA-binding protein gene from the cotton bollworm *Helicoverpa armigera*. Archives of Insect Biochemistry and Physiology, 2008, 68: 79-88.

[11] Sui Y P, Wang J X, Zhao X F. The impacts of classical insect hormones on the expression profiles of a new digestive trypsin-like protease (TLP) from the cotton bollworm, *Helicoverpa armigera*. Insect Molecular Biology, 2009, 18: 443-452.

[12] He H J, Wang Q, Zheng W W, et al. Function of nuclear transport factor 2 and Ran in the 20E signal transduction pathway in the cotton bollworm, *Helicoverpa armigera*. BMC Cell Biology, 2010, 11: 1.

[13] Zheng W W, Yang D T, Wang J X, et al. Hsc70 binds to ultraspiracle resulting in the upregulation of 20-hydroxyecdsone-responsive genes in *Helicoverpa armigera*. Molecular and Cellular Endocrinology, 2010, 315: 282-291.

[14] Hu C H, Hong B, Xu W H. Identification of an E-box DNA binding protein, activated protein 4, and its function in regulating the expression of the gene encoding diapause hormone and pheromone biosynthesis-activating neuropeptide in *Helicoverpa armigera*. Insect Molecular Biology, 2010, 19 (2): 243-252.

[15] Zhang T Y, Xu W H. Identification and characterization of a POU transcription factor in the cotton bollworm, *Helicoverpa armigera*. BMC Molecular Biology, 2009, 10: 25.

[16] Xu J, Bao B, Xu W H. Identification of a novel gene encoding the trehalose phosphate synthase in the cotton bollworm, *Helicoverpa armigera*. Glycobiology, 2009, 19(3): 250-257.

[17] Zhou D S, Wang C Z, Loon Van J J A. Chemosensory basis of behavioural plasticity in response to deterrent plant chemicals in the larva of the small cabbage white butterfly *Pieris rapae*. Journal of Insect Physiology, 2009, 55: 788-792.

[18] Wang H L, Ming Q L, Wang C Z, et al. Genetic basis of sex pheromone blend difference between

Helicoverpa armigera (Hübner) and *Helicoverpa assulta* (Guenée) (Lepidoptera: Noctuidae). Journal of Insect Physiology, 2008, 54: 813-817.

[19] Zhang D D, Zhu K Y, Wang C Z, et al. Sequencing and characterization of six cDNAs putatively encoding three pairs of pheromone receptors in two sibling species, *Helicoverpa armigera* and *Helicoverpa assulta*. Journal of Insect Physiology, 2010, 56: 586-593.

[20] Fang Q, Wang L, Zhu J Y, et al. Expression of immune-response genes in Lepidopteran host is suppressed by venom from an endoparasitoid, *Pteromalus puparum*. BMC Genomics, 2010, 11: 484.

[21] Zhu J Y, Ye G Y, Dong S Z, et al. Venom of *Pteromalus puparum* (Hymenoptera: Pteromalidae) induced endocrine changes in the hemolymph of its host, *Pieris rapae* (Lepidoptera: Pieridae). Archives of Insect Biochemistry and Physiology, 2009, 71: 45-53.

[22] Zhu J Y, Fang Q, Wang L, et al. Proteomic analysis of the venom from the endoparasitoid wasp *Pteromalus puparum* (Hymenoptera: Pteromalidae). Archives of Insect Biochemistry and Physiology, 2010, 75: 28-44.

[23] Huang F, Shi M, Chen X X, et al. Changes in hemocytes of *Plutella xylostella* after parasitism by *Diadegma semiclausum*. Archives of Insect Biochemistry and Physiology, 2009, 70(3): 177-187.

[24] Shi M, Huang F, Chen X X, et al. Characteriszation of midgut trypsinogen-like cDNA and enzymatic activity in *Plutella xylostella* parasitized by *Cotesia vestalis* or *Diadegma semiclausum*. Archives of Insect Biochemistry and Physiology, 2009, 70(1): 3-17.

[25] Bai S F, Cai D Z, Chen X X, et al. Parasitic castration of *Plutella xylostella* larvae induced by polydnavirus and venom of *Cotesia vestalis* and *Diadegma semiclausum*. Archives of Insect Biochemistry and Physiology, 2009, 70(1): 30-43.

[26] Hu J, Yu X Q, Fu W J, et al. A *Helix pomatia* lectin binding protein on the extraembryonic membrane of the polyembryonic wasp *Macrocentrus cingulum* protects embryos from being encapsulated by hemocytes of host *Ostrinia furnaclis*. Developmental and Comparative Immunology, 2008, 32: 356-364.

[27] Ye G Y, Dong S Z, Song Q S, et al. Molecular cloning and developmental expression of the vitellogenin gene in the endoparasitoid, *Pteromalus puparum*. Insect Molecular Biology, 2008, 17: 227-233.

[28] Dong S Z, Ye G Y, Guo J Y, et al. Roles of ecdysteroid and juvenile hormone in vitellogenesis in an endoparasitic wasp, *Pteromalus puparum* (Hymenoptera: Pteromalidae). General and Comparative Endocrinology, 2009, 160: 102-108.

[29] Dong S Z, Ye G Y, Guo J Y, et al. Oogenesis and programmed cell death of nurse cells in the endoparasitoid, *Pteromalus puparum*. Microscopy Research and Technique, 2010, 73: 673-680.

[30] Shu Y H, Zhou J L, Tang W C, et al. Molecular characterization and expression pattern of *Spodoptera litura* (Lepidoptera: Noctuidae) vitellogenin, and its response to lead stress. Journal of Insect Physiology, 2009, 55: 608-616.

[31] Huang L H, Wang C Z, Kang L. Cloning and expression of five heat shock protein genes in relation to cold hardening and development in the leafminer, *Liriomyza sativa*. Journal of Insect Physiology, 2009, 55: 279-285.

[32] Kang L, Chen B, Wei J N, et al. Roles of thermal adaptation and chemical ecology in *Liriomyza*: distribution and control. Annual Review of Entomology, 2009, 54: 127-145.

[33] Sun Z C, Wu M, Miller T A, et al. *PiggyBac*-like elements in cotton bollworm, *Helicoverpa armigera* (Hübner). Insect Molecular Biology, 2008, 17(1): 9-18.

[34] Wu M, Sun Z C, Hu C L, et al. An active *piggyBac*-like element in *Macdunnoughia crassisigna*. Insect Science, 2008, 15: 521-528.

[35] Chen J, Tang B, Chen H X, et al. Different functions of the insect soluble and membrane-bound trehalase genes in chitin biosynthesis revealed by RNA interference. PLoS One, 2010, 5: e10133.

[36] Tian H G, Peng H, Yao Q, et al. Developmental control of a lepidopteran pest *Spodoptera exigua* by ingestion of bacteria expressing dsRNA of a non-midgut gene. PLoS One, 2009, 4: e6225.

[37] Zhou G X, Qi J F, Ren N, et al. Silencing OsHI-LOX makes rice more susceptible to chewing herbivores, but enhances resistance to a phloem feeder. The Plant Journal, 2009, 60: 638-648.

[38] Huang C H, Yan F M, Byers A J, et al. Volatiles induced by the larvae of the Asian corn borer (*Ostrinia furnacalis*) in maize plants affect behavior of conspecific larvae and female adults. Insect Science, 2009, 16: 311-320.

[39] Yu H L, Zhang Y J, Wu K M, et al. Field evaluation of synthetic herbivore-induced plant volatiles as attractants for beneficial insects. Environmental Entomology, 2008, 37: 1410-1415.

[40] Yu H L, Zhang Y J, Kris A G, et al. Electrophysiological and behavioral responses of a parasitic wasp, *Microplitis mediator* (Haliday) (Hymenoptera: Braconidae), to caterpillar-induced volatiles from cotton. Environmental Entomology, 2010, 39: 600-609.

[41] Wang H L, Ming Q L, Zhao C H, et al. Genetic basis of sex pheromone blend difference between *Helicoverpa armigera* (Hübner) and *Helicoverpa assulta* (Guenée) (Lepidoptera: Noctuidae). Journal of Insect Physiology, 2008, 54: 813-817.

[42] 张帅，张永军，苏宏华，等. 棉铃虫信息素结合蛋白 2 cDNA 的克隆、表达与组织特异性表达. 中国农业科学，2009，42(7)：2359-2365.

[43] 张帅，张永军，苏宏华，等. 棉铃虫气味受体的克隆与组织特异性表达. 昆虫学报，2009，52(7)：728-735.

[44] 周耀振，修伟明，董双林. 应用 RNA 干扰技术对甜菜夜蛾信息素结合蛋白功能的研究. 南京农业大学学报，2009，32 (3)：58-62.

[45] Gong Z J, Zhou W W, Yu H Z, et al. Cloning, expression and functional analysis of a general odorant-binding protein 2 gene of the rice striped stem borer, *Chilo suppressalis* (Walker) (Lepidoptera: Pyralidae). Insect molecular Biology, 2009, 18(3): 405-417.

[46] 谷少华，张雪莹，张永军，等. 苜蓿盲蝽气味结合蛋白基因 Alin-OBP1 的克隆和表达谱分析. 昆虫学报，2010，53(5)：487-496.

[47] 张帅，张永军，苏宏华，等. 中红侧沟茧蜂化学感受蛋白 MmedCSP1 的结合特征. 昆虫学报，2009，52(8)：838-844.

[48] Zhang S, Zhang Y J, Su H H, et al. Identification and Expression Pattern of Putative Odorant-Binding Proteins and Chemosensory Proteins in Antennae of the *Microplitis mediator* (Hymenoptera: Braconidae). Chemical Senses, 2009, 34: 503-512.

[49] Zhang S, Zhang Y J, Cui J J, et al. Gene Cloning and tissue-specific expression of G protein β subunit in *Microplitis mediator* (Hymenoptera: Braconidae). Agricultural Sciences in China, 2010, 9 (4): 101-105.

[50] Xu Y L, He P, Zhang L, et al. Large-scale identification of odorant-binding proteins and chemosensory proteins from expressed sequence tags in insects. BMC Genomics, 2009, 10: 632 .

[51] 高月波，陈晓，陈钟荣，等. 稻纵卷叶螟迁飞的多普勒昆虫雷达观测及动态分析. 生态学报，2008，28(11)：5238-5247.

[52] Riley J R，Chapman J W，Reynolds D R，et al. Recent application of radar to entomology. Outlooks on pest management，2007，18：62-68.

[53] Chapman J W，Reynolds D R，Mouritsen H，et al. Wind selection and drift compensation optimize migratory pathways in high-flying moth. Current Biology，2008，18：514-518.

[54] Feng H Q，Wu X F，Wu B. Seasonal migration of *Helicoverpa armigera* (Lepidoptera：Noctuidae) over the Bohai Sea. Journal of Economic Entomology，2009，102：95-104.

[55] Chapman J W，Nesbit R L，Burgin L E，et al. Flight Orientation Behaviors Promote Optimal Migration Trajectories in High-Flying Insects. Science，2010，327(5)：682-685.

[56] 张云慧，陈林，程登发，等. 步甲夜间迁飞习性的探讨. 中国农业科学，2008，41(1)：108-115.

[57] 张云慧，程登发，姜玉英，等. 北京地区旋幽夜蛾春季迁飞虫源分析. 中国农业科学，2010，43(9)：1815-1822.

[58] 高希武. 我国害虫化学防治现状与发展策略. 植物保护，2010，36(4)：19-22.

[59] Liang G M，Wu K H，Yu H K，et al. Changes of inheritance mode and fitness in *Helicoverpa armigera* (Lepidoptera：Noctuidae) along with its resistance evolution to Cry1Ac toxin. Journal of Invertebrate Pathology，2008，97:142-149.

[60] Yang Y H，Yang Y J，Gao W Y，et al. Introgression of a disrupted cadherin gene enables susceptible *Helicoverpa armigera* to obtain resistance to *Bacillus thuringiensis* toxin Cry1Ac. Bulletin of Entomological Research，2009，99(2)：175-181.

[61] 史艳霞，张永军，梁革梅，等. Bt抗性和敏感棉铃虫幼虫中肠类胰蛋白酶和类胰凝乳蛋白酶基因克隆及半定量测定. 应用与环境生物学报，2009，15 (5)：630-633.

[62] Xu X J，Wu Y D. Disruption of Ha-BtR alters binding of *Bacillus thuringiensis* δ-endotoxin Cry1Ac to midgut BBMVs of *Helicoverpa armigera*. Journal of Invertebrate Pathology，2008，97(1)：27-32.

[63] Wu Y D，Vassal J M，Royer M，et al. A single linkage group confers dominant resistance to *Bacillus thuringiensis* δ-endotoxin Cry1Ac in *Helicoverpa armigera*. Journal of Applied Entomology，2009，133(5)：375-380.

[64] Zhang S P，Cheng H M，Gao Y L，et al. Mutation of an aminopeptidase N gene is associated with *Helicoverpa armigera* resistance to *Bacillus thuringiensis* Cry1Ac toxin. Insect Biochemistry and Molecular Biology，2009，39：421-429.

[65] Gao Y L，Wu K M，Gould F. Frequency of Bt resistance alleles in *Helicoverpa armigera* during 2006 to 2008 in Northern China. Environmental Entomology，2009，38：1336-1342.

[66] Liu Z，Cao G，Li J，et al. Identification of two Lynx proteins in *Nilaparvata lugens* and the modulation on insect nicotinic acetylcholine receptors. Journal of Neurochemistry，2009，110(5)：1707-1714.

[67] Li J，Shao Y，Ding Z P，et al. Native subunit composition of two insect nicotinic receptor subtypes with differing affinities for the insecticide imidacloprid. Insect Biochemistry and Molecular Biology，2010，40：17-22.

[68] Xu X Y，Bao H B，Shao X S，et al. Pharmacological characterization of cis-nitromethylene neonicotinoids in relation to imidacloprid binding sites in the brown planthopper：*Nilaparvata lugens*. Insect Molecular Biology，2010，19：1-8.

[69] Liu Z W, Cao G C, Li J, et al. Identification of two Lynx proteins in *Nilaparvata lugens* and the modulation on insect nicotinic acetylcholine receptors. J Neurochem. 2009, 110: 1707-1714.

[70] Zhang Y X, Liu Z W, Han Z J, et al. Functional co-expression of two insect nicotinic receptor subunits ($N_l\alpha_3$ and $N_l\alpha_8$) reveals the effects of a resistance-associated mutation (Nlα3Y151S) on neonicotinoid insecticides. Journal of Neurochemistry, 2009, 110: 1855-1862.

[71] Liu Z, Han Z, Zhang Y, et al. Heteromeric co-assembly of two insect nicotinic acetylcholine receptor α subunits: influence on sensitivity to neonicotinoid insecticides. Journal of Neurochemistry, 2009, 108(2): 498-506.

[72] 戈峰，陈法军，吴刚，等. 昆虫对 CO_2 升高的响应 [M]. 北京：科学出版社，2010.

[73] Yin J, Sun Y C, Wu G, et al. No effects of elevated CO_2 on the population relationship between cotton bollworm, *Helicoverpa armigera* Hübner (Lepidoptera: Noctuidae), and its parasitoid, *Microplitis mediator* Haliday (Hymenoptera: Braconidae). Agriculture, Ecosystems and Environment, 2009, 132: 267-275.

[74] Sun Y C, Chen F J, Ge F. Elevated CO_2 changes interspecific competition among three species of wheat aphids: *Sitobion avenae*, *Rhopalosiphum padi*, and *Schiazphis graminum*. Environmental Entomology, 2009, 38: 26-34.

[75] Sun Y C, Su J W, Ge F. Elevated CO_2 Reduces the response of *Sitobion avenae* (Homoptera: Aphididae) to alarm pheromone. Agriculture, Ecosystems and Environment, 2010, 135: 140-147.

[76] Samer A, Wang F, Wu J C, et al. Comparisons of stimulatory effects of a series of concentrations of four insecticides on reproduction in the rice brown planthopper *Nilaparvata lugens* (Stål) (Homoptera: Delphacidae). International Journal of Pest Management, 2009, 55: 347-358.

[77] Yin J L, Xu H W, Wu J C, et al. Cultivar and insecticide applications after the physiological development of the brown planthopper, *Nilaparvata lugens* (Stål) (Hemiptera: Delphacidae). Environmental Entomology, 2008, 37: 206-212.

[78] Hu J H, Wu J C, Yang Y, et al. Physiology of insecticide-induced stimulation of reproduction in the rice brown planthopper [*Nilaparvata lugens* (Stål)]: dynamics of protein in fat body and ovary. International Journal of Pest Management, 2010, 56: 23-30.

[79] Ge L Q, Hu J H, Wu J C, et al. Insecticide-Induced changes in protein, RNA, and DNA contents in ovary and fat body of fmale *Nilaparvata lugens* (Hemiptera: Delphacidae). Journal of Economic Entomology, 2009, 102: 1506-1514.

[80] Wu J C, Xu J X, Liu J L, et al. Effects of herbicides on rice resistance and on multiplication and feeding of brown planthopper (BPH), *Nilaparvata lugens* (Stål) (Homoptera: Delphacidae). International Journal of Pest Management, 2001, 47: 153-159.

[81] Wu J C, Qiu H M, Yang G Q, et al. Effective duration of pesticide-induced susceptibility of rice to brown planthopper (*Nilaparvata lugens* Stål, Homoptera: Delphacidae), and physiological and biochemical changes in rice plants following pesticide application. International Journal of Pest Management, 2004, 50: 55-62.

[82] Wu J C, Xu J X, Yuan S Z, et al. Pesticide-induced susceptibility of rice to brown planthopper *Nilaparvata lugens*. Entomologia Experimentalis et Applicata, 2001, 100: 119-126.

[83] Wu K M, Lu Y H, Feng H Q, et al. Suppression of cotton bollworm in multiple crops in China in areas with Bt toxin-containing cotton. Science, 2008, 321: 1676-1678.

[84] Lu Y H, Wu K M, Jiang Y H, et al. Mirid bug outbreaks in multiple crops correlated with wide-

scale adoption of Bt cotton in China. Science, 2010, 328: 1151-1154.

[85] 陆宴辉，吴孔明，姜玉英，等. 棉花盲蝽的发生趋势与防控对策. 植物保护，2010，26(2)：150-153.

[86] 吴孔明. 我国农业昆虫学的现状及发展策略. 植物保护，2010，36(2)：1-4.

撰稿人：王振营　叶恭银　程登发　张永军
梁革梅　陆宴辉　张云慧

杂草科学学科发展研究

一、引　言

农田杂草是严重威胁农业生产的一大类常发性生物灾害。农田杂草对水、肥、光等资源的恶性竞争，极大地降低农作物产量和农产品的品质，严重威胁国家农业和粮食安全，严重影响农产品在国际市场的竞争力。

两年来，在国家科技项目的支持下，我国杂草科学研究运用生物学、分子生物学和信息技术，在杂草生物学、杂草抗药性、微生物除草剂、植物化感作用、杂草综合治理和转基因作物杂草化的研究等方面取得了重要进展。研究揭示了我国东北、华北、西北以及长江流域地区种植业结构调整和种植制度变革后稻田和麦田杂草发生规律与群落演替的成因；建立了杂草抗药性生物测定方法，明确了稻、麦、油菜田主要杂草稗草、雨久花、播娘蒿以及日本看麦娘的抗性水平；针对农田杂草草相的变化，提出了不同耕作方式下秸秆覆盖、生态控草与除草剂减量精准使用相结合的多靶标除草剂协调用药技术体系。

我国农田杂草防除面积不断扩大。全国农田杂草防除面积，由“十五”末 2005 年的 10.6 亿亩次，增加到 2009 年的 13.7 亿亩次，增加了 29.2%。其中，稻田杂草防除面积 3.26 亿亩次，占播种面积的 75.46%，占农田杂草防除面积的 23.79%；麦田、玉米田、大豆田杂草防除面积分别达 2.57 亿亩、3.12 亿亩和 0.86 亿亩，分别增加 23.38%、62.5% 和 16.2%。“十一五”期间，全国农田杂草防除面积累计 63 亿亩次，挽回粮食损失 915 多亿 kg，节省劳动力投入 100 多亿个工日，直接经济效益达 2000 多亿元。

二、杂草科学最新研究进展

（一）杂草生物学研究

1. 重要杂草遗传多样性

SI Qingwen 等利用 RAPD 随机扩增的 DNA 多态性研究黄帚橐吾 11 个种群的遗传变异。结果表明，黄帚橐吾种群内多态位点变化为 19.45 %～60.49 %，He 是 0.1698±0.03，表明该物种具有中等程度的遗传多样性。种群间的 RAPD 表型（基因型）十分丰富，且变异较大，67.64 %的遗传变异存在于种群间，仅 31.74 %的变异分布在种群内。十分丰富的遗传变异和较高的遗传分化也存在于以克隆繁殖为主的黄帚橐吾。

沈阳农业大学马殿荣等采用 SSR 和 UPGMA 聚类分析研究了辽宁杂草稻的遗传多样性。结果显示，辽宁杂草稻植物学特性变异较大，且具有较高的遗传多样性，其群体间的遗传分化较大，遗传差异明显。发现辽宁杂草稻与当地粳型栽培稻血缘关系很近，与籼稻和野生稻的遗传关系较远。认为辽宁杂草稻有可能起源于当地栽培稻品种，是栽培稻种个体间自然杂交、回复突变等产生的退化类型。

2. 黄顶菊适生区

白艺珍等研究了黄顶菊在其原产地南美洲及扩散入侵地的分布资料，采用 CL IMEX 生态位模型对其在中国的潜在适生分布区域进行预测。结果表明，黄顶菊在中国的潜在适生区域集中分布于东南部的广东、广西、云南、海南、福建、台湾、江西、湖南、贵州、四川、重庆、湖北、安徽、江苏、上海 15 个省(直辖市、自治区)，其中高风险区域包括广东、广西、台湾、海南、福建、云南、四川、贵州、重庆和西藏局部地区。

黄顶菊在河北、天津与美国、波多黎各和巴西的气候相似度系数均低于 0.15，说明黄顶菊在我国的已发生地与原产地及入侵地部分地区的气候结构差别较大。黄顶菊多发生在热带和亚热带地区，而河北、天津属温带大陆季风性气候，平均温度和降雨量均低于前者。黄顶菊在气候条件不同于原产地的条件下，仍能在广泛的生境内生长繁殖。实际的调查结果也显示，黄顶菊的已发生点河北南部、天津、河南和山东等地大都处在边缘区域，而且黄顶菊正在以河北省中南部为中心，向周边其他省市扩散。研究结果表明，黄顶菊在原产地南美洲的生态位与其在入侵地的实际生态位存在偏差。在空生态位(缺少天敌和竞争者)和环境定向选择压力的作用下，外来入侵生物的实际生态位与其原产地会发生一定的漂移。

黄顶菊具备外来物种成为入侵种的因素，具有较强的适应性、繁殖力和传播力。黄顶菊入侵地多为开阔地或破碎生境等人类活动频繁地区，其对入侵地生态系统造成了严重危害。

3. 长期施肥对农田土壤杂草种子库生物多样性的影响

万开元等探讨长期施肥对旱地土壤杂草种子库生物多样性的影响。采用镜检法对旱地土壤表层(0～15 cm)中土壤杂草种子的种类进行鉴定并计数，记录杂草种子 22 种，隶属 15 个科。不同施肥处理区杂草种子丰富度以 NP1/2K 区最高(14.7 种)，P-K 区最低(10.7 种)；其中陌上菜、粟米草、醴肠、泽星宿菜 4 种杂草的种子密度较大，分别在不同的处理区占据优势；从整个试验区来看，烟台飘拂草在所有处理中的密度都比较大，处于优势地位。长期不同施肥方式下，农田土壤杂草种子库的物种多样性有显著差异：P-K 区 Shanon-Wiener 指数大于其他处理区，但是 Simpson 优势度指数最低；NPK 区 Simpson 优势度指数最高；P-K、C-K 区 Pielou 均匀度指数大于其他处理区。田间杂草种子库的群落结构及其物种组成也发生了一定的变化，Whittaker 指数表明，与不施肥处理相比较，半量的 P 和缺 N 的影响最显著，缺 P 次之，缺 K 和平衡施肥则没有显著影响。Sorenson 群落相似性指数和 Bray Curtis 指数聚类分析结果表明，与不施肥相比较，长期施用 N、P、K 肥能显著改变旱地土壤杂草种子库的组成。本研究表明，长期平衡施肥处理更有利于维持和保护旱地土壤杂草种子库的生物多样性。

湖南省土壤肥料研究所的 Jun Nie 课题组研究了长期施肥对晚稻田杂草群落的影响。结果表明，不同施肥处理均明显影响晚稻田杂草群落组成和杂草密度。土壤有效氮对晚稻田杂草群落组成的影响最为明显，其次是土壤有效磷。对照区和 P-K 处理区杂草种类和密度均高于 N、P、K 混施处理区。

4. 杂草稻

杂草稻在直播稻田危害严重，但是，在东北也严重发生在移栽稻田。全国实际发生面积估计在5680万亩以上。造成的粮食损失8%～15%，达34亿kg。保守估计投入劳力防除6000万个工时。我国每年因杂草稻危害造成的经济损失100亿元以上。

沈阳农业大学马殿荣等研究了辽宁杂草稻偏粳型(janponica)“落粒粳”。有3种生物型：黑色谷壳有长芒、黑色谷壳无芒或短芒、稻草黄色无芒，它们的生育期分别为170天、165天和160天。“落粒粳”比当地栽培稻出苗早、成熟早，植株明显高于当地大多数栽培品种，如栽培品种棉帽平均株高95cm，而伴生的杂草稻株高为124cm；栽培品种越光平均株高为112cm，而伴生的杂草稻株高为123cm。成熟后极容易掉粒。颖果千粒重23.5g。

Zhang Juan 等江苏泰州杂草稻偏籼型(indica)。江苏泰州杂草稻穗部特征表现为谷粒长粒型，小穗无芒，谷壳稻草黄色或浅褐色，糙米(种皮)为白色、红褐色、浅褐色或棕褐色，杂草稻的平均穗长、穗粒数、千粒重分别比主栽品种长7.66cm、多50.25粒、低3.64g，落粒率高达87%。分蘖期秧苗性状，杂草稻的叶龄、苗高、分蘖数分别比常规粳稻多1叶、高18cm、多6.1个，上部3张完整功能叶的长宽均比常规粳稻大，且叶片较为披垂，单株自然展开宽度为58cm，比常规粳稻宽31.8cm。植株性状，杂草稻单株分蘖成穗17.19穗，较常规粳稻多1倍，平均株高95.7cm，较常规粳稻高7cm，杂草稻节间较长，节间数少，仅为5.4个，较常规粳稻少0.3个。成熟期在9月25日至10月9日，通常比常规粳稻早15天。

南京农业大学杂草研究室杨琳、吴川等调查了辽宁、江苏等地的杂草稻，并完成了对江苏和辽宁两地杂草稻的生物学特性、植物生物多样性等方面的研究。

(二)杂草抗药性研究

随着化学除草剂的大量、连年使用，杂草对除草剂的抗药性问题已经日益突出，近年来国内发现的抗药性杂草种类已近30种。2008年至今，杂草抗药性的鉴定和抗性机理研究取得了重要进展。

1. 杂草抗药性单剂量甄别技术和快速生测技术

山东农业大学王金信课题组以采自山东、河南、安徽、陕西等地麦田及非农田的10个猪殃殃生物型为试材，运用单剂量甄别技术对不同生物型对苯磺隆的抗药性进行了检测，并以温室盆栽法及皿内抗性水平测定法验证其可靠性和可行性。在甄别剂量(有效成分)85 mg /L下，猪殃殃不同生物型萌发率存在显著性差异，可以较好区分猪殃殃抗、感生物型。此法的建立，能够实现大批量供试猪殃殃对苯磺隆的抗药性的快速检测。

南京农业大学董立尧课题组采用种子生测法和整株测定法测定了13个日本看麦娘种群对高效氟吡甲禾灵的敏感性水平。高效氟吡甲禾灵对不同日本看麦娘种群的芽长抑制作用很明显，句容点日本看麦娘在高效氟吡甲禾灵几乎所有设定浓度下均能生长，而其他10地种群在药剂浓度为0.2 mg/L时抑制作用就很明显。句容种群EC_{50}值为5.3982 mg/L，滁州种群EC_{50}值为0.0883 mg/L。

2. 重要杂草的抗药性水平

中国农业科学院植物保护研究所张朝贤课题组从国内11个省份麦田采集了100多

个播娘蒿种群，在陕西、河北、天津、甘肃省多地都发现了抗性种群。其中，山东菏泽、山东邹平、河北正定、陕西江阳的一些种群对苯磺隆的抗性指数分别高达 500 倍、1175 倍、1472 倍和 1594 倍。

王金信等发现河南、陕西、安徽和山东省一些地区麦田猪殃殃均产生了不同程度的抗药性，抗性倍数为 1.6～4.3。其中，河南省许昌采集点抗药性水平达 4.3 倍，安徽省太和、陕西省华县采集点抗药性最低，抗性倍数均为 1.6，山东省济宁采集到的一个生物型的抗性倍数较高，皿内测定法与盆栽法结果分别为 6.8 倍、16.1 倍。

吉林省农业科学院卢宗志课题组采用盆栽法首次对吉林省 7 个水稻产区的雨久花进行了抗磺酰脲类除草剂的抗药性鉴定，结果表明各地发生的雨久花对磺酰脲类除草剂均存在不同程度的抗药性。吡嘧磺隆对柳河县和龙井市发生的抗药性雨久花生物型的抑制中剂量分别为 42.9g a.i./hm^2 和 42.1g a.i./hm^2，对敏感性生物型的抑制中剂量为 5.1g a.i./hm^2。抗药性指数分别为 8.4 和 8.3。而在吉林省中部各县市发生的雨久花对这两个磺酰脲类除草剂的抗药性比这两个地方的要小。对苄嘧磺隆的抗性指数分别为 6.3～9.2，而对吡嘧磺隆的抗药性指数分别为 5.2～6.2。

3. 重要抗药性杂草的交互抗药性

董立尧等明确了句容日本看麦娘种群对 AOPP 类精喹禾灵、精吡氟禾草灵、精噁唑禾草灵都存在不同程度的抗药性，其 EC_{50} 值分别为 28.6264 mg/L、384.9019 mg/L 和 19.4305 mg/L，抗性指数分别为 33.08、1181.77 和 15.59。句容日本看麦娘种群对 CHD 类除草剂烯禾啶的交互抗性指数为 7.81。

崔海兰等明确了河北和陕西省抗苯磺隆播娘蒿种群对嘧草硫醚的交互抗性指数都达到 100 以上，以 SSX-9 最高，达到 846.13；对咪唑乙烟酸的交互抗性指数表现不同，HB-2 抗药性指数达到 125.71，陕西的 3 个种群抗药性普遍弱一些，抗药性指数都在 10 以下。SSX-4 整体水平对咪唑乙烟酸表现敏感；HB-2、SSX-4、SSX-9、SSX-10 种群对氯酯磺草胺的交互抗性指数达 30 以上，其中 SSX-4 的抗药性指数达到 559.00；HB-2、SSX-4、SSX-9 和 SSX-10 种群对甲氧磺草胺的交互抗性指数达 3.9 以上，其中 HB-2、SSX-4 和 SSX-10 的抗药性指数为 12～19；HB-2、SSX-4、SSX-9 和 SSX-10 种群对双氟磺草胺交互抗性指数达 13 以上，其中，HB-2 和 SSX-4 的抗药性指数为 55～99。

4. 重要抗药性杂草的抗药性分子机制

王金信等通过对敏感和抗药性猪殃殃生物型 *ALS* 基因片段进行扩增、克隆和测序，比对两种生物型的 *ALS* 序列发现，与敏感生物型猪殃殃的 *ALS* 相比，抗性生物型猪殃殃 *ALS* 编码区共有 3 个氨基酸残基发生突变，即第 457 位苏氨酸突变为丝氨酸，第 573 位谷氨酰胺突变为丝氨酸，第 574 位色氨酸突变为甘氨酸。其中，只有第 574 位氨基酸的突变位于高度保守区 Domain B 处，该位点的突变可能是猪殃殃对苯磺隆产生抗药性的主要原因。

崔海兰等以采自北京、天津、河北、河南、山东、山西、陕西、甘肃、青海、江苏及四川省（市）的播娘蒿为对象，研究其对苯磺隆的抗药性水平及其抗药性机理，结果表明，比较敏感和抗药性生物型的 *ALS* 序列发现，抗药性生物型在 Pro_{197} 发生了突变，抗药性生物型

HB-2 和 SSX-11 Pro_{197} 突变为 Leu_{197}；SSX-9 Pro_{197} 突变为 Thr_{197}；SSX-12 和 SSX-13 Pro_{197} 突变为 Ala_{197}；TJ-8 和 GS-5 Pro_{197} 突变为 Ser_{197}；敏感和抗药性生物型的 *ALS* 序列在 GenBank 上的登记号为 EU520489、EU520490、EU520491 和 FJ715633。

吴明根、卢宗志等对吉林省各主要水稻产区雨久花、矮慈姑对苄嘧磺隆的抗性进行了研究，发现吉林省的雨久花、矮慈姑对苄嘧磺隆、吡嘧磺隆产生了抗药性。卢宗志等对抗苄嘧磺隆的雨久花进行了抗药性机理方面深入的研究，发现与敏感性雨久花生物型 *ALS* 相比，抗药性雨久花生物型的 *ALS* 基因共有三处发生突变，即第 197 位脯氨酸突变为组氨酸，第 200 位蛋氨酸突变为缬氨酸，第 388 位精氨酸突变为组氨酸，其中第 197 位突变与诸多文献报道相符，其突变可能是雨久花对磺酰脲类除草剂产生抗药性的主要原因。吴明根等对抗苄嘧磺隆矮慈姑的抗药性机理做了进一步深入的研究，发现在扩增的矮慈姑 *ALS* 编码区内，敏感与抗性生物型比较在 324 位发生了突变，这个位点突变与抗药性之间的关系及没有扩增到的序列内有没有突变等还有待进一步的研究。

（三）微生物除草剂研究

在“863”重大项目和国家自然科学基金等研究项目的支持下，自 2008 年以来生物除草剂研究领域又取得了一批新的进展。

南京农业大学杂草研究室强胜课题组从外来入侵杂草紫茎泽兰自然致病菌链格孢菌的代谢中提取分离的除草活性物质 AAC-Toxin，可以广谱地防除禾本科、莎草科及阔叶类杂草，在 83 mL ai/hm^2 剂量下，防效达 90％以上，杀草速度快，类似百草枯，具有触杀型特性。前期的研究已经阐明 AAC-Toxin 与光系统 II 的 D1 蛋白结合，导致光合电子传递链受阻，引起过能量化，并导致在叶绿体中活性氧迅速暴发，从而杀死细胞和组织。通过组织化学染色和细胞化学染色试验研究表明，AAC-Toxin 处理紫茎泽兰叶片后 ROS 快速产生，在激光共聚焦显微镜下观察到叶表皮上仅含有叶绿体的保卫细胞中观察到活性氧；在叶肉原生质体中，明显可以看到仅在叶绿体中产生活性氧，电子自旋共振仪检测出产生的活性氧种类有 OH、$^1O_2$、O_2^- 和 H_2O_2，电子显微镜下可以看到，细胞结构的破坏要明显迟于 ROS 的产生。这些试验研究证明了该毒素可以导致叶绿体中活性氧暴发，引起叶绿素降解、叶绿体结构破坏，大量活性氧扩散到整个细胞中，进一步引起膜脂过氧化、细胞膜破裂、细胞器解体、细胞核浓缩和 DNA 断裂，导致细胞组织解体，杀死杂草。ROS 清除剂能够明显减弱这些伤害。同敌草隆和百草枯这类单一作用位点的传统光合作用除草剂相比，一旦 AAC-Toxin 进入叶肉细胞后，也许它的这种多位点作用机制能够导致细胞在短时间内产生更多种类和更高水平的活性氧，从而迅速毁坏细胞而杀死杂草。

有研究报道了弯孢霉菌来源的除草活性物 α，β-dehydrocurvularin 防治马唐等杂草的作用机制。从外来入侵杂草加拿大一枝黄花上分离获得具有生物除草潜力的小菌核菌（*Sclerotium rolfsii*），它通过侵染加拿大一枝黄花根部，导致其迅速死亡。发展了利用农作物秸秆等农业废弃物大批量生产技术，田间小区和小范围示范试验，不仅可以应用于控制加拿大一枝黄花，还可以应用于草坪和直播稻田防除阔叶杂草和异型莎草等，控制效果可达到 90％以上，普遍防效也达到 75％以上。此外，该除草活性物还具有防除紫茎泽兰、黄顶菊、薇甘菊等菊科外来杂草的潜力。

中国农业大学杂草研究室倪汉文课题组对来自稗草致病株的新月弯孢[*Culvularia lunata* (Wakker) Boedijn]菌株 B6 的侵染稗草的机制、菌株的生长条件、发酵工艺进行了研究。接种后 24h 菌丝继续伸产，并形成菌丝分支，直接破坏叶片表皮结构，侵入稗草叶片。接种后 36h 菌丝从叶片表皮或细胞间隙直接侵入稗草叶片。接种后 48h 菌丝形成多次分支并从细胞表皮内穿出。接种后 72h 叶片细胞严重脱水，甚至死亡。稗草叶片上布满菌株 B6 的气生菌丝，部分气生菌丝开始产生分生孢子。初步明确了影响 B6 菌株生长速度和产孢量的最佳营养元素配比、pH 值、温度和光周期。对液体发酵工艺进行了改进，发现真菌发酵液对稗草的生长有强烈的抑制作用，稗草根茎的生长抑制率可达 90%，对水稻没有抑制作用，有些甚至有促进作用。另外，通过固—液两相方法对菌株 B6 的固体发酵做了一定研究。进行了菌株 B6 与化学除草混用的研究。B6 与农得时的互作效果为加成作用，与敌稗的互作类型为增效效果。

江苏省农业科学院植保所陈志谊课题组利用莲子草假隔链格孢[*Nimbya alternantherae* (Holcomb & Antonopoulos) Simmons & Alcorn]SF-19 防除空心莲子草，研究了产孢方法、最佳产孢条件及分生孢子，黑光灯照度为 195～210 lx、培养基中胡萝卜含量为 0.8 g/mL，培养温度为 25℃，培养时间 6 天。液—固联合发酵规模化生产体系。制剂的毒性和寄主范围。扫描电镜观察结果显示，SF-193 分生孢子在接种 4 h 后萌发形成芽管，6 h 后在叶片表皮细胞表面形成膨大侵入叶片组织，24 h 后菌丝转由气孔侵入。透射电镜观察结果表明，在接种 8～72 h 内，寄主细胞叶绿体、线粒体、质膜均受到强烈伤害。先后明确了空心莲子草生防菌剂的最佳使用浓度、货架期、最佳防控时期(季节、温度和雨水)、喷雾器械等应用技术。开展了空心莲子草微生物除草剂(SF-193)的示范推广与应用。2007～2009 年先后建立示范推广地基 3 个，分别为扬州生态示范园区、兴化试验基地、南京普朗克有机田园。3 年累计示范面积 5100 多亩。此外，广东仲恺农业工程技术学院向梅梅研究利用莲子草假隔链格孢代谢产物控制空心莲子草及其他杂草，深入研究代谢物的作用机理。

华东理工大学生物农药研究室李元广等和上海南方农药研究中心一起从浙江、江苏、贵州、四川、西藏和云南等地共采集了 2500 多份土壤样本中分离出 3000 余株放线菌菌株，通过生物测定分离获得了 40 个高除草活性菌株。对部分活性菌株培养液中除草活性化合物进行了分离纯化和波谱解析，明确了多种除草活性化合物的结构，其中除草素类、放线菌酮类、异黄酮类、黄豆苷元、SPRI-70014 和吲哚霉素等化合物的除草活性都是首次发现。并对 SPRI-70014 进行了除草活性室内和田间小区除草活性评价，显示广谱的除草活性。相关研究结果已发表在 *Weed Science* 上。

(四)植物化感作用研究

利用化感作用控制杂草是一种具有潜力的可持续发展农业的杂草控制措施，也是植物保护的发展方向之一。作物的化感作用对减少现在的农业问题有很大作用，比如环境污染、粮食安全、人类健康、生物多样性损失、土壤病以及作物减产等一系列值得关注的问题。研究发现，一些作物，包括小麦、玉米、水稻、苜蓿、荞麦、黑麦、高粱、向日葵等可以通

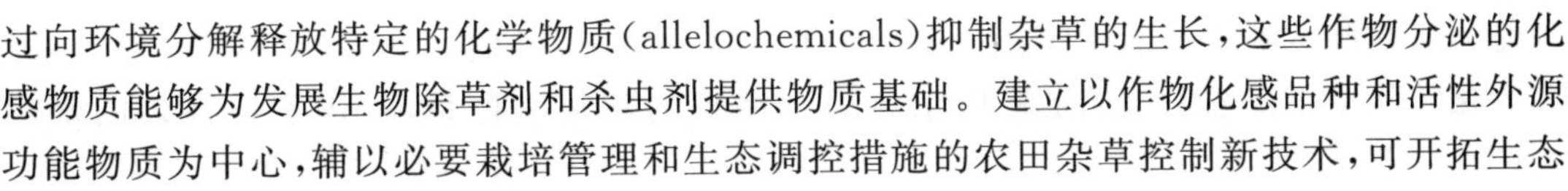

过向环境分解释放特定的化学物质(allelochemicals)抑制杂草的生长，这些作物分泌的化感物质能够为发展生物除草剂和杀虫剂提供物质基础。建立以作物化感品种和活性外源功能物质为中心，辅以必要栽培管理和生态调控措施的农田杂草控制新技术，可开拓生态安全条件下的杂草治理新途径。

1. 化感水稻研究进展

近年，水稻化感作用研究取得显著成果，目前已建立了化感水稻种质资源库，选育出具有化感抑草活性的新品种，抑草率可达到与人工除草防效相当的水平，对稗草的抑制率可高达60%左右。

(1)明确了我国化感水稻产生的化感物质及其抑草机理。一些水稻品种或者稻草在收割后留在稻田里能够产生并释放化感物质而抑制邻近植物的生长。一些次生代谢物，比如黄酮和萜类已经被认为是水稻分泌的潜在化感物质。有学者比较了我国化感水稻和非化感水稻化感作用，结果发现：我国的化感水稻在它们早期生长阶段能够释放momilactone B(萜类)，3-isopropyl-5-acetoxycyclohexene-2-one-1和5,7,4'-三羟基-3',5'-二甲氧基黄酮到土壤中，而非化感品种的水稻却没有。momilactone B在抑制邻近杂草生长方面扮演着重要的角色。

(2)化感水稻新品种的选育获得重要成果。越来越多的具有化感潜力的水稻品种被筛选出来，目前发现化感作用较强的水稻品种武粳15、盐粳9号、两优华6号等均表现出较强的抑制稗草和莎草科等杂草的能力。

在化感水稻品种筛选基础上，利用化感指数辅助育种与田间播稗草检筛相结合的方法，对上述3个品系进行了抗草化感特性的筛选，并经产量比较及综合农艺性状评价，又选育出化感稻8号和培杂软香等数个具有明显化感特性的水稻品种参加了广东省区试，其中培杂软香和化感稻3号获得广东省水稻新品种证书，并分别于2008年3月和2010年4月申请了国家植物新品种权保护。此外，以早晚兼用型优质稻新品种五山油占为母本的抗草稻1号经过初步测定，化感指数0.56，田间抑草率65%。增产6.87%，增产极显著。2010年已通过广东省品种审定。

野生稻资源方面，我国研究人员不断发现新的具有强化感作用的野生稻种质资源，在云南等地的野生稻资源中筛选出几种具有较强化感活性的野生稻品种，为以后培育出具有强化感作用并高产的水稻品种奠定了良好的前期基础。

(3)化感水稻相关基因标记工作已取得初步结果。在前期确定化感作用，明确化感物质并获得由有化感作用的新品种基础之上，我国学者已经开始开展确定与水稻化感活性相关的基因标记方面的工作了，研究发现不同N素营养处理下，不同化感潜力水稻苗期对N素代谢的基因表达研究表明，低N条件下，弱化感水稻品种中亚硝酸还原酶基因和谷氨酰胺合成酶基因相对表达量下降，降幅较化感水稻高。这一研究结果，为培育高化感作用的品种提供了分子基础，同时也为将来转具有化感潜力的基因作物提供理论指导。

(4)化感水稻品种结合除草剂及其他农艺措施的综合控草技术。如何将水稻化感作用和生产中除草剂使用有机结合以达到应用于田间生产，针对这一问题，研究结果表明，利用水稻化感品种，在田间结合使用苄嘧磺隆(除草剂)控制水稻田阔叶杂草和莎草，并在稗草萌发前或萌发早期保持较深的水层，再结合化感物质的作用，提高水稻化感品种的竞争能力而最终达到理想的田间杂草控制效果。这一措施可以有效地控制稻田杂草，同时减少化学除草剂的使用，建立稻田杂草综合治理的新技术体系，促进安全高效的水稻生产。

2. 外来杂草的化感作用研究

在明确化感作用在外来杂草入侵过程中的重要作用后，系统分离鉴定薇甘菊、胜红蓟、假高粱、马樱丹和三裂叶豚草的化感物质的基础上，揭示了这些外来杂草释放化感物质的途径和环境响应机制。发现营养缺乏、植物竞争和病虫害等自然胁迫因子能使假高粱、胜红蓟、薇甘菊和紫茎泽兰产生化学响应抵御逆境；而面对机械损伤和除草剂等人为胁迫因子则不产生相应的响应机制。证实引种到柑橘园的胜红蓟向土壤中释放化感物质是通过一个可逆的二聚化过程抑制其他杂草和病原菌。同时，胜红蓟向柑橘园中释放的挥发性化感物质吸引和稳定天敌捕食螨，从而使害螨红蜘蛛的种群下降到非危害的水平，表明特定农业生态系统中的化感杂草可以对其他有害生物产生自然的化学调控。明确了薇甘菊的主要化感作用是通过残株降解或淋溶的方式释放黄酮类和倍半萜类化感物质而影响其他植物生长及土壤微生物的。明确了假高粱化感作用机制主要是通过根系分泌酚酸及蜀黍甙而显示出较强的化感抑制效应的，并据此提出最佳防除措施是彻底挖除假高粱地下根茎组织，最大限度地减少根茎化感作用的负面影响。发现马樱丹落叶在水体中通过缓慢释放化感物质抑制水葫芦和铜绿微囊藻，在确定化感物质种类和释放浓度的基础上，阐明了在淡水生态系统周围栽种马缨丹实现“以毒攻毒”，“以草治草”生态措施的理论依据。确定了三裂叶豚草入侵麦田的化感干涉机制主要是通过残株在土壤生物和非生物因子作用下释放二萜化感物质而对下茬作物显示化感抑制效应，提出及时清除耕作地中的三裂叶豚草残株是减少其对作物危害的必要措施。

通过对儿种外来入侵杂草化感物质的研究发现了几种具有潜在抑草活性的物质，主要是萜类成分，这为生物源的除草剂开发提供了较好的先导化合物，提供了重要的物质基础。

（五）杂草综合治理最新研究进展

杂草综合治理是在对杂草生物学、生态学、杂草发生与为害规律、杂草与作物、环境及生物因子间相互关系等全面、充分认识的基础上，因地制宜地运用物理的、化学的、生物的、生态学的手段和方法，有机地组合成综合的控草体系，将有害杂草种群控制在经济阈值以下，从而保障作物生产，促进农业的可持续发展。杂草综合治理是一个草害的管理系统，在系统中，各种控草措施协调使用、合理安排，有目的、有步骤地对系统进行调节、削弱杂草群体、增强作物群体，充分发挥各措施的优势及系统的控草作用，形成一个以作物为中心，以生态治草为基础，多项措施相互配合和补充且与环境相容的、高效低耗的杂草治理体系。

1. 建立了油菜田生态控草与化学防除相结合的杂草治理技术体系

湖北省农业科学院植保土肥研究所联合中国农业科学院植物保护研究所及其他攻关单位，重点开展了油菜田杂草的综合治理体系研究。项目组基于油菜田地上杂草群落和地下土壤种子库关系，系统、全面地研究了不同生态区油菜田灾害性杂草的组成及群落结构特征，明确了其发生消长规律；研究了灾害性杂草菵草、野燕麦、牛繁缕等对油菜田环境资源的竞争及对油菜生长的影响，确定了减量、精准的草害防控指标；筛选出炔草酯、吡草胺、精氟・胺苯・草除灵、乙・异恶松等多种高效、安全、适用范围广的油菜田新型除草剂品种；完善了丙酯草醚、二氯吡啶酸、草除・精喹禾灵等 26 种主要除草剂品种（含剂型）的配套应用技术；建立了以秸秆覆盖、合理密植、深沟窄厢等农作措施为主的油菜田生态控草体系，并由此创建了生态控草与化学除草相结合的油菜田杂草综合治理技术体系。基于上述研究，制定了湖北省地方标准《无公害食品 油菜主要病虫草害综合防治技术规程》(DB 42/T 518－2008)，使油菜田草害防控措施的操作更加规范和标准化。

该研究通过将油菜田杂草的监测预警和防控措施的精准使用进行高效组装和标准化集成，实施播前免耕除草、播后苗前土壤封闭、苗后茎叶处理及全程生态调控的全方位、立体化草害防控策略，实现了油菜田草害防控技术的重大创新，使油菜田总体控草效果达到 95%、除草剂用量降低 25%以上，解决了制约我国油菜生产的草害防控重大技术难题，技术水平和主要性能指标达到国内领先水平。上述成果目前已累积推广 6275 万亩，增产油菜子 94.1 万 t，增收 25.4 亿元，投入产出比为 1∶7，取得了显著的经济、社会和生态效益，对我国油菜生产的可持续发展和农业结构的优化升级起到了重大推动作用，大大促进了我国草害防控技术的进步和杂草学科的发展。

该研究成果于 2009 年获得湖北省科技进步二等奖。

2. 构建了以除草剂减量使用技术为核心的小麦—玉米两熟农田除草剂安全高效技术体系

河北省农林科学院粮油作物研究所与中国农业科学院植物保护研究所、农业部农药检定所等单位协作，通过“优选除草剂品种、优化施药条件、优配农艺措施、研制智能化施药机械和建立药效早期诊断方法”等系统研究，构建了“以除草剂减量为核心，以精准施用低风险药剂为主体，以杂草叶龄、温湿度优化为施药条件，配合秸秆覆盖生态控草、辅以改进的喷雾机械和药效早期诊断”的小麦—玉米两熟农田杂草综合治理技术体系，主要技术内容如下：

(1)根据“靶标”优选药剂。上茬小麦田使用苯磺隆・2,4-D 115.5g/hm^2 或异丙隆・氯氟吡氧乙酸 800g/hm^2；下茬玉米田以马唐、牛筋草、马齿苋为优势种的杂草群落使用烟嘧磺隆・特丁津 800g/ hm^2；以稗草、反枝苋、藜、苘麻为优势种的杂草群落使用烟嘧磺隆・硝磺草酮 165g/ hm^2 或硝磺草酮・异丙甲草胺 1005g/ hm^2。

(2)适时施药添加助剂。采用“低叶龄、早用药、加助剂、看天施药”的做法。在小麦冬前分蘖期，播娘蒿 2～4 叶期施药；玉米 5 叶期前，马唐 1～4 叶期施药。药后 24h 无降雨，干旱条件添加助剂 GYmax。

(3)农作生态措施辅助减量。针对两熟农田中“为害玉米的杂草在小麦生育后期出苗”这一周年杂草发生特点，应用植物竞争及化感作用抑制杂草，采用上茬小麦等行距种植、低水肥及保护性耕作麦田适当增加播种量，下茬玉米播种前麦秸残体覆盖、玉米与豆类作物轮种等控制两熟农田周年杂草的措施，辅助了除草剂减量施用的效果。小麦采用

“等行距种植、低水肥及保护性耕作麦田增加5%～10%播种量”，玉米采用“4500kg/ hm² 麦秸残体覆盖—精量播种—定向减量喷施除草剂，与豆类作物轮种”。

(4)改进喷雾机械。背负式喷雾器增加恒压阀和改装110-03 Teejet扇形喷头；研究了CO_2压缩式喷雾器、常量喷雾器、静电喷雾器及超低量喷雾器对杂草的防除效果，明确在相同药剂及相同施药量下，常量及静电喷雾器的喷雾效果优于超低量喷雾器。CO_2压缩式喷雾器由于喷雾均匀，对杂草的防效比常量喷雾器提高8.7%。

(5)药效快速判别。利用除草剂药效早期诊断技术对防效进行快速、准确检测，在药后2～3天检测到杂草荧光信号值20以上时采取二次施药措施。

以除草剂安全高效应用为主的小麦—玉米两熟农田杂草综合治理技术体系的实施应用，降低了除草剂用量，苯磺隆·2,4-D组合物防治麦田抗性杂草比苯磺隆单用剂量降低75%以上；烟嘧磺隆·特丁津组合物在玉米田应用比其单用剂量减低28.6%和33.3%；在小麦—玉米两熟农田的杂草治理中，采用上述配方辅以生态控草及改进喷雾机械等综合技术措施，农田除草效果达90%以上，除草剂总用量降低24%～40%。从而保障了生态安全，促进了作物增产，降低了常规药剂的环境风险，当茬及后茬作物生长不受伤害，实现了作物全年增产6%～8%。

该项研究成果于2010年获得河北省科技进步一等奖。

(六)精准施药技术最新研究进展

目前，我国农田化学除草面积已达9000万hm²。其中，水稻、小麦、玉米、大豆4大作物的化学除草面积率达60% ～100%，除草剂在农药总量中的占有率也由1999年的16.4%增至25%以上。然而，除草剂的大量投入已经带来了诸如：土壤环境及水资源污染、作物除草剂药害、杂草抗药性、经济效益降低等一系列问题。上述问题已成为农业可持续发展的限制因素。针对除草剂大量投入带来的问题进行研究，我国科学家在最近几年间，以提高除草剂被杂草的吸收效率和增强作物竞争能力为主要手段，研究了喷雾器性能及施药技术、高风险除草剂替代、耕作栽培、生态调控、助剂及增效剂等与除草剂减量施用的关系，并取得较大进展，有的技术已经达到国际先进水平。

采用现代化装备开展除草剂减量使用是提高除草剂利用效率和减少农药环境污染的重要技术，目前我国主要研究了以下两种减量施药方式。第一种方式是有针对性地发现杂草生长的确切位置，第二种方式是只在有杂草发生的地方喷洒化学农药。随着全球卫星定位技术的快速发展，利用卫星定位技术可以准确标定一个地块，甚至一个区域不同杂草的分布，利用地理信息管理系统软件将这些发生草害的区域实时显示在地块图上，然后技术人员根据草害发生情况指导施药人员科学合理地喷洒化学农药。基于此，我国开发了田间杂草分布采样系统。该系统基于目前普遍使用的GPS定位手机平台，采样人员在调查田间杂草的分布过程中，只需打开系统软件的运行界面，手机平台的卫星定位系统可以将采样人员现场的地理坐标显示在手机的液晶界面上，采样人员只需输入该地杂草的主要种类和发生程度，该记录完成后采样人员按下记录按钮，采样系统则可以将采集的地理坐标及杂草信息记录在手机的数据记录卡上，采样完成后将采集的数据导入办公室的计算机系统内，利用GIS软件生成杂草在整个地块的分布现状图。除此之外，软件系统也可以对记录点进行数据删除。该采样系统可在任意一款安装有 WIN CE 操作系统的手机上使用。应用简便，可操作性强，同时也可连接外部差分 GPS 硬件设备，采用 NMEA 标准处理信号，兼容国内外所有标准 GPS 设备进行杂草分布采样。我国目前开发出的智能化杂草识别及精量喷药自控系统在性能指标上也达到了国际先进水平。系统的工作原理主要是依据在红外和近红外光照射的情况下，杂草会对照射的红外和近红外光谱发生反射，这些发射光通过传感器接收并分析处理，将杂草生长环境的土壤信息去除后，系统可以识别出杂草的位置和杂草覆盖率，据此研制出的智能化"探测式"喷雾机，通过杂草识别传感器激发近红外光，经杂草或作物反射后，再由传感器接收，经过滤光、放大、对比分析等操作后，最终区别出杂草和土壤，通过定时开启和关闭电磁阀实现化学农药的变量喷洒，系统压力泵上安装的自动断电装置可以保证系统在不喷洒农药的情况下自动断电，实现加压泵的自动启动和关闭。将上述杂草识别控制系统通过三点悬挂机构悬挂在拖拉机后部，在驾驶台右侧安装控制装置并和拖拉机 12V 电源连接，即可进行除草作业，对除草剂实施适量、定位喷洒，而在没有杂草的区域喷头则不喷洒除草剂。该机改传统的均匀喷施为依据杂草在田间的镶嵌分布进行探测式定向喷施，(2.73 km/h)杂草识别率超过 99.5%。在田间杂草密度 30～200 株/m^2 时，灭草率达到 90%以上的除草剂用量比常规喷雾机降低 25.1%～55.3%。另外，该机靠系统控制可实现喷药、清洗等作业的智能化及自动化。这不仅能有效地除去杂草，而且可大大节约除草剂使用量，降低农民的成本投入和保护生态环境，具有较好的经济和生态效益。

添加助剂降低施药量的技术，在近几年除草剂剂型开发中占重要地位。该类助剂一类是表面活性剂类，其增效作用主要表现为降低喷雾液的表面张力，增加药液在杂草叶表面的附着与滞留；另一类助剂为油类助剂，可以加快杂草对茎叶处理除草剂的吸收效率。研究中已经发现油酸甲酯助剂、药笑宝及硫酸铵与 Scoil 混合物对新除草剂磺草酮和硝磺草酮的增效作用明显，添加上述助剂，磺草酮对稗草、牛筋草、反枝苋等杂草鲜重抑制率可提高 15%或 25%以上；力透有机硅助剂对 6.9%骠马水乳剂增效作用明显，在防除硬草时，加力透有机硅助剂 5mL，6.9%骠马水乳剂使用量由 90mL 降低到 60mL。基于上述研究，除草剂生产企业在部分除草剂商品化的产品已经添加了阳离子、阴离子、有机硅、机油乳油等助剂，对降低除草剂用量起到了一定作用。

另外，在农作措施、耕作措施及生态调控等方式控制杂草方面，我国在控草新理论及实践方面也在不断探索，并取得了几项省部级奖项。

除了对除草剂进行精准喷施和添加助剂降低除草剂用量以外，对高风险除草剂进行减量也是我国目前研究的热点。在小麦一玉米两熟农田，为了有效地替代和降低高风险除草剂苯磺隆和莠去津的药量，科学家们改变了以往片面追求除草效果选择除草剂配方的理念，而是以抗药性杂草和优势杂草为"靶标"来筛选除草剂，并采用不同作用方式及杀草谱互补的原理，兼顾药效与残效期，优选出了高风险除草剂的替代配方。如小麦田苯磺隆·2,4-D 复配除草组合物，在防除不同程度抗药性播娘蒿时，苯磺隆施药比单用降低 75%～91.7%；烟嘧磺隆·特丁津复配除草组合物与烟嘧磺隆和特丁津单用相比，施用量分别降低 28.6%和 33.3%，除草效果提高 4.3%和 35.9%；减少了烟嘧磺隆用量和替代了对下茬小麦有危害的长残效莠去津，对作物安全性大大增加。

三、杂草科学国内外研究进展比较

国外杂草科学家运用现代分子生物学技术和手段研究杂草生物学，从基因和分子水平理解杂草的生物基础，明确了杂草的生态适应性、基因多样性、杂草与农田作物间的竞争基础。精确地鉴定导致抗药性的基因突变，揭示了目前已知抗药性杂草对16类除草剂的抗药性分子机制，对世界上已报道的绝大多数抗药性杂草的抗药性水平进行了检测，并注重研究抗药性杂草对传统农业和转基因抗除草剂作物的影响。

运用计算机图像技术，结合全球定位系统（GPS）、地理信息系统（GIS）和遥感（RS）技术强大功能研究农田杂草种群的空间分布（图）及其特点，成功地进行外来入侵杂草 spotted knapweed（*Centaurea maculosa*）和 babysbreath（*Gypsophila paniculata*）的预警，实施杂草精准有效治理（effective site-specific weed management），尤其是运用基于杂草识别和鉴定的机器人除草系统（robotic weed control systems），使得自动化除草剂精准使用几乎成为可能。运用计算机网络技术建立杂草治理专家支持系统。

随着人们保护生态环境意识的增强，国外杂草科学家目前更加重视土壤中除草剂残留研究，包括先进的检测和定量测定方法，土壤中除草剂移动和水源污染预测模型。同时，通过研究优化除草剂喷施技术，包括喷嘴选择、最佳施药压力、喷杆高度、除草剂剂型、助剂等，最大限度地降低除草剂雾滴飘移，以降低除草剂喷施量，降低除草剂飘移对邻近作物、水源和其他物种的风险。

随着对化学除草剂可能影响环境和人类健康忧虑的增长，人们越来越喜爱和关注有机农业。由于十分缺乏可以用于替代化学除草剂的除草技术，基于生物防治、有机覆盖、天然产物的杂草治理技术成为有机农业最为关切的重点。

我国杂草科学研究虽然取得了可喜的成绩，但由于种种原因，我国杂草科学研究与发达国家蓬勃发展的杂草科学相比依然明显滞后。多年来我国杂草科学家仍在运用传统的方法和手段研究杂草科学，对目前农业生产中亟待解决的杂草抗药性、除草剂药害、提高除草剂利用率、保护环境等问题的研究还不够深入，或甚少；对除草剂作用原理和不同环境条件对除草剂药效的影响研究也不深入，尤其是新药剂及药剂在农田新出现的优势杂草体内吸收、传导途径及方式、药害的预防及补救措施等研究很少。对目前影响粮食安全的长残效除草剂问题、常用除草剂对作物的安全性问题的研究不够重视。CNKI 中国期刊全文数据库显示，2009 年 1 月至 2010 年 9 月，我国杂草科学工作者在国内相关刊物发表 583 篇论文，涉及杂草生物学、生态学、外来杂草、抗药性、植物化感作用、信息技术、除草剂、杂草治理技术、生物防治、生态调控、精准施药等方面，但杂草治理方面的论文数量高达 393 篇，而应用基础方面的论文不足 20 篇。可见，我国杂草科学在基础应用、基础研究方面尚需更加努力。

四、杂草科学发展趋势及展望

杂草科学是研究杂草发生、危害及其控制理论和控制技术的学科。随着全球气候变化，耕作制度向少耕和免耕的转变，抗除草剂转基因作物的推广应用，农田化学除草面积的不断扩大，将为我国杂草科学研究提出更多新问题，如杂草种群变化和群落演替，抗药性杂草种类增加，作物药害。

因此，在基础和应用基础研究方面，注重杂草生物学，尤其是运用分子生物学技术，研究重要杂草的生态适应性与致害、恶化机制，杂草一作物一除草剂一环境间的互作机制，抗药性杂草发生发展的生态适应性和抗药性机制，为杂草治理奠定理论与技术基础将是我国杂草科学研究的方向。在杂草治理研究方面，以生态农业的观点，针对农业生产中严重危害的杂草（如节节麦、杂草稻），日益严重的抗药性杂草和除草剂药害等问题，探索以生态控草为核心，以生物防治、精准施药为基础的杂草治理新方法和关键技术，将是我国杂草治理技术研究的重点。

参考文献

[1] 白艺珍，曹向锋，陈晨，等. 黄顶菊在中国的潜在适生区. 应用生态学报，2009，20（10）：2377-2383.

[2] 董爱斌，董立尧，李俊，等. 抗高效氟吡甲禾灵日本看麦娘不同年份及其亲子代间的抗性比较. 杂草科学，2010，(1)：27-29.

[3] 韩瑞娟，董立尧，李俊，等. 日本看麦娘对高效氟吡甲禾灵代谢抗性的初步研究. 杂草科学，2010，(1)：3-7.

[4] 孔垂华，娄永根. 化学生态学前沿. 北京：高等教育出版社，2010.

[5] 李昕珈，姜明辰，吴明根. 延边地区稻田抗药性杂草防除技术研究. 杂草科学，2010(1)：42 - 44.

[6] 卢宗志，张朝贤，傅俊范，等. 抗苄嘧磺隆雨久花 ALS 基因突变研究. 中国农业科学，2009，42(10)：3516-3521.

[7] 马殿荣，李茂柏，王楠，等. 中国辽宁省杂草稻遗传多样性及群体分化研究. 作物学报，2008，34(3)：403-411.

[8] 孟庆会，黄红娟，刘艳，等. 假高粱挥发油化学成分及其化感潜力. 植物保护学报，2009，36(3)：277-282.

[9] 彭学岗，王金信，吴翠霞，等. 麦田猪殃殃对苯磺隆抗药性的快速检测. 农药学学报，2008，10(3)：311-314.

[10] 孙健，王金信，张宏军，等. 抗苯磺隆猪殃殃乙酰乳酸合成酶的突变研究. 中国农业科学，2010，43(5)：972-977.

[11] 万开元，潘俊峰，李儒海，等. 长期施肥对旱地土壤杂草种子库生物多样性影响的研究. 生态环境学报，2010，19(4)：836-842.

[12] 吴川，戴伟民，宋小玲，等. 辽宁和江苏两省杂草稻植物生物多样性. 生物多样性，2010，18(1)：29-36.

[13] 吴明根，郑承志，李昕珈. 抗苄嘧磺隆慈姑 ALS 基因突变位点. 江苏农业学报，2010，26(1)：222-224.

[14] 许贤，王贵启，张宏军，等. 河北省境内播娘蒿对苯磺隆抗药性研究初报. 西北农业学报，2008，17(2)：270-273.

[15] 杨琳，戴伟民，强胜，等. 杂草稻和栽培稻叶片下表皮结构特性的观察及聚类分析. 中国水稻科学，

2009,23(5):495-502.

[16] 张朝贤，倪汉文，魏守辉，等. 抗药性杂草研究进展. 中国农业科学，2009，42(4):1274-1289.

[17] Brewer C E, Lawrence R O. Confirmation and Resistance Mechanisms in Glyphosate-Resistant Common Ragweed (*Ambrosia artemisiifolia*) in Arkansas. Weed Science, 2009, 57:567-573.

[18] Chao W S. Real-Time PCR as a Tool to Study Weed Biology. Weed Science, 2008, 56:290-296.

[19] Chen S G, Yan C Y, Qiang S, et al. Chloroplastic oxidative burst induced by tenuazonic acid, a natural inhibitor, triggers cell necrosis in *Eupatorium adenophorum* Spreng. Biochemica et Biophysica Acta, Bioenergetics, 2010, 1797:391-405.

[20] Chen S G, Dai X B, Qiang S, et al. Action of tenuazonic acid, a natural phytotoxin, on photosystem II of spinach. Environmental and Experimental Botany, 2008, 62: 279-289.

[21] Cui H L, Zhang C X, Zhang H J, et al. The Tribenuron-methyl Resistance Weed Flixweed. Agricultural Sciences in China, 2009, 8(4): 488-490.

[22] Cui H L, Zhang C X, Zhang H J, et al. The Confirmation of the Resistance of Flixweed to Tribenuron-methyl. Weed Science, 2008, 56: 775-779.

[23] Davis V M, Gibson K D, Mock V A, et al. In-Field and Soil-Related Factors that Affect the Presence and Prediction of Glyphosate-Resistant Horseweed (*Conyza canadensis*) Populations Collected from Indiana Soybean Fields. Weed Science, 2009, 57:281-289.

[24] Geng R M, Zhang J P, Yu L Q. *Helminthosporium graminum* Rabehn f. sp. *echinochloae* conidia for biological control of barnyardgrass. Weed Science, 2009, (57):554-561.

[25] Huang H J, Ye W H, Wei X Y, et al. Allelopathic potential of sesquiterpene lactones and phenolic constituents from *Mikania micrantha* H. B. K. Biochemical Systematics and Ecology, 2009, 36: 867-871.

[26] Jiang S J, Qiang S, Zhu Y Z, et al. Isolation and Phytotoxicity of α,β-dehydrocurvularin, a metabolite from *Curvularia eragrostidis* and characterization of its modes of action. Annals of Applied Biology, 2008, 152: 103-111.

[27] Kong C H. Rice allelopathy. Allelopathy Journal, 2008, 22:261-273.

[28] Kong C H, Hu F, Wang P, et al. Effect of allelopathic rice varieties combined with cultural management options on paddy field weeds. Pest Management Science, 2008, 64:276-282.

[29] Larrinua I M, Belmar S B. Bioinformatics and Its Relevance to Weed Science. Weed Science, 2008, 56:297-305.

[30] Lee R M, P J Tranel. Utilization of DNA Microarrays in Weed Science Research. Weed Science, 2008, 56:283-289.

[31] Nie J, Yin L C, Liao Y L, et al. Weed Community Composition after 26 Years of Fertilization of Late Rice. Weed Science, 2009, 57:256-260.

[32] Qiang S, Wang L, Wei R, et al. Bioassay of the herbicidal activity of AAC-Toxin produced by *Alternaria alternata* isolated from *Ageratina adenophora*. Weed Technology, 2010, 24:197-201.

[33] Si Q W, Wu G L, Yang H L, et al. Genetic variation within and among populations of *Ligularia virgaurea* (Asteraceae), an invasive weed in the grassland ecosystem of the Qinghai Tibetan Plateau. PRATACULTURAL SCIENCE, 2009, 27:77-87.

[34] Stewart C N Jr, Tranel P J, Horvath D P J, et al. Evolution of Weediness and Invasiveness: Charting the Course for Weed Genomics. Weed Science, 2009, 57:451-462.

[35] WSSC Newsletter, 2010, 38 (1):2-8.

[36] Xu W, Tao L, Gu X, et al. Herbicidal activity of the metabolite SPRI-70014 from *Streptomyces griseolus*, Weed Science, 2009, 57:547-553.

[37] Zhang J, Burgos N, Ma K, et al. Genetic Diversity of Weedy Rice in Taizhou, Jiangsu Province, China. Rice Science, 2008, 15(4):295-302.

撰稿人:张朝贤　强　胜　李香菊　孔垂华　倪汉文　王金信
董立尧　余柳青　魏守辉　黄红娟　崔海兰

生物防治学学科发展研究

一、引　言

由于对治理环境污染和保证食品安全的社会需求日益增强，近年来，与环境友好的生物防治技术的应用得到了重视，生物防治学科迎来了发展的机遇，科技项目增多、资助强度增大，我国生物防治工作者抓住机遇、努力创新，在基础理论研究、生防产品创制、应用技术推广等方面都有新的建树。每年都有生物防治领域的项目获得国家级和省部级科技奖励。

生物防治作为植物保护的重要措施，尤其是绿色食品生产的不可缺少的植保技术，得到了国家发改委、科技部、农业部等部门的重视，在“十一五”国家科技支撑计划重大项目中，除了生物防治的专门项目“区域农业生态系统害虫生物防治关键技术与示范”外，“农林重大生物灾害防控技术”项目也专门设立有“重大病虫害生物防治技术”课题。在农业生物多样性控制病虫害和保护种质资源的原理和方法、重大农业害虫猖獗危害的机制及可持续控制的基础研究、农业转基因生物安全风险评价与控制基础研究、农林危险入侵生物种群形成与扩张的生态机制等国家重点基础研究发展规划（“973”项目）中都含有关于农业、林业害虫的寄生性天敌的研究内容。农业部还通过公益性行业（农业）科研专项经费项目，启动了以生物防治为核心技术的“生态康复型农田绿色控害技术研究”项目；在国家现代农业产业体系建设中，粮食、棉花、油料、蔬菜和水果等产业均设立了植保研究室，不同程度地开展了生物防治技术的应用。科技部 2010 年发布的征集农业领域“十二五”项目中，列出了生物农药研制和生物防治技术应用的方向，可见，我国农业发展对生物防治的需求。

近年来，生物防治科技工作者从单个天敌昆虫、单一生物农药品种的研究，拓宽到从生态系统层面上研究农林害虫生物防治关键技术集成，注意到与农业防治、化学防治、物理防治的协调综合，并进行大面积的示范和应用推广。湖南省植物保护研究所等 6 个单位完成的“南方蔬菜生产清洁化关键技术研究与应用”项目获 2009 年度国家科学技术进步二等奖，该项目创造性地提出了与我国南方蔬菜生产条件相适应，以“预防为主、防控结合，依靠生物制剂与生物肥料”为核心内容的南方蔬菜生产清洁化技术体系，该技术体系在湖南、湖北、广东、海南等南方菜区推广应用 3886 万亩。研究成果表明生物防治技术要成为实用技术，为生产采用，必须融入综合防治体系之中。

2009 年以来，病虫害生物防治学术研究保持稳定增长态势，统计《中国生物防治》、《昆虫学报》、《昆虫知识》、《植物保护》、《植物保护学报》、《环境昆虫学报》等学术期刊，以及“国家知识基础设施”（CNKI）硕博士学位论文数据库，两年来发表了 220 余篇天敌昆虫研究论文、16 篇博士学位论文、55 篇硕士学位论文，占同期发表的植保类（总论、作物病虫害、园艺病虫害、森林病虫害、有害植物及防除、各类防治方法）学术论文的 15%，统计《植物病理学报》、《中国生物防治》、《植物保护学报》、《微生物学通报》、《植物保护》等学术期刊，两年来发表了172篇植病生防研究论文，占总文章的11.6%，“国家知识基础设施”(CNKI)硕博士学位论文数据库统计，两年来植病生防博士学位论文29篇、硕士学位论文79篇，占植保类论文的17.4%。以上发表论文统计的数据说明我国生物防治学科仍是植物保护学的活跃领域。

二、害虫生物防治的研究与应用进展

(一)昆虫性信息素的研究与应用

自1959年人类鉴定出第一个鳞翅目昆虫的性信息素以来，信息素的鉴定、合成和应用研究得到了迅速发展。我国从20世纪70年代就开始了对昆虫信息化学物质研究，形成了一支高学术水平的研究队伍。近年来，由于我国昆虫学家在化学生态学，特别是在植物—昆虫—天敌三者之间的化学信息素关系、神经识别和行为调控机制等领域的突破，使得性诱和化学信息素技术在理论和应用领域都获得了长足进步。尤其是年轻学者组成的昆虫信息素公司，将实验室成果转化为信息素商品，加上农技推广部门的重视和组织示范，使得我国昆虫性信息素的生产应用达到了前所未有的规模。

1. 一批重要昆虫的性信息素和性引诱剂合成和生产应用

目前全世界鉴定和合成的昆虫性信息素及其类似物已达几千余种，国外有上百种昆虫性信息素已商品化，致力于开发性信息素的公司已超过15家。在已鉴定出来的昆虫性信息素中，鳞翅目昆虫占大多数。这些性信息素在结构上有较大的相似性，多数为长链不饱和醇、醋酸脂、醛或酮类，链长一般为10～18碳，其中以C12、C14、C16为最多。除双键外，多数在链的一端有一个功能团。

我国目前合成了一批重要昆虫的性信息素和性引诱剂，主要有粮棉害虫亚洲玉米螟(*Ostrinia furnacalis* Guenee)、二化螟(*Chilo suppressalis* Walker)、三化螟(*Tryporyza incertulas* Walker)、棉铃虫(*Helicoverpa armigera* Hubner)、稻纵卷叶螟(*Cnaphalocrocis medialis* Guenee)、大螟(*Sesamia inferens* Walker)、黏虫(*Mythimna separate* Walker)、棉红铃虫(*Pectinophora gossypiella* Saunders)；蔬菜害虫小菜蛾(*Plutella xylostella* Linnaeus)、烟青虫(*Heliothis assulta* Guenee)、茄黄斑螟(*Leucinodes orbonalis* Guenee)；甘蔗害虫二点螟(*Chilotraca inluscatellus* Snellen)、甘蔗条螟(*Chilo sacchariphagus* Bojer)、黄螟(*Tetramoera schistaceana* Snellen)、红尾白螟(*Tryporyza intaca* Snellen)；果树害虫梨小食心虫(*Grapholitha molesta* Busck)、桃小食心虫(*Carposina niponensis* Walsingham)、金纹细蛾(*Lithocolletis ringoniella* Matsumura)、苹果蠹蛾(*Laspeyresia pomonella* Linnaenus)、枣黏虫(*Ancylis sativa* Liu)；森林害虫马尾松毛虫(*Dendrolimus punctatus* Walker)、油松毛虫(*Dendrolimus tabulaeformis* Tsai et Liu)、白杨透翅蛾(*Parathrene tabaniformis* Rottenberg)、槐尺蠖(*Semiothisa cinerearia* Bremer et Grey)、松梢螟(*Dioryctria rubella* Hampson)、蒙古木蠹蛾(*Cossus mongolicus* Ersch)等；其他害虫如日本松干蚧(*Matsucoccus matsumurae* Kuwana)、甘薯小象甲(*Cylas formicarius elegantulus* Summers)、家蝇(*Musca domestica* Linnaeus)、桃蚜(*Myzus persicae* Sulzer)、柑橘小实蝇(*Bactrocera dorsalis* Hendel)、瓜实蝇(*BactTocerc cucurbitae* Coguillett)等害虫。

2. 性信息素诱芯化合物合成与纯化取得了重要突破

一般昆虫的性信息素都是多组分的,以特定的比例、浓度起引诱作用并达到种的专一性。完整的性信息素化合物组成决定诱芯的活性,如果缺失其中的一些组分,即使是极微量的,也可以显著降低其活性,甚至失去引诱作用。我国学者研究证明了同一种害虫由于长期的地理隔离,作物品种、气候条件等环境因子的差异导致昆虫在性信息素的释放量、各组成和比例产生较大的变化,同时,昆虫对信息素的化学感觉反应及其行为反应也产生变异。例如同样的豆荚螟诱芯在我国海南与上海的诱捕情况不一样;上海瓜绢螟的性诱剂用在宁波引诱作用也有明显差异,尽管这两地相距并不遥远。研究指出地理区系的差异是一个不容忽视的问题,不仅生产厂家在开发产品中要注意,推广单位也应认真做好试验示范,为本地区特定地理环境、害虫发生与作物分布选择合适的产品和技术。

3. 诱芯剂型、稳定剂、缓释剂深度改进

除了在诱芯化合物合成与纯化方面取得了重要突破外,在诱芯剂型、稳定剂、缓释剂等方面,我国科技工作者也做了大量的探索工作,取得了一定程度的技术突破,促进了昆虫性信息素的商品化进程。

人工合成的昆虫信息素多数为具有特殊气味的油状液体,在田间使用时必须选择适当的载体,制成一定的剂型。用作载体的物质,既不能与信息素发生化学反应,不促使信息素发生异构化,又要载体物质对所含信息素有一定结合力,使其在田间缓慢释放,达到预期效果。我国常用的有以天然橡胶为载体制成的小橡胶帽诱芯、用聚乙烯制成的塑料管诱芯和用人工固化硅橡胶制成的硅橡胶块诱芯,用于迷向法防治的有开口纤维剂型、塑料膜片、夹层塑囊剂型以及微胶囊剂型等。2008 年以来,通过引进国外先进智力成果项目的支持,也从国外引进了先进的诱芯保护技术,通过消化吸收,现已形成有自主知识产权的昆虫性信息素产品。

在利用化学信息素进行预测预报和防治技术中,诱捕器起着非常关键的作用。由于不同害虫的行为习性、飞行方式和轨迹不一样,需要设计不同的诱捕器构造,以适应诱捕不同的昆虫。有效的诱芯引诱目标害虫至诱芯的附近,至于是否进入并停留在诱捕器中,或逃逸,则决定于诱捕器的设计。我国学者对诱杀的目标害虫的行为开展了深入的研究,据此,研制成了多种诱捕器,提高了诱杀效果。现在已开发出适于美国白蛾等食叶类害虫的桶式诱捕器、适于蛾类害虫的广谱性水盆诱捕器、适于茶园及蔬菜小蛾类害虫的三角形诱捕器、适于甜菜夜蛾和斜纹夜蛾的干式诱捕器、适于大蛾类害虫的船型诱捕器等等,产品质量也日渐提升。在配套应用技术方面,无论是单纯的诱杀,还是监测预警,利用昆虫性信息素的配套技术多样化、轻简实用化,使信息素成为生产所接受的植保产品。

4. 昆虫信息素在我国已成为商品大量应用

近年来,多个集科研、开发、生产、推广、销售、培训、技术指导于一体的昆虫信息素生物技术有限公司与各地农技、植保系统的合作,在蔬菜、果树、水稻(二化螟)、烟草、茶叶害虫的性诱防治和测报上推广较快，取得了较好的应用效果。

在蔬菜害虫防治方面，开发出斜纹夜蛾、甜菜夜蛾、小菜蛾等蔬菜害虫的高质量防治诱芯商品，利用诱芯在田间设置一定数量的诱捕器来大量诱杀田间成虫（雄蛾），在广西贺州市开展的试验表明每个诱捕器旬诱小菜蛾量平均为 1809 头，诱杀效果极为显著；在上海市宝山区利用诱芯防治甜菜夜蛾和斜纹夜蛾，单个诱捕器旬诱杀甜菜夜蛾 331 头，诱杀斜纹夜蛾 572 头，害虫数量仅是对照区的四分之一，应用效果显著。

在果树害虫防治方面，利用性信息素诱杀，每亩释放 5～10 个诱捕器时，辽宁省瓦房店市应用结果表明苹果园可减少用药 2～3 次，桃园和梨园减少用药 3～4 次；园区内桃小食心虫的虫果率减少 54.5%，苹果、桃的苹小卷叶蛾虫叶率减少 49.2%、40.3%；桃、梨的梨小食心虫虫梢率减少 59.1%、65.6%。

5. 性诱剂监控已成为我国重大农业害虫技术集成的必要技术

利用性诱剂监测技术，能针对性地监测害虫种群动态，提高预测预报准确性，为科学用药提供技术保证。该项技术近年来作为国家重点农业推广技术内容之一，在我国得到了大规模应用。统计显示 2005～2009 年间，我国在 32 个省（自治区、直辖市）62 个县共建立了 260 多个性诱剂监控技术试验示范点，防治对象涉及蔬菜、果树、水稻、玉米、小麦、大豆等作物上的 20 余种害虫。性诱剂配比、诱捕器设计、诱芯质量、释放材料、诱捕效率等性诱剂关键应用技术不断创新和提高，在全国建立了性诱剂监控技术在蔬菜、果树、水稻、玉米、棉花上的应用技术模式，针对区域、作物和害虫的差异，形成了多种应用技术体系。截至 2009 年年底，全国 32 个省（自治区、直辖市）性诱剂累计推广应用面积达 80 多万 hm^2，应用区内，平均防治效果达 50%～80%，每生长季减少化学农药使用 2～3 次，减少农药使用量 30%以上，每亩使用成本比化学防治区节省 30 元以上①。

（二）植物—植食者—寄生性天敌相互调控研究

1. 寄生蜂克服寄主的免疫系统、调节寄主生长发育机制

近年来，浙江大学、河南农业大学、中国科学院动物研究所等研究机构的学者开展了寄生蜂寄生机理研究，并取得了较重要的研究成果。研究对象包括菜蛾盘绒茧蜂、半闭弯尾姬蜂、烟蚜茧蜂、棉铃虫齿唇姬蜂、中红侧沟茧蜂等重要的容性寄生蜂，重点进行了多分 DNA 病毒、毒液和畸形细胞等寄生因子在抑制宿主免疫系统的攻击、调节宿主的生长发育、保证寄生蜂成功寄生的过程中影响的研究。

容性寄生蜂是指寄主被寄生后仍能保持生长的一类寄生蜂，这类寄生蜂通过其独特的畸形细胞、毒液蛋白及毒液中的多分 DNA 病毒等协同寄生因子调控寄主免疫系统和生理活动，影响寄主的正常变态，并与寄主协同发育直至成虫阶段。容性寄生蜂协同寄生因子及其对寄主调控研究也是当前国际生防领域的研究热点之一，我国目前主要集中在寄生蜂畸形细胞和多分 DNA 病毒研究。

① 数据来源：全国农业技术推广服务中心，重大农业害虫性诱剂监控技术国际研讨会，广西南宁，2009 年。

寄生蜂畸形细胞是在一些膜翅目寄生蜂孵化过程中，胚胎的外胚膜即浆膜在分离时变成一类大型特殊类群的细胞，该细胞除供给幼蜂直接的营养来源外，还能抑制寄主主要组织的蛋白合成，调节寄主代谢途径，迫使寄主营养发生转向，间接满足幼蜂生长和发育对营养的需求。在进行畸形细胞研究的主要寄生蜂种类中，如毁侧沟茧蜂、红足侧沟茧蜂、黑头折脉茧蜂、黏虫绒茧蜂、集聚绒茧蜂、甲腹茧蜂、菜粉蝶绒茧蜂(*Cotesio glomerata*)、蚜茧蜂(*Aphidius ervi*)和中红侧沟茧蜂(*Microplitis mediator*)等都同时拥有多分DNA病毒(PDV)和毒液。一方面说明，畸形细胞的存在须有PDV和毒液作为前提；另一方面也表明，有畸形细胞的寄生蜂种类可能代表着膜翅目昆虫进化中较高的类群。因此，研究畸形细胞的意义不仅仅局限于对细胞功能的阐述以及为寄生蜂的繁殖利用和害虫防治提供依据，同时也可作为反映寄主—寄生蜂协同进化的尺度。我国学者近年来研究了菜蛾盘绒茧蜂的主要寄生因子(多分DNA病毒、毒液和畸形细胞)对寄主小菜蛾生长和发育的影响。通过利用结合假寄生和过寄生方法，证明寄生蜂寄生因子对寄主生长和发育有明显的影响。结果显示，假寄生初期，寄主体重降低；但到后期，当未寄生寄主正常化蛹后，假寄生寄主继续取食、发育，寄主末龄幼虫期显著延长，不能化蛹，成为超重幼虫，最大体重可达10.52mg。正常寄生后，寄主的发育与未寄生寄主相比，始终处于抑制状态。过寄生对寄主生长、发育的抑制程度加剧。研究结果表明，假寄生与正常寄生后寄主的生长和发育有明显差异，这种差异的部分原因可能是由畸形细胞引起的。

2. 寄生蜂多分DNA病毒基因功能

多分DNA病毒(Poly-DNA-virus，PDV)是一类病毒颗粒，内有多条双链环状超螺旋的DNA分子，一般为20～30条，且具有特殊的生活史。已知PDV在寄生蜂雌蜂的卵巢萼上皮细胞内进行复制，并在寄生蜂寄生过程中以原病毒的方式垂直传播给后代。PDV在寄主体内虽不能复制但具有转录活性，能抑制寄主的免疫反应，调控寄主的生长发育并影响其营养水平。PDV对寄主的生理影响是多方面的，如可引起寄主对寄生蜂卵/幼虫的免疫反应大大降低、寄主免疫反应普遍降低、抑制寄主血淋巴酚氧化酶活性、阻止血细胞形状改变、减少血细胞数量、细胞程序化死亡、与细菌结合可引起寄主死亡、前胸腺退化、生长阻拟肽含量增加、减慢或阻止生长、生理和内分泌的变化、提早变态、抑制保幼激素酯酶的活性、睾丸生长受到限制等等。目前所知PDV编码的蛋白主要有两类：一类用于组装病毒粒子的结构蛋白；另一类用来调节PDV基因组复制及寄主生理的功能蛋白。由于PDV同时具有共生物和病原体的双重功能，故已成为昆虫生理学及病毒学的热点，从细胞及分子水平探究其功能并进行改造利用，20世纪90年代初就成功地组建了包含索诺齿唇姬蜂多分DNA病毒基因的重组杆状病毒，该重组病毒能使寄主血细胞包囊作用明显减弱，从而导致寄主免疫功能下降。我国学者对菜蛾盘绒茧蜂(*Cotesia plutellae*)等寄生蜂多分DNA病毒的特性及其对寄主小菜蛾幼虫的生理效应的研究表明，菜蛾盘绒茧蜂雌蜂输卵管萼中含有大量的多分DNA病毒；雌蜂经Co^{60}辐射处理后再寄生(即假寄生)小菜蛾2龄、3龄和4龄初期的幼虫，被寄生后的寄主幼虫几乎全部不能化蛹，但末龄(即4龄)幼虫期显著延长，假寄生与正常寄生后寄主的脂肪体数量和形态结构有明显的不同，推测在正常寄生的情况下蜂卵孵化时释放的畸形细胞及随后的幼蜂可能对脂肪体的结构产生了作用。目前一些实验室已构建了cDNA文库来筛选PDV特异性表达基

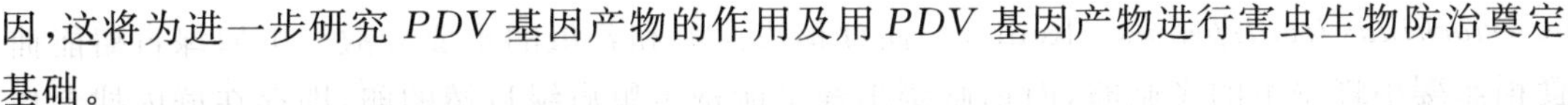

因,这将为进一步研究 *PDV* 基因产物的作用及用 *PDV* 基因产物进行害虫生物防治奠定基础。

3. 植食者诱导的植物挥发性物质对寄生性天敌的行为影响

植物在与植食性昆虫长期的协同进化过程中形成了一系列的抗虫性,主要可分为直接抗虫性与间接抗虫性两大类。在植食性昆虫诱导的间接抗虫性中,植物挥发性物质发挥着重要的作用,是联系植物—寄主—天敌三重营养关系的桥梁和纽带。近年来,我国已在植食者诱导的植物挥发性物质对寄生性天敌的行为调控方面取得了诸多进展。

(1)寄生性天敌可利用相同或相近的挥发物谱对不同的植食者进行寄主定位。王琛柱实验室以烟草—棉铃虫(*Helicoverpa armigera*)、烟青虫(*Helicoverpa assulta*)—棉铃虫齿唇姬蜂(*Campoletis chlorideae*)研究了两种近缘种昆虫诱导的植物挥发物对其相同的寄生蜂行为的影响,发现棉铃虫和烟青虫取食诱导的烟草挥发物可有效吸引棉铃虫齿唇姬蜂,而对两者取食诱导的烟草挥发物比较发现仅在个别微量成分(β-蒎烯)上存在差异,推测广食性的棉铃虫齿唇姬蜂利用两种昆虫取食诱导的烟草挥发物中的某些共同组分作为寻找和定位寄主的信号。同样的,离潜蝇茧蜂(*Opinus dissitus*)对美洲斑潜蝇(*Liriomyza sativae*)和南美斑潜蝇(*Liriomyza huidobrensis*)的寄主定位也可能采用类似的机制,这两种潜蝇取食菜豆(*Phaseolus vulgaris* L.)的释放挥发物无质的区别,并且用气相—触角电位联 GC-EAD 分析离潜蝇茧蜂(*Opinus dissitus*)触角对两者取食诱导菜豆释放的挥发物刺激活性所获得谱带也极为一致。

(2)植食性昆虫诱导与机械损伤诱导组分存在差异。顺-3-已烯醛只在被棉铃虫、烟青虫取食烟草诱导释放而不被机械损伤处理诱导,推测其可能是棉铃虫齿唇姬蜂区分机械损伤与寄主取食的关键因子。Y 型嗅觉仪测定棉铃虫取食现蕾期棉花植物对其寄生蜂中红侧沟茧蜂(*Microplitis mediator*)有显著的引诱作用,而机械损伤处理没有明显的引诱作用,说明棉铃虫取食为害与机械损伤处理诱导棉花释放的挥发物存在差异;比较其挥发物组分发现,棉铃虫处理的棉花中 β-月桂烯、β-蒎烯、α-蒎烯的含量明显增加。美洲斑潜蝇和南美斑潜蝇取食诱导的菜豆挥发物也与机械损伤处理诱导的挥发物存在显著差异,机械损伤处理的菜豆释放较高比例的绿叶性气味(GLV),而两种潜蝇为害诱导的菜豆挥发物更多的为萜类化合物和肟类化合物。

(3)寄生性天敌可能利用某一类挥发物进行寄主定位型。桑天牛长尾啮小蜂(*Aprostocetus fukutai*)是蛀干害虫桑天牛(*Apriona gemari*)重要的卵期寄生蜂。李继泉实验室 2007 年研究表明,桑天牛咬食、产卵处理、健康对照桑枝对桑天牛长尾啮小蜂都具有显著的引诱作用,而咬食桑枝和蚕卵桑枝的引诱活性高于正常桑枝;挥发物分析发现,咬食桑枝与产卵桑枝挥发物主要为萜烯类物质,而健康桑枝主要为酯类物质,说明桑天牛长尾啮小蜂可能主要利用萜烯类挥发物进行寄主搜索和定位,而酯类物质可能起的作用较小。在对棉铃虫齿唇姬蜂对化合物的触角电位 EAG 反应的研究也发现类似的现象,棉铃虫齿唇姬蜂对 C5～C7 脂肪醇的 EAG 反应最强,碳链延长或缩短都将导致反应的降低,而对萜烯的反应很低,但对氧化萜的反应又较高。

(4)植食者诱导的挥发物调控寄生性天敌与捕食性天敌间的相互作用。稻虱缨小蜂(*Angrus nilaparvatae* Pang & Wang)是稻飞虱卵期的重要寄生性天敌,黑肩绿盲蝽

[*Cyrtorhinus lividipennis* (Reuter)]捕食稻飞虱卵和若虫的重要天敌。黑肩绿盲蝽能捕食稻虱缨小蜂寄生的飞虱卵,而稻虱缨小蜂又能寄生黑肩绿盲蝽的卵,即存在群内捕食作用。黑肩绿盲蝽明显趋向"稻苗+飞虱雌成虫+稻虱缨小蜂"复合体的挥发物,可见,黑肩绿盲蝽可通过挥发物的差异来识别健康飞虱卵和寄生卵。而稻虱缨小蜂则对"稻苗+飞虱雌成虫(若虫)+黑肩绿盲蝽"复合体气味源无明显的选择性。

(5)寄生性天敌寄主定位受植食者为害程度、植物品种、不同生育期等的影响。稻虱缨小蜂对褐飞虱不同为害程度的水稻挥发物的应答存在明显的差异,受褐飞虱雌成虫10头和20头/株处理的水稻释放的挥发物对稻虱缨小蜂具明显的引诱作用,而1头/株、5头/株、40头/株和80头/株处理的水稻与空白对照相比无明显的引诱作用。生育期60天比生育期90天的水稻(TN1)在同受稻飞虱为害后,稻虱缨小蜂明显的选择前者,说明昆虫为害不同生育期的植物释放的挥发物对其天敌的寄主定位存在差异。同种植物的不同品种也对寄生性天敌的寄主搜索产生影响,在受到褐飞虱为害后,水稻汕优63比TN1对稻虱缨小蜂的引诱作用更强,而Nabeshi、IR26和丙97-59等品种对稻虱缨小蜂的引诱作用则明显弱于TN1。有学者报道了7种南美斑潜蝇寄主或非寄主植物都能释放(Z)-3-hexenol等挥发物,但仅仅依赖(Z)-3-hexenol南美斑潜蝇的寄生蜂离潜蝇茧蜂即能有效地对其在不同寄主植物上进行定位;这说明广谱性寄生蜂适应了最保守的三营养层链的进化。董文霞等则报道了不同龄期的中红侧沟茧蜂对烟草挥发物的响应变化,如其对顺-3-己烯醇的触角电位反应随日龄的增加而变化,这与该蜂产卵习性相符。此外,最近的研究表明,三级营养层链中处营养层最高层的寄生蜂行为节律受植食者诱导的植物挥发物释放有规则释放的调控,而这种调控受光周期的制约,其主要表现在自然光周期下寄生蜂可以利用植食者为害的植物挥发物释放的节律差异进行寄主定位和产卵时期选择。

(6)植食者诱导的植物挥发性物质涉及的信号途径。褐飞虱为害可以系统性地诱导水稻挥发物的释放,并且这些挥发物对褐飞虱卵期的重要寄生蜂稻虱缨小蜂具明显的引诱作用。娄永根实验室对褐飞虱诱导的水稻挥发物释放涉及的水稻信号转导途径进行的研究表明,水杨酸信号转导途径参与了褐飞虱为害诱导的水稻挥发物的释放,而过氧化氢信号转导途径在其中的作用可能相对较小。褐飞虱为害能迅速地导致水稻体内水杨酸和过氧化氢含量的上升,水稻生理浓度范围内的水杨酸处理能诱导水稻释放引诱稻虱缨小蜂的挥发物,而过氧化氢则只有在远高于水稻生理浓度时才能诱导,但是水杨酸处理和过氧化氢处理的稻株挥发物对寄生蜂的引诱作用要弱于褐飞虱为害的稻株,并且挥发物组成方面也存在差异。这也表明,褐飞虱为害诱导的挥发物释放除了水杨酸信号途径外,还可能涉及其他的信号转导途径。鲁玉杰等学者研究证实乙烯信号转导途径在褐飞虱为害诱导的水稻挥发物释放中是必需的。褐飞虱为害导致水稻体内乙烯的积累,而用乙烯发生剂处理水稻释放与褐飞虱为害株相类似的挥发物组分;此外,用乙烯受体抑制剂处理水稻,不仅明显抑制褐飞虱诱导的大部分挥发物组分,并且显著削弱对稻虱缨小蜂的引诱作用。

(三)天敌昆虫营养及发育调控技术研究

制约天敌昆虫大规模扩繁的主导因子有二:一是传统的"播种植物—接上害虫—接入

天敌”模式耗费大量人工、物力、空间和时间，成本太高；二是尚不能控制天敌昆虫的发育进程，天敌产品发育进度不一，也难于长期贮存。为了突破天敌昆虫大规模扩繁的这一技术瓶颈，国内外本领域学者近年来特别注重天敌昆虫营养利用与发育调控研究，为探索用人工饲料饲养天敌昆虫的技术路线的建立奠定了基础。

1. 天敌昆虫人工饲料进展

人工饲料是资源昆虫繁育、生产的重要条件。它可以打破寄主限制，降低昆虫饲养成本，有效控制商品虫生长发育整齐度。人工饲料研究涉及人工饲料配方、剂型及加工工艺。

天敌昆虫人工饲料配方的基础成分是蛋白质、碳水化合物和脂肪，以蛋白质来源差异较大，影响也较大，故此蛋白质来源、取食刺激物以及饲料的物理性状是研究的重点和难点。中国农业科学院植保所、河南省农业科学院植保所、华中农业大学、华东师范大学等研究机构的学者开展了大草蛉、日本通草蛉、异色瓢虫、龟纹瓢虫、红点唇瓢虫、六斑月瓢虫、南方小花蝽等捕食性天敌昆虫的人工饲料研究。大草蛉人工饲料以脱脂蝇蛆粉为基础成分，辅以蝇蛆匀浆液、全脂蝇蛆粉、脱脂蝇蛆粉、酵母粉、猪肝等开展优化筛选，添加生鸡蛋黄、蔗糖、氨基酸等辅剂，采用胶囊法配制半流体人工饲料饲养，幼虫存活率可达96.7%、羽化率65.5%、幼虫发育历期、蛹重等关键指标与利用蚜虫饲喂的无显著性差异，并连续培养10代以上 。龟纹瓢虫幼虫人工饲料以蝇蛆和黄粉虫蛹作为外源动物蛋白，辅以脱脂粉、酵母抽提物、蔗糖和橄榄油，在幼虫历期、幼虫存活率、蛹历期、羽化率、成虫体重、成虫获得率等评价指标方面，与利用蚜虫饲喂的差异不大或不显著，繁育的瓢虫幼虫对蚜虫、粉虱的攻击率与对照无显著差异。南方小花蝽人工饲料用液体人工饲料连续两代饲养南方小花蝽若虫和成虫，若虫历期与对照之间不存在显著差异，取食人工饲料的南方小花蝽成虫在产卵前期、产卵量及寿命方面与对照组都没有显著差异，研究表明液体人工饲料也可以很好地满足南方小花蝽成虫生殖发育的营养要求。此外，天敌昆虫人工饲料剂型，包括胶体、流体、固体、糊状饲料等，在不同天敌昆虫类群中得到了应用。

2. 天敌昆虫滞育调控技术研究

天敌昆虫产品扩繁周期较长，产品的存活期则较短，天敌昆虫有效控制目标害虫的释放时间很局限，由于天敌昆虫产品出厂时间很难与害虫发生期完全吻合，因此调控天敌昆虫的发育进度是天敌商品化的关键技术之一。许多天敌昆虫在发育过程中，具有特定的环境刺激时终止发育、并可在其他特定刺激后继续发育的滞育特性，可以利用昆虫本身固有的这一滞育遗传性能实现对天敌昆虫产品发育进度的调控。滞育调控技术已成为天敌昆虫生产的核心技术之一。此外，开展天敌昆虫滞育的研究，也有助于掌握天敌昆虫的发育特点与发生动态，提高害虫防治效率，有助于加深对天敌昆虫发育机制的认识，探寻昆虫对环境适应机制及进化途径。因此，滞育调控及滞育机理研究也一直是昆虫学研究的一个重要领域。

近年来，江西农业大学、中山大学、华中农业大学、中国农业科学院植保所、河北省农业科学院旱作所、吉林农业科学院植保所等研究机构的学者开展了昆虫滞育研究，天敌昆虫类群有中华通草蛉(*Chrysopa sinica*)、玉米螟赤眼蜂(*Trichogramma ostriniae*)、菜蛾盘绒茧蜂(*Cotesia vestalis*)和烟蚜茧蜂(*Aphidius gifuensis*)等。研究内容主要集中在研究环境因子与昆虫滞育的影响;分析滞育期间昆虫的生理生化特点;研究滞育激素和滞育关联蛋白等,探索滞育发生的机制。其中,赤眼蜂滞育调控研究开展得较早,技术手段较为成熟,通过光周期、温度等环境因子调控,松毛虫赤眼蜂、玉米螟赤眼蜂、甘蓝夜蛾赤眼蜂诱导天敌昆虫进入滞育。如采用变温和恒温方法均能诱导甘蓝夜蛾赤眼蜂滞育,在11℃恒温诱导卵期和前期幼虫赤眼蜂30天滞育率分别达到84%和82.5%;10℃恒温诱导前期幼虫和中期幼虫赤眼蜂30天,滞育率达到92.5%;23~15℃和23~11℃变温可诱导广赤眼蜂进入滞育,滞育率分别达71.67%和92.16%;利用16~25℃与7℃、16~19℃与10℃和19~4℃等多个变温组合能引起松毛虫赤眼蜂的滞育,滞育率可达69.4%~90.6%;12.5℃和15℃是引起暗黑赤眼蜂、广赤眼蜂、食胚赤眼蜂滞育的关键温度;15℃恒温可以稳定诱导微小赤眼蜂和广赤眼蜂进入滞育,滞育率在91%以上。

三、植物病害生物防治的研究与应用进展

(一)生物农药的新资源海洋微生物

国内外对海洋微生物资源研究与开发的时间较晚,在Burkholder等人于1966年从海洋假单孢菌(*Pseudomonas* sp.)分离得到抗生素吡咯尼林(Pyrrolnitrin)以后,科学界才开始从海洋微生物中寻找新的抗菌、抗癌物质进行研究。海洋微生物具有耐盐、易产生与陆地微生物不同代谢产物的特点,是开发防治难治病害及盐渍地病害微生物农药的最佳选择。施于土壤中的微生物农药起作用的一个前提条件是微生物在土壤中可存活、定植和繁殖,而盐渍化土壤中的盐度高,一般的陆地微生物在其中难以存活、定植和繁殖,因此其防病作用的发挥将受很大影响。海洋微生物的强耐盐碱特性使其在开发防治盐渍地植物土传病害的微生物农药或微生物肥料(施于植物根部)领域具有独特的优势。迄今为止,国内外所应用的微生物农药中所用菌株均为陆地微生物,尚无利用海洋微生物创制微生物农药的报道。

继医药海洋微生物的研究开发之后,我国已有一支科学家队伍开始了海洋微生物农药的研究。

1. 首个利用海洋微生物创制的农药——10亿CFU/g海洋芽孢杆菌可湿性粉剂

上海泽元海洋生物技术有限公司与华东理工大学生物反应器工程国家重点实验室及国家海洋局第一海洋研究所合作,在国家"十一五"海洋"863"计划重点项目课题(2007AA091507)支持下,从渤海潮间带植物盐地碱蓬根内分离到1株海洋芽孢杆菌B-9987(*Bacillus marinus*,CGMCC号:2095),经室内测定表明该菌具有较广的抑菌谱。盆栽试验结果表明,B-9987对番茄青枯病、黄瓜灰霉病防效明显,施用菌剂半个月对番茄青枯病的病指防效为84.35%,施用菌剂7天对黄瓜灰霉病的防效为78.42%。

现已用B-9987创制出首个海洋微生物农药——10亿CFU/g海洋芽孢杆菌可湿性

粉剂(简称海洋 WP)(中国专利公开号 CN101331881A),并建立了中试生产线。该药剂为微毒类农药,正在申请田间试验批文,有望成为国内外首个商业化的海洋微生物农药。田间试验结果表明,发病初期开始用 10 亿 CFU/g 海洋芽孢杆菌 WP 对番茄青枯病、辣椒疫病、西瓜(甜瓜)枯萎病和炭疽病、黄瓜细菌性角斑病等土传病害和叶面病害均有良好的防效作用。用 680g/亩海洋 WP 对番茄在浸种时、育苗中期、移栽期、发病初期进行处理预防青枯病,发病末期防效可达 84.43%。

对该菌剂进行了初步防治机制的研究,结果表明 B-9987 主要通过位点竞争、拮抗作用和诱导抗病性等三大机制达到防治病害的目的。目前已从 B-9987 发酵液中分离到有较好抑菌活性的 7 个多稀大环内酯类化合物(其中 3 个为新结构化合物)和 3 个新结构环脂肽类化合物(中国发明专利公开号 CN101333206A,中国发明专利申请号 200910198837.8、200910198819.2、201019063051.8)。

2. *海洋微生物资源的利用研究活跃*

中国科学院沈阳应用生态研究所、华东理工大学、国家海洋局第一海洋研究所、中山大学生命科学学院等都有从事海洋微生物资源农业利用高水平的研究团队。胡江春团队挖掘出海洋放线菌 MB-97、海洋细菌 BAC-9912、繁茂膜海绵微生物等防治植物病害的功能,并发现丰富的海洋微生物脂肽是生物农药研发的新源泉,他们发现海泥的地衣芽孢杆菌 BAC-9912 控制真菌病原菌病害的主要活性物质为脂肽,分离鉴定出其中一个活性组分为 surfactins 系列化合物,为 7 个氨基酸的环脂肽。此菌与华北制药集团爱诺有限公司联合开发为生物农药宁康霉素。

香港城市大学 Vrijmoed 教授等从红树林分离出的内生真菌(*Fusarium proliferatem* No 1403),由中山大学林永成从菌中分离出多种蒽醌类抗生素,表现出对香蕉枯萎病较高的控制效果。

海洋芽孢杆菌(*Bacillus subtilis*)3728、3512、海洋木霉(*Trichoderma* sp.)TF4 和少量白三叶草(*Trrifolium repens*)制成海洋微生物复合制剂,对当年生桉树人工林进行了生物调控试验,结果表明:海洋微生物复合制剂对土壤微生物数量和群落结构具有调节作用;曲霉、木霉、毛霉等与纤维素分解相关的真菌数量增加,镰刀菌数量减少,细菌数量比对照增加 1.0 倍,其中枯草芽孢杆菌增加 2.02 倍,蜡样芽孢杆菌增加 1.18 倍;放线菌数量增加 0.3 倍;土壤有机质含量、铵态氮含量和速效磷含量增加,土壤中蔗糖酶、蛋白酶、脲酶的活性显著提高;施用 180 天后测定桉树树高和胸径变化,树高净增加量比对照高 12.6%,表明海洋微生物复合制剂作为生物调控剂对桉树生长具有一定的促进作用。

(二)木霉菌的多功能性研究与开发

在众多生物防治的微生物中,木霉菌以其分布的广泛性和作用的多样性成为人们开发新型生物防治菌剂及环境生物修复剂的重要资源微生物。由于木霉菌具有与植物形成共生体(symbiont)的特点,可与宿主植物形成相当稳定的互作关系,从而促进植物生长、提高植物对病害的抗性和对干旱、盐害等的抗逆性;还可直接吸附土壤内的重金属、降解农田土壤中有机磷农药、氰化物、酚类物质等农化物质残留和秸秆残体、提高土壤内营养的解磷、解钾作用的有效性,因此木霉菌的研究与开发正在向多功能性方向发展。

1. 木霉菌的研究与开发得到重视

近年来木霉菌作为一种经典的生物防治微生物研究与开发不断深化，在国家高技术发展计划(863)重大项目(农作物重大病害多功能广谱生防菌剂研究和创制)、国家公益性行业(农业)科研专项(生物源农药创制与技术集成及产业化开发)均将木霉菌列入重要研究与开发对象。此外，在农产品生境控制领域，“木霉菌—油菜联合代谢作用控制农业土壤重金属污染机理与关键技术”也被列入国家高技术发展计划(863)的目标探索类项目，各省、市政府也有一批木霉菌剂开发的项目列入重点攻关项目，反映出我国对这一领域的重视。目前我国木霉菌生物农药登记已有 6 种。我国在木霉菌领域近年来在生防木霉菌资源库、多功能木霉菌剂创制，生防木霉菌分子改良与工程菌构建，木霉菌功能基因挖掘、木霉菌诱导植物免疫机理以及生防木霉菌应用技术和制剂产业化等方面取得了明显进展，部分研究已达到或接近国际水平。

近年来利用木霉菌剂包衣或浸作物种子或灌根在防治土传病害的同时，诱导作物对黄瓜白粉病、番茄灰霉病、玉米炭疽病、大斑病及弯孢霉叶斑病、棉花炭疽病等叶斑类病害的抗性研究也相当活跃，研究木霉菌在诱导植物免疫反应机理已成为国际生防学术界的热点，尤其关于诱导植物免疫反应的信号转导途径、激发子与受体作用方式、基因调控网络等方面引起人们高度关注，成为国际上研究生防微生物 MAMPs(微生物相关分子模式)作用机理的重要切入点。

2. 双价木霉工程菌构建成功

为了获得兼治病虫的双价木霉工程菌，上海交通大学陈捷教授团队将绿僵菌的几丁质酶基因(*chit*42)、蛋白质酶基因(*pr*1)成功转化木霉菌，转化子对玉米螟幼虫的致死率明显高于绿僵菌。与绿僵菌对照相比，转基因木霉饲喂 1～2 龄幼虫校正死亡率提高 6 倍，幼虫体重明显下降。与野生木霉菌相比，转化子饲喂处理 3～4 龄幼虫体重抑制率提高 4.56%。转化 5 种几丁质结合域的基因，其中转化黑腹果蝇(*Drosophila melanogaster*)围食膜几丁质结合域(DmChBD)效果最明显，与仅转化 *chit*42 的相比，提高几丁质酶活性 18 倍。电镜观察表明：转化子处理的玉米螟幼虫中肠细胞的杯状细胞变大，微绒毛明显脱落。目前正在开展转化子处理后幼虫差异蛋白质组学的研究。转绿僵菌基因的木霉菌今后有望在兼治地下害虫或与玉米螟为害相关的穗腐病中发挥作用。

3. 环境生物修复功能木霉菌的开发

木霉菌除具有防治病害和促进作物生长的功能外，还具有显著的环境生物修复功能。山东科学院杨合同研究员和上海交通大学陈捷教授团队在这一领域做了大量工作。杨合同研究员团队和陈捷团队已筛选出一批具有解磷作用(磷酸钙)、解钾的木霉菌株。上海交通大学陈捷教授团队成功开发出木霉菌—油菜联合吸附土壤超量重金属(Cd^{2+}、Cu^{2+}、Zn^{2+})的土壤修复技术。上述成果均为国内外首次报道。鉴定出敌敌畏和 Cd 胁迫下木霉菌特异应答蛋白质组图谱和蛋白质种类，通过木霉菌 ATMT 突变株证明了生物矿化作用是木霉菌降解敌敌畏的主要机制。上海交通大学等单位通过分子改良木霉菌提高其降解作物残体纤维素组分的活性也有一些研究。

在上海崇明现代农业园、浦东浦南园艺场、前卫村连续 3 年基点示范表明：多功能木霉剂应用后速效钾提高5%～11%、有效磷增加1倍，木霉菌处理的盐渍化土壤pH值从8.29降为7.03，土壤电导率从758.0降到280.3(μS/cm)，全盐量下降26%～47%，番茄增产均在12%以上，西瓜中心糖度增加11%，边缘糖度增加31%。目前该菌剂已为崇明现代农业园区盐渍化土壤上育苗的土壤处理剂，对甘蓝、花菜、瓜类等恢复正常生长，对保育土地资源具有重要意义。

4. 木霉菌基因资源利用

新疆农业大学李莉等(2005年)利用木霉菌几丁质酶基因成功转化棉花，提高了棉花对黄萎病的抗性。浙江大学徐同教授团队将T22的*Chit42*基因转化水稻，获得对水稻纹枯病的抗性工程植株。上海交通大学陈捷教授团队已将木霉菌几丁质酶基因*chit42*和*chit33*、*sm1*成功转化链霉菌获得了兼有抗生作用和诱导抗性功能的工程菌。哈尔滨工业大学杨谦教授团队利用木霉菌基因转化酿酒酵母菌(*Saccharomyces cerevisiae* Hansen)，进而提高了酵母菌内切葡聚糖酶活性，为生物能源开发提供了新资源。

5. 木霉菌的制剂生产工艺得到优化

上海交通大学、沈阳农业大学通过优化发酵工艺形成了诱发木霉菌产生厚垣孢子专利技术，上海交通大学已在300L中试发酵水平上大量诱导厚垣孢子的工艺方面取得成功，该发酵工艺的发明对木霉菌的扩大生产与应用具有重要的技术支撑作用。在木霉菌剂加工方面，沈阳农业大学和上海交通大学联合开发出木霉菌分生孢子粉尘剂，获得国家发明专利，提高了木霉菌菌剂对叶部病害的防效。中国农业科学院植保所蒋细良研究员团队近年也开展了木霉菌高产厚垣孢子发酵工艺的研究。

四、生物防治学学科国内外研究进展比较

1. 我国的寄生蜂功能基因组研究还有待加强

国外一直重视寄生蜂防御寄主免疫与调控寄主发育机理的研究，特别是研究寄生蜂有关寄生因子如多分DNA病毒等有关功能基因及其生理功能的研究，目前已经完成了盘绒茧蜂(*Cotesia congregate*)、埃及黏虫侧沟茧蜂(*Microplitis demolitor*)、索诺拉毁螟姬蜂(*Campoletis sonorensis*)、天幕毛虫镶颚姬蜂(*Hyposoter fugitives*)、薄姬蜂(*Tranosema rostrale*)和云山卷蛾雕背姬蜂(*Glypta fumiferanae*)等寄生蜂*PDV*基因组测序和有关功能的研究，也完成了包括金小蜂属3种金小蜂(*Nasonia vitripennis*、*N. giraulti*、*N. longicornis*)基因组的测序工作，也基本明确了丽蝇蛹集金小蜂毒液组成与功能。相比之下，尽管我国在小菜蛾盘绒茧蜂PDV和蝶蛹金小蜂毒液组成与功能方面有不少研究，但在功能基因组研究方面还有待加强。

在寄生蜂识别行为机理方面国外研究多关注于信息物质与化学感器受体的互作研究，这方面国内工作也有待加强。

2. 昆虫信息素的基础研究与发达国家比有较大差距

近年来由于重视了科研、开发、生产、推广、销售、培训、技术指导于一体的工作模式，并注意了改进诱芯化合物和合成、纯化、释放、稳定剂的保护、诱捕器的设计等产品质量和

技术。各级农技人员对性诱剂的认识、使用技术掌握，都有了快速的提高，使重要害虫的性诱剂应用得到普及。但由于我国昆虫化学生态学基本为跟踪国外的进展开展研究，总体来说，化学生态学的各个方面都与国外有很大的差距。在性诱剂方面主要表现在诱芯释放材料、化合物的合成、各种应用技术的基础研究薄弱。因此，昆虫信息素的基础研究要赶上国际先进水平，仍需努力。农业部行业项目内应该设立化学生态学应用研究项目，以此吸引更多的科研人员从事昆虫化学生态学的研究。

3. 木霉菌的应用基础研究还应更加重视

我国在木霉菌领域近年来在生防木霉菌资源库、多功能木霉菌剂创制，生防木霉菌分子改良与工程菌构建，木霉菌功能基因挖掘、木霉菌诱导植物免疫机理以及生防木霉菌应用技术和制剂产业化等方面取得明显进展，部分研究已达到或接近国际水平。但还需在木霉菌激发子诱导植物免疫机理、木霉菌—植物特异互作的分子机理和木霉菌厚垣孢子产生机理的研究方面加强研究，以全面达到国际水平。

五、生物防治学科发展趋势及展望

1. 土传病害生态学研究将得到重视与发展

土传病害由于其发生环境相对稳定、相对适合微生物的定植和存活，加之目前化学药剂防治的农药残留和环境污染问题，使得大多数控制土传病害的化学农药使用受到限制，因此此类病害的生物防治技术研究被寄予了厚望。国内开展了大量的相关工作，先后研发出防治根部线虫病害和真菌病害的“淡紫拟青霉孢子粉”“植物保根菌剂”、“灭菌宁”、“灭线灵”和“枯草杆菌 G3 菌制剂”等。但由于土壤环境的复杂性，单靠某一生物制剂的施入是难以控制大多数土传病害的。因此，要将生物制剂的应用与土传病害生态学研究结合，方能最大可能发挥生物因子的控制病原菌的功能。

2. 微生物杀虫剂应用策略与效果评价理论研究将加强

由于微生物杀虫剂与化学合成农药杀虫剂控制害虫种群密度的机理不同，因此在使用和评价微生物杀虫剂时不能照搬化学农药的应用策略与效果评价理论，否则微生物杀虫剂也会进入误区，无法在生产中生存、发展。

有必要重视下列研究的开展：

(1)微生物杀虫剂的应用策略制定应以目标害虫的流行病学和生态学为基础，研究通过调控寄主和环境，建立符合微生物杀虫剂特点的使用技术，为摒弃当前淹没式单因子策略寻找科学依据。

(2)不能单以毒力高作为筛选微生物杀虫剂的生产菌株的唯一指标，要纳入菌株在生态环境中的抗逆性、流行性为侵染力的标准。

(3)微生物杀虫剂的效果评价不能单以杀虫速度衡量，要纳入生态系中评价其持续性。

3. 加强微生物杀菌剂的基础研究与新制剂创制

微生物农药是指包括由细菌、真菌、病毒和原生动物或基因工程菌等微生物通过工业化生产用以防治病、虫、草、鼠等有害生物的制剂。微生物杀菌剂的有效成分为生防菌，它主要是通过位点和营养竞争、拮抗作用、诱导抗病性以及促生长作用等达到防治植物病害的目的。植物病害种类较多且难防治，特别是对于化学农药难以防治的青枯病、枯萎病等土传病害，微生物杀菌剂有其明显的优势，是目前国内外微生物农药领域研究的重点。尽管有大量的文献报道筛选出抗病原菌毒力高的各种生防菌株，但能进一步开发成杀菌剂的，屈指可数。就是已登记注册的生物杀菌剂，除井冈霉素外，还没有任何一个微生物杀菌剂成为防治某种或某类植物病害的大品种农药。因此，要加强微生物杀菌剂的基础研究和产品生产工艺研究，尤其对其创制和产业化中存在的关键技术问题予以更多的关注和深入讨论，以期加速我国微生物杀菌剂产业的发展。

4. 改进生物农药的剂型，提高生物农药效果

生物农药有宿主专一、不杀伤天敌、与环境相容性好等优点，但也有致死速度慢、易受紫外光破坏的缺点，使其应用和发展受到制约。有多种技术路线可克服生物农药的缺点，如通过生物工程技术改造菌株使其多功能、与其他农药复配，提高杀虫灭菌速度，近年来加入增效剂提高生物农药的效果的研究较为活跃，这是值得重视的一条提高生物农药药效的技术路线。国内学者开始注重此方向的工作，如对昆虫病毒生物增效剂和化学增效剂的研究；为了增强微生物制剂在作物根部定植，有效提高菌体的存活期和持效性，采用微胶囊技术对其进行保护的研究，还有油悬剂剂型也能延长分生孢子的生活力。但这些研究，还远不能满足市场对生物农药的效果要求。因此，生物农药的研究者们，要与助剂研究的化学专业人员合作，加速生物农药的剂型改进，提高生物农药的效果，以适应市场的需求。

参考文献

[1] 张钟宁. 昆虫性信息化学物质研究与应用[G]. 生物防治研究与实践. 北京：中国农业科学技术出版社，2009：31-36.

[2] 范晓军，李瑜，李瑶，等. 昆虫性信息素研究进展[J]. 安徽农业科学，2010(9)：4636-4638.

[3] 陈增良，张钟宁. 昆虫性信息素微胶囊的研究进展[J]. 昆虫知识，2008，45(3)：362-367.

[4] 杜永均. 化学信息素在蔬菜害虫综合防治中的应用[J]. 中国蔬菜，2007(1)：35-39.

[5] 张昌杰，吴降星，郑永利，等. 斜纹夜蛾、甜菜夜蛾不同性诱剂品种及其不同悬挂高度的诱杀效果比较[J]. 江西农业学报，2008，20(8)：64-66.

[6] 左文，巩中军，祝增荣，等. 水稻二化螟性信息素和诱捕器组合的田间效果比较[J]. 核农学报，2008，22(2)：238-241.

[7] 徐春红. 昆虫性信息素应用技术[J]. 新农业，2010(1).

[8] 薛照文. 植保“三诱技术”在蔬菜害虫防治上的应用[J]. 长江蔬菜，2010(9)：36-38.

[9] 李雅珍，宣明芳，吴刚. 昆虫性信息素防治斜纹夜蛾和甜菜夜蛾效果试验及应用[J]. 上海蔬菜，2010(2)：77-78.

[10] 邓玉兰，石桥德，孟庆金，等. 不同盛虫容器及添加物对斜纹夜蛾性诱捕器的诱捕效果影响[J]. 广西植保，2009，22(B12)：79-80.

[11] 黄志农，刘勇，罗源华，等. 利用昆虫性信息素防治辣椒斜纹夜蛾[J]. 辣椒杂志，2009(1)：29-33.

[12] 张清泉，张雪丽，陈丽丽. 蛾类昆虫性信息素的研究及利用[J]. 广西植保，2009，22(B12)：73-75.

[13] 张利华. 性诱剂防治冬枣桃小食心虫[J]. 河北林业，2009(2)：33.

[14] 高文胜. 果园好药剂——昆虫性诱剂[J]. 农业知识：致富与农资，2009(2)：52.

[15] 何燕，黄庆文，罗世随. 昆虫性信息素在蔬菜害虫监测中的应用初探[J]. 广西植保，2009，22(B12)：15-17.

[16] 乔进军. 昆虫性信息素在农业害虫防治及生物学教学中的应用[J]. 中学生物学，2008，24(3)：41-42.

[17] 左文，巩中军，祝增荣，等. 水稻二化螟性信息素和诱捕器组合的田间效果比较[J]. 核农学报，2008，22(2)：238-241.

[18] 杨捷. 影响昆虫性信息素防治效果的因素[J]. 湖北植保，2008(8)：54-56.

[19] 曾留斌，柏立新，刘艳青，等. 几种因素对斜纹夜蛾性信息素诱捕效果的影响[J]. 植物保护学报，2010，37(4)：365-369.

[20] 朱国仁，王少丽，张友军. 不同性信息素产品诱捕甜菜夜蛾的综合评价[J]. 中国生物防治，2010，26(4)：430-434.

[21] 白素芬，陈学新. 菜蛾盘绒茧蜂畸形细胞蛋白质的合成和分泌及细胞超微结构的变化[J]. 环境昆虫学报，2009，31(1)：29-34.

[22] 白素芬，陈学新，程家安，等. 菜蛾盘绒茧蜂主要寄生因子对寄主小菜蛾生长发育的调控[J]. 植物保护学报，2005，32(3)：235-240.

[23] 白素芬，陈学新，程家安，等. 菜蛾盘绒茧蜂主要寄生因子导致的寄主小菜蛾幼虫脂肪体结构的变化[J]. 昆虫学报，2005，48(2)：166-171.

[24] 白素芬，李欣，陈学新，等. 寄生蜂畸形细胞特性及与蜂幼虫生长发育的关系[J]. 环境昆虫学报，2008，30(4)：370-376.

[25] 刘金文，李建平，丛斌，等. 烟蚜茧蜂畸形细胞发生及发育[J]. 植物保护，2008，34(1)：62-66.

[26] 汪海燕，余虹，万志伟，等. 菜蛾盘绒茧蜂对寄主小菜蛾幼虫营养的调节和利用[J]. 昆虫学报，2006，49(4)：574-581.

[27] 白素芬. 寄生蜂的秘密武器[J]. 生物学通报，2010，45(3)：15-16.

[28] 白素芬，陈学新，程家安，等. 菜蛾盘绒茧蜂多分 DNA 病毒的特性及其对小菜蛾幼虫的生理效应[J]. 昆虫学报，2003，46(4)：401-408.

[29] 狄蕊，陈亚锋，白素芬，等. 菜蛾盘绒茧蜂多分 DNA 病毒对寄主小菜蛾幼虫体内部分组织的影响[J]. 中国生物防治，2006，22(4)：268-274.

[30]李馨，刘海虹，等. 中红侧沟茧蜂多分 DNA 病毒基本特征研究[J]. 中国病毒学，2001，16(4)：373-376.

[31] 刘鹏程，时敏，陈亚锋，等. 菜蛾盘绒茧蜂多分 DNA 病毒 EP-1-like 基因克隆、原核表达与多克隆抗体制备方法[J]. 环境昆虫学报，2008，30(1)：33-38.

[32] 罗梅浩，宋南，郭线茹，等. 棉铃虫齿唇姬蜂研究概况[J]. 安徽农业科学，2005，33(12)：2388-2389.

[33] 颜增光，阎云花，王琛柱. 棉铃虫和烟青虫取食诱导的烟草挥发物吸引棉铃虫齿唇姬蜂[J]. 科学通报，2005，50(12)：1220-1227.

[34] Wei-Jn，Z A K L. Volatiles released from bean plants in response to agromyzid flies[J]. Planta，2006，224(2)：279-287.

[35] Wei-Jn，Kang-L. Electrophysiological and behavioral responses of a parasitic wasp to plant volatiles

induced by two leaf miner species[J]. Chemical Senses, 2006,31:467-477.

[36] 于慧林,张永军.棉铃虫天敌中红侧沟茧蜂 *Microplitis mediator* 对不同处理棉花的趋性行为反应[J].应用与环境生物学报,2006,12(6):809-813.

[37] 杨元,张凤娟,李继泉,等.桑枝和桑天牛虫粪挥发物对桑天牛长尾啮小蜂的引诱作用[J].蚕业科学,2007,33(3):360-366.

[38] 颜增光,阎云花.棉铃虫齿唇姬蜂对植物挥发物和寄主性信息素腺体化合物的 EAG 反应[J].昆虫学报,2006,49(1):1-9.

[39] Wei-Jn, Wang-Lzh, Zhu-Jw, et al. Plants attract parasitic wasps to defend themselves against insect pests by releasing hexenol [J]. Plos One,2007, 2(9):852.

[40] 董文霞,胡保文,张钟宁,等. 中红侧沟茧蜂对烟草挥发物的触角电生理及行为反应[J]. 生态学报,2004,24(10):2252-2256.

[41] Zhang-Sf, Wei-Jn, Guo-Xj, et al. Functional synchronization of biological rhythms in a tritrophic system[J]. Plos One,2010,5(6):11064.

[42] 王霞, 杜孟浩, 周国鑫, 等. 水杨酸与过氧化氢信号途径在褐飞虱诱导的水稻挥发物释放中的作用[J]. 浙江大学学报(农业与生命科学版),2007,33(1):15-23.

[43] 鲁玉杰, 王霞, 娄永根, 等. 乙烯信号转导途径在褐飞虱诱导的水稻挥发物释放中的作用[J].科学通报,2006,51(18):2146-2153.

[44] 黄金水,郭瑞鸣,汤陈生,等.松突圆蚧天敌红点唇瓢虫人工饲料的初步研究[J]. 华东昆虫学报,2007,16(3):177-180.

[45] 李国平,马丽,封洪强,等. 一种半固体人工饲料连代饲养日本通草蛉幼虫[J]. 环境昆虫学报,2010, 32(1):85-89.

[46] 林美珍,陈红印,王树英,等.大草蛉幼虫人工饲料的研究[J].中国生物防治,2007, 23(4):316-321.

[47] 林美珍,陈红印,杨海霞,等.大草蛉幼虫人工饲料最优配方的饲养效果及其中肠主要消化酶的活性测定[J].中国生物防治,2008,24(3):205-209.

[48] 王利娜,陈红印,张礼生,等.龟纹瓢虫幼虫人工饲料的研究[J].中国生物防治,2008, 24(4):306-311.

[49] 于华利, 曾桂军, 李奕震. 六斑月瓢虫的人工饲养技术研究[J]. 山东林业科技, 2010, 40(1): 37-38.

[50] 张丽莉,李恺,张天澍,等.人工饲料对龟纹瓢虫生长和繁殖的影响[J].昆虫知识, 2007,44(6):871-876.

[51] 张士昶,周兴苗,潘悦,等.南方小花蝽液体人工饲料的饲养效果评价[J].昆虫学报, 2008(9).

[52] 张天澍,李恺,张丽莉,等.人工饲料对龟纹瓢虫捕食功能的影响[J].昆虫知识,2008, 45(5):791-794.

[53] 李文香,郭会婧,郭江,等.中红侧沟茧蜂滞育生理生化指标变化规律研究[J].河北北方学院学报:自然科学版,2010(2): 51-54.

[54] 苏晓华,路子云,屈振刚,等.中红侧沟茧蜂滞育茧蜂和发育茧蜂杂交子代的滞育率[J]. 河北农业科学,2010(1): 51-53.

[55] 涂小云,匡先钜,徐婧, 等.昆虫滞育的遗传性[J].江西农业大学学报,2009,31(5): 858-861.

[56] 张俊杰,孙光芝,杜文梅,等.赤眼蜂滞育研究及应用进展[J].吉林农业科学,2009, 34(1):29-33.

[57] 朱芬,王永,赵福,等.大斑芫青和棉蝗间的发育同步性研究[J].环境昆虫学报,2008, 30(3):197-201.

[58] 徐卫华. 昆虫滞育研究进展[J]. 昆虫知识,2008,45(4):512-517.

[59] 李文香,李建成,路子云,等. 中红侧沟茧蜂滞育临界光周期和敏感光照虫态的测定[J]. 昆虫学报,2008,51(6): 635-639.

[60] 赖锡婷,肖海军,薛芳森. 昆虫滞育持续时间的影响因子及其对滞育后生物学的影响[J]. 昆虫知识,2008,45(2):182-188.

[61] 胡江春,刘丽,王楠,等. 海洋微生物脂肽研究及其在生物防治中应用[M]//生物防治创新与实践. 北京:中国农业科技出版社,2009:424-425.

[62] 罗远婵,李元广,魏鸿刚,等. 海洋芽孢杆菌可湿性粉剂药效的初步研究[C]. 第六届全国生物防治研讨会论文摘要集, 2010, 101.

[63] 罗远婵,田黎,韩菲菲,等. 海洋细菌 B-9987 的鉴定及其对植物病原菌的抑菌试验[J]. 农药,2008,47(9):691-693.

[64] 田黎,李元广,郑立,等. 海洋芽孢杆菌可湿性粉剂及其制备和应用: 申请号:200710042798.6(公开号:CN101331881A).

[65] 田黎, 顾振芳, 陈杰,等. 海洋细菌 B-9987 菌株产生的抑菌物质及对几种植物病原真菌的作用[J]. 植物病理学报, 2003, 33(1): 77-80.

[66] 田黎,林文翰,李元广,等. 大环内酯类化合物及其制备和应用:中国发明专利申请号:200710042797.1,(公开号:CN101333206A).

[67] 李元广,张道敬,刘荣峰,等. 海洋芽孢杆菌 B-9987 产脂肽类化合物及其制备和应用:中国发明专利申请号: 200910198837.8.

[68] 李元广,张道敬,刘荣峰,等. 一种环脂肽类化合物及其制备和应用:中国发明专利申请号:200910198819.2.

[69] 李元广,张道敬,刘荣峰,等. 一种环脂肽类化合物 BM 及其制备和应用:中国发明专利申请号:201019063051.8.

[70] 王雪梅,胡江春,王书锦. 深海芽孢杆菌 B1394 的鉴定及其产蛋白酶酶学性质[J]. 吉林农业大学学报, 2009, 31(2): 143-147.

[71] 高海锋,张道敬,魏鸿刚,等. 南极海单胞菌 BSw10005 发酵液化学成分的研究[J]. 中国海洋药物, 2008, 27(2):14-17.

[72] 李伟,胡江春,王书锦. 海洋细菌 3512A 对黄瓜枯萎病的防治及促进植株生长的效应[J]. 沈阳农业大学学报, 2008, 39(2):182-185.

[73] 田黎, 李光友. 海洋生境芽孢杆菌(*Bacillus* spp.)的培养条件及产生的胞外抗菌蛋白[J]. 海洋学报, 2001, 23(4):87-92.

[74] Xia X K, Huang H R, She Z G, et al. CNMR assignments for five anthraquinones from the mangrove endophytic fungus *Halorosellinia* sp. (No. 1403). Magn Reson Chem [J]. 2007, 45: 1006-1009.

[75] Cheng Z S, Pan J H, Tang W C, et al. Biodiversity and biotechnological potential of mangrove-associated fungi[J]. Journal of Forestry Research, 2009, 20: 63.

[76] 胡治刚,胡江春,刘丽,等. 海洋微生物复合制剂对桉树人工林土壤质量的影响[J]. 生态学杂志, 2009, 28 (5): 915-920.

[77] 邱德文. 植物免疫与植物疫苗研究与实践[M]. 北京:科学出版社, 2008:67-78.

[78] 屈中华,薛春生,陈捷,等. 生物型种衣剂诱导后黄瓜叶片蛋白质组学初步研究[J]. 安徽农业科学, 2007,35(21):6487-6489.

[79] 唐俊,孙文良,陈捷,等. 木霉菌发酵液蛋白对玉米弯孢菌叶斑病的诱导抗性作用[J]. 安徽农业科

学,2009,37(18):8563-8566.

[80] 李莹莹,陈捷.转化绿僵菌杀虫相关基因的木霉工程菌构建与功能分析[C]//公共植保与绿色防控.北京:中国农业科学技术出版社,2010:867.

[81] 王召娜,于雪云,杨合同,等. 微生物解磷机理的研究进展[J].山东农业科学, 2008,88-91.

[82] 菅丽萍,刘力行,陈捷,等.木霉菌 REMI 转化子解磷筛选及其解磷效果分析[J]. 安徽农业科学,2007,35(20):6179-6180.

[83] 高永东,王兵,陈捷,等.木霉及其突变体与油菜联合作用吸附镉污染土壤研究[J]. 现代农业科技,2008,21:161-162.

[84] Wang Bing, Liu Lixing, Chen Jie. Improved phytoremediation of oilseed rape (*Brassica napus*) by *Trichoderma* mutant constructed by restriction enzyme-mediated Integration (REMI) in cadmium polluted soil. Chemosphere[J]. 2009,74: 1400-1403.

[85] Fu Kehe, Liu Lixing, Fan Lili, et al. Tolerance and bioaccumulation of copper in ATMT transformants of *Trichoderma reesei*. Biotechnol Lett[J]. 2010,32: 1815-1820.

[86] Tang Jun, Liu Lixing, Hu Shifeng, et al. Improved degradation of organophosphate dichlorvos by *Trichoderma atroviride* transformants generated by restriction enzyme-mediated integration (REMI) [J]. Bioresource Technology, 2009,100: 480-483.

[87] Sun Wenliang, Chen Jie, Chen Yunpeng. Generation and identification of DNA sequence flanking T-DNA integration site of *Trichoderma atroviride* mutants with high dichlorvos-degrading capacity [J]. Bioresource Technology, 2009,100: 5941-5946.

[88] Sun Wenliang, Chen Yunpeng, Chen Jie, et al. Conidia immobilization of T-DNA inserted *Trichoderma atroviride* mutant AMT-28 with dichlorvos degradation ability and exploration of biodegradation mechanism[J]. Bioresource Technology, 2010,101: 9197-9203.

[89] Tang Jun, Liu Lixing, Huang Xiuli, et al. Proteomic analysis of *Trichoderma atroviride* mycelia stressed by organophosphate pesticide dichlorvos[J]. Can J Microbiol, 2010,56: 121-127.

[90] 胡仕凤,高必达,陈捷,等.高产纤维素酶木霉 REMI 突变株的构建与筛选[J].上海交通大学学报(农业科学版), 2007, 25(6):513-518.

[91] 张兴. 生物源农药创制与技术集成及产业化开发. 公益性行业(农业)科研专项工作通讯,2010,2:13-17.

[92] 李莉,曲延英,陈全家,等. 新疆陆地棉转木霉几丁质酶基因棉花的初步筛选[J]. 新疆农业科学,2005,42(3): 178-180.

[93] Liu M, Sun Z X, Zhu J, et al. Rice Transformation with Cell Wall Degrading Enzyme Genes from *Trichoderma atroviride* and Its Effect on Plant Growth and Resistance to Fungal Pathogens[J]. Journal of Zhejiang University (Agri & Life Sci), 2004,30(4):0830.

[94] 吴琼,陈捷. 转木霉菌源基因的链霉工程菌的构建与功能分析[C]. 第一届全国玉米有害生物控制技术学术研讨会论文集,2010,83.

[95] Huang X M, Yang Q, Liu Z H, et al. Cloning and Heterologous Expression of a Novel Endoglucanase Gene egVIII from *Trichoderma viride* in Saccharomyces cerevisiae[J]. Applied Biochemistry and Biotechnology,2010,162.

[96] 庄敬华,高增贵, 陈捷,等. 不同发酵条件对木霉菌产孢类型的影响[J]. 中国生物防治,2005,21(1):31-40.

[97] 陈捷,庄敬华,高增贵. 木霉菌厚垣孢子的生产方法: 国家发明专利 ZL 2004 1 0025682.8.

[98] 庄敬华,陈捷,杨长城,等. 木霉菌分生孢子粉尘剂的制备方法及其应用:国家发明专利 ZL2007

10010263.0.

[99] 黄亚丽，蒋细良，田云龙，等. 哈茨木霉厚垣孢子产生突变体的筛选及 t-Dna 标签序列的克隆[J]. 华北农学报，2009，24：35-39.

[100] 李世东，缪作请. 我国农作物土传病害发生和防治现状及对策分析[M]//生物防治创新与实践. 北京：中国农业科技出版社，2009：261-270.

[101] 郭慧芳，方继朝，韩召军. 昆虫病毒增效剂研究进展[J]. 昆虫学报，2003，46 (6)：766-772.

[102] 戈建华，程德文. 荧光增白剂在昆虫病毒领域的新用途[J]. 精细与专用化学品，2006，14(7)：1-6.

[103] Young Chiu-Chung, Rekha P D, Lai Wei-An. Encapsulation of Plant Growth-Promoting Bacteria in Alginate Beads Enriched With Humic Acid[J]. Wiley Inter-Science, 2006, 95: 76-83.

撰稿人：杨怀文　陈　捷　叶恭银　张礼生　邱德文

农药学学科发展研究

一、引　言

农药学学科是植物保护一级学科下的一个二级学科，既是一门理论与实际密切结合的学科，又是一门化学与农学、生物学、环境科学、毒理学及化学工程等的交叉学科。它的任务包括：创制农药——发明、生产、加工农药，以满足种植业的需求；研究农药——知其性，用其利，避其弊，以保护生态环境，保护人民身体健康。农药，特别是化学农药在可预见的将来，仍是保障农业丰产丰收不可或缺的重要物质。在中国，如果不使用农药，每个种植季大约将损失30％～40％的粮食，如果连续三年不使用农药，农作物将绝收。据统计，我国每年重大病虫害发生面积为4.0亿～4.3亿hm^2，防治面积4.2亿～5.0亿hm^2。通过使用农药挽回粮食损失5800万t、棉花150万t、油料230万t、蔬菜5000万t、水果600万t。

我国既是农业大国又是人口大国，对农药的需求只能依靠自力更生来解决，由于保护生态环境和人民身体健康的需要，以及知识产权问题，防治对象的抗性问题等，要求农药科学工作者既要不断创制高效、低毒、环境友好的新农药，又要研究它们在农药安全评价和环境行为、农药毒理学、农药残留分析方法和残留标准研究等方面作出的实质性贡献。

我国政府相关部门对农药学的发展给予了高度重视，由相关部门支持设置的从事农药学研究的重要机构有：依托南开大学设立的“元素有机化学国家重点实验室”，依托中国农业大学和中国农业科学院植物保护研究所建立的“农业部农药化学及应用重点开放实验室”，依托华中师范大学设立的“农药与化学生物学教育部重点实验室”，依托贵州大学设立的“教育部绿色农药与农业生物工程重点实验室”；依托上海市农药研究所、江苏省农药研究所、湖南化工研究院和浙江省化工研究院建成的“国家南方农药创制中心”，以及依托沈阳化工研究院和南开大学建成的“农药国家工程研究中心（北方中心）”，依托沈阳化工研究院建立的“新农药创制与开发”国家重点实验室，依托于湖南化工研究院建立的“国家农药创制工程技术研究中心”，以中化化工科学技术研究总院为理事长单位和秘书处单位建立的“农药产业技术创新战略联盟”，联盟成员包括从事农药研究的高等学校、科研院所和企业，其业务范围涵盖了农药技术创新的全部过程。从“七五”开始，国家相关部门连续6个五年计划设立了国家科技攻关计划农药学项目，国家自然科学基金从设立之日起即资助农药学相关项目，2003～2008年实施了国家重点基础研究发展计划（“973”计划）第一个农药学项目“绿色化学农药先导结构及作用靶标的发现与研究”，2010年启动了二期国家重点基础研究发展计划（“973”计划）农药学项目“分子靶标导向的绿色化学农药创新研究”。上述重要机构的设立和国家级项目的实施，在我国形成了一支稳定的、规模适当的农药学研究队伍，并且为我国的农药学学科发展和农业生产作出了重要贡献。

本专题报告概述了2008年以来农药学学科的重要研究进展，国内外比较及发展趋势。由于内容需要，某些方面将适当涉及2008年以前的内容。

二、农药学学科近年的最新研究进展

（一）农药创制的基础研究进展

近年来我国在农药创制的基础研究方面取得重要进展，其标志性成果是我国第一个“973”农药项目“绿色化学农药先导结构及作用靶标的发现与研究”的完成（2008年10月）。项目组5年内共发表SCI收录论文650余篇，获授权发明专利90余件，取得的成果对于促进我国的农药创制有重要作用，验收专家组给予了高度评价，项目所含7个课题均评价为优。主要成果有如下。

1. 农药基础理论的原始创新

（1）在农药定量构效关系理论方面，南开大学、华中师范大学及华东理工大学建立了基于密度泛函的QSAR理论（DFT/QSAR）和基于分子聚集态的QSAR理论（QAAR）；这些工作丰富了农药分子设计理论，加深了对农药作用机制的理解。

（2）在农药分子设计理论方面，华中师范大学和南开大学提出了“基于构象柔性度分析”的反抗性分子设计策略，得到了同时针对野生型和大田中高抗性频度W574L突变型乙酰羟酸合成酶具有同样抑制活性的农药活性小分子化合物。

（3）在农药作用分子机制方面，南开大学提出了基于阻碍病毒颗粒组装的抗植物病毒新作用机制，并开发出具有良好大田效果的抗烟草花叶病毒剂NK007；华东理工大学在乙酰胆碱受体中，建立了基于氢键协同作用的$\pi-\pi$堆积的作用模型，并随后得到国外报道的复合物晶体结构证实，华东理工大学据此建立了以顺式硝基烯为代表的基于新靶位的反抗性杀虫剂创制方法。

2. 杀虫剂及昆虫生长调节剂的应用基础理论研究

中国农业大学通过仿肽合成，开展了咽侧体模拟肽对昆虫的调节作用研究，并发现新生物活性先导。大连理工大学在为害玉米和棉花的重要农业害虫——亚洲玉米螟的几丁质代谢相关酶及抑制剂方面，基于酶结合或催化区域及组合，发现高效酶抑制剂，同时发现，催化区域对配体的构象更为敏感。由于吡虫啉大量频繁地使用，抗性问题已经凸显，随着抗性机制方面以及乙酰胆碱受体和吡虫啉复合物晶体结构的进展，华东理工大学通过建立新靶位进行分子设计，在顺硝烯系列化合物的反抗性研究方面取得重要进展，在新烟碱化合物的研究中，提出引入稠环结构或大位阻基团构建顺式硝基烯的方法，发现了系列超高活性的化合物。

3. 除草剂与植物生长调节剂的应用基础理论研究

近年来，我国在除草剂作用靶标的结构生物学、杂草抗性的分子机制、植物激素的作用机制以及潜在新靶标及新化合物的分子设计等方面均取得了明显进展。跳出了结构简单模仿的创制思路，转而强化分子生物学方面的研究，南开大学、华中师范大学及中国科学院上海有机所开展对7种靶酶（PSII，PDHc，PPO，HPPD，PDS，AHAS，KARI）的结构、功能等信息研究，开展了基于靶酶的生物合理分子设计，得到一批全新结构的活性化合物如嘧啶苄胺、苯氧乙酰氧烃膦酸酯、嘧啶并三嗪等，首次创建各靶酶的定量筛选方法。单嘧磺隆、单嘧磺酯、丙酯草醚等创制除草剂的成功实施，结束了自1949年新中国成立以来我国长期仿制和拷贝国外产品的被动局面。开展了创新除草剂的代谢途径研究（同位素示踪法），新抑制剂/靶酶复合物的结构测定（同步辐射分析法）等，构建了较为完整的创制研究平台。南开大学与澳大利亚科学家合作解析了自主创制的新型除草剂单嘧磺隆与拟南芥乙酰羟酸合成酶催化亚基复合物的晶体结构。从分子水平上阐述了单嘧磺隆的作用机制。南开大学还报道了枯草芽孢杆菌及人体的PPO酶与除草剂分子复合物的晶体结构，这些工作对于深入理解PPO酶对除草剂的分子抗性以及设计新除草剂提供了基础。此外，2004年，中国科学院生物物理所与植物所合作在国际上率先完成了菠菜光合反应系统的主要捕光复合物LHC-II三维结构的测定。LHC-II是绿色植物中含量最丰富的捕光复合物，由蛋白质分子、叶绿素分子、类胡萝卜素分子和脂类分子所组成的一个复杂分子体系。我们知道，绿色植物的光合作用需要捕光系统和光反应中心来共同完成，因此，高分辨率捕光复合物三维结构的测定不仅对于理解植物光合作用中所发生的捕光和能量传递过程具有重要意义，而且还为针对捕光系统设计高活性抑制剂分子奠定了基础。

4. 杀菌抗病毒剂的应用基础理论研究

南开大学发现沙漠植物牛心朴子草活性成分——娃儿藤碱B通过特异作用于烟草花叶病毒（TMV）RNA起始碱基发夹处，干扰壳蛋白CP对TMV RNA的识别作用，从而抑制病毒的自身组装，达到抑制病毒增殖的作用，其研究结果表明病毒RNA特异的起始碱基的空间结构可作为抗植物病毒药剂的高选择性的靶标；实验结果显示NK-007（娃儿藤碱B类似物）可作为一类新的抗病毒核酸靶标抑制剂。中国科学院微生物研究所和昆明植物所共同发现马蓝和白薇活性成分双裂孕烷甾体化合物glaucogenin C及其衍生物对TMV、SINV、EEEV等多种病毒具有较高的抑制活性，对细胞毒性极低；通过作用机制实验发现glaucogenin C特异作用于TMV和辛德比斯病毒等α-正链RNA病毒亚基因RNA，抑制病毒CP的表达，从而抑制病毒的增殖，其研究结果表明病毒亚基因组RNA可以作为抗病毒药物的新靶点进行药物开发，从马蓝中发现的双裂孕烷甾体化合物有可能发展成为抗α-正链RNA病毒新的一类抑制剂。从马蓝中发现一种Isatin衍生物——AHO，发现其对TMV病毒具有良好的抗病毒保护活性，作用机制实验表明AHO通过提高SA含量，激活SA通路发挥抗病毒活性。贵州大学通过仿生合成方法合成系列含氟含杂环的氨基膦酸酯化合物，并借助于芯片技术、DD-PCR技术、二维凝胶蛋白组学技术等基因表达研究手段和酶生物化学技术，建立基于免疫激活的分子筛选模型，发现高活性抗病毒化合物——毒氟磷，作用机制实验表明，毒氟磷可诱导半胱氨酸合成酶、防御酶、PR蛋白表达增加，发现毒氟磷激活的信号通路为SA信号通路，使植物产生SAR，表现出较好的抗病毒活性。昆明植物所从苦木（*Picrasma quassioides* Benn）中分离到β-咔啉生物碱，表现出中等的抗TMV活性，并且表现出与苦木内酯B的协同效应。甲氧丙烯酸酯类杀菌剂是国际市场上销售额最大的农用杀菌剂。华中师范大学提出一种通过优化与构象柔性残基Phe274之间的π—π相互作用来提高抑制剂活性的分子设计思路，成功设计得到了一种活性达到亚纳摩尔级别的抑制剂。通过酶抑制动力学实验发现，抑制剂化合物 1 是底物细胞色素 c 的非竞争型抑制剂，但却是底物 ubiquinol 的竞争型抑制剂。由于化合物 1 与 Phe274 之间的 $\pi-\pi$ 相互作用得到了明显优化，其对细胞色素 bc1 复合物的抑制活性得到显著改善，它的 ki 值为 0.57nM，比商品化抑制剂 AZ 的活性高 522 倍。近年来，新颖光敏杀菌剂方面也取得重要的进展，发现先导结构为 4,9-二羟基-3,10 苝醌及我国特有的苝醌衍生物及具有良好的光敏杀菌活性的作用机制与诱导植物产生抗病性相关。中国农业大学在进行大环化合物作为杀菌剂的研究中，发现带有一个氢键给体和一个氢键受体，且距离适当的简单大环内酯和大环内酰胺具有良好的杀菌活性，并获得系列高活性化合物。华东理工大学在多氟烷氧噻二唑植物抗病激活剂候选药研究方面，设计、合成了苯并噻二唑及新型茉莉酮酸酯类植物细胞激活剂，其明显增加植物次生代谢物，如紫杉烷、人参皂苷的生产，通过对细胞活性氧和苯丙氨酸解氨酶(PAL)的调控而起作用，药效优于现有商品药剂。

(二)农药新品种开发研究进展

近 5 年来，我国在农药新品种的开发研究等方面取得重要进展，其标志性成果是“十一五”国家科技支撑计划项目“农药创制工程”的完成。

1. 创制品种的产业化开发

共有 33 个具有自主知识产权的创制品种取得农药登记进入产业化开发，包括杀虫剂 8 个，杀菌剂 16 个，除草剂及植物生长调节剂 9 个，绝大部分为高效、低毒、环境相容性好的品种，其中不乏具有良好市场开发潜力的新品种。创制品种实现销售收入 11.4 亿元，推广使用面积达 2.2 亿亩次，其中丁烯氟虫腈、烯肟菌酯以及烯肟菌胺 3 个创制品种的年销售额超过 5000 万元，丁烯氟虫腈和噻菌酮 2 个创制品种开始走出国门参与国外农药市场竞争，实现了我国创制品种的历史性突破，是我国农药创制工作一个重要的里程碑。据测算，自主创制的农药产品约占国内市场总额的 2%，占国产农药产品国内市场份额的 2.8%，实现了创制农药市场份额的重要突破。2008 年以来，5 个创制品种取得了农业部农药临时登记证。它们是：杀菌剂“苯醚菌酯”(浙江省化工研究院有限公司)，杀菌剂“唑菌酯”(沈阳化工研究院有限公司)，杀菌剂“丁香菌酯”(沈阳化工研究院有限公司)，杀虫剂“氯氟醚菊酯”(江苏扬农化工股份有限公司)，杀虫剂“哌虫啶”(江苏克胜集团)。2008 年，沈阳化工研究院开发的杀菌剂“烯肟菌胺”获中国和石油化学协会技术发明一等奖，贵州大学开发的杀菌剂“毒氟膦”获贵州省科技进步一等奖，四川省化工设计院开发的杀虫剂“硝虫硫磷”获中国和石油化学协会科技进步二等奖。

2. 一批结构新颖，活性良好的化合物的获得

一批处于农药创制不同阶段并表现出良好杀虫、除草和杀菌活性的新结构化合物的获得，为“十二五”农药的持续创新工作打下了很好的基础。哌虫啶、氯氟醚菊酯等杀虫剂，毒氟磷、苯醚菌酯、噻唑锌、丁香菌酯、唑菌酯等杀菌剂取得了农药临时登记证，即将进入市场；NK-0673、SIOC-I-002、瑞虫丙醚、IPPA152616 等杀虫剂候选品种，NK-9717 等除草剂候选品种，NK-007 等杀菌剂候选品种即将完成临时登记所需的各项工作，可以进入

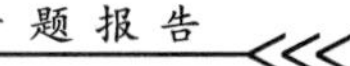

产业化开发阶段;JS9117、ZJ4014、NK-17、SYP-11277 等杀虫杀螨活性化合物,SIOC-K-322 等杀菌活性化合物;SYP-10387、SYP-14591 等除草活性化合物已开展了一定的室内生物活性测定研究、田间小区试验及初步的安全性评价试验,可以进入开发阶段。

3. 农药行业共性关键技术开发取得了明显进展

"吡啶碱"、"乙基氯化物"等关键农药中间体和乙草胺、百草枯等骨干农药品种的创新工艺和工程化关键技术开发以及羧酸盐、有机硅类、EO/PO 嵌段聚醚等农药专用助剂的开发,提升了农药行业的技术创新水平,为农药产业结构调整提供了技术支撑,其中吡啶碱技术的成功开发(南京第一农药股份有限公司)打破了跨国公司对吡啶类产品的垄断,对促进我国杂环类农药健康发展具有重要意义;具有国际竞争力的乙基氯化物绿色合成新技术成功开发(浙江新农化工股份有限公司),大大提高了反应的原子利用率,实现了清洁生产和资源综合利用,成为国内农药工业清洁生产工艺及节能减排技术开发的典范。

4. 知识产权

新申请发明专利 172 项,其中国内 160 项,国外 12 项;新获得发明专利 64 项,其中国内 58 项,国外 6 项。保护知识产权的意识大为增强。

(三)手性农药的毒理学及环境行为研究

手性农药不同对映体对靶标生物具有不同的药效,对非靶标生物的毒性,以及降解和代谢也往往表现出很大的差异,因此,系统地开展手性农药的毒理学及环境行为研究,对相关基础理论的发展、指导手性农药生产、建立和完善手性农药登记管理制度具有重要意义。

1. 手性农药的毒理学

浙江大学和浙江工业大学以美国环保局(EPA)水生毒性试验生物大型蚤(*D. magna*)和网纹蚤(*C. dubia*)为标志生物,建立了手性农药对映体的水生急性毒性试验评价方法,并在此基础上先后建立了多种体内、外研究模型,对手性农药的多种毒理学效应的对映体选择性及其分子机理进行了一系列的研究,在手性农药慢性毒性对映体选择性,及藻类和植物的对映体选择性等方面取得如下重要成果。

(1)关于手性农药慢性毒性对映体选择性:①内分泌干扰的对映体选择性:多种手性农药具有内分泌干扰的潜能,对生态安全和健康风险造成了潜在的威胁。通过建立多种体内、外模型,对不同种类的手性农药的内分泌干扰效应进行了评价。研究结果显示多种合成菊酯类(SPs)、有机氯(OCPs)、有机磷(OPs)等手性农药具有对映体选择性类雌激素或抗雄激素效应。在所研究的具有类雌激素活性的手性农药中有两个普遍的特点:一是这些化合物的雌激素效应均与雌激素受体(ER)的相互作用有关,不同对映体与 ER 的亲和力不同是其雌激素效应对映体选择性差异的重要原因。二是这些手性农药对下丘脑—垂体—生殖轴系的功能有一定的干扰,同时也影响了甾体类激素的代谢(胆固醇合成雌二醇的经典途径),并具有显著的对映体差异性。研究最为系统的是几种典型菊酯类农药和 o,p'-DDT。结果表明 o,p'-DDT 可以对映体选择性诱导雌激素依赖型人乳腺癌 MCF-7 细胞增殖和 ERs 的基因表达,表现出明显的对映体选择性雌激素效应。而在斑马鱼模型中，500 ng/L 氯菊酯(PM)可以对映体选择性诱导成年斑马鱼中 *VTG*1 及 *VTG*2 的基因表达，在 PM 的 4 个对映体中，(-)-trans-PM 所表现的雌激素效应最强，比 50 ng/L E_2 处理组高 4 倍。该结果表明，PM 的 4 个对映体在内分泌干扰中表现出明显的对映体选择性。大量的研究结果表明，对于手性农药的内分泌干扰效应，对映体选择性可能是一个普遍现象。②胚胎发育毒性对映体选择性：以斑马鱼胚胎和幼鱼为研究模型的发育毒性的研究是手性农药毒理学研究的一个重要方向。研究结果显示，多种 SPs 如氰戊菊酯(FV)、联苯菊酯(cis-BF)、氯菊酯(PM)、γ-功夫菊酯(LCT)和有机氯农药三氯杀虫酯(AF)对斑马鱼胚胎发育具有明显的对映体特异性毒性影响。例如，cis-BF 不论是在对斑马鱼胚胎—仔鱼的发育还是对仔鱼的运动活性的影响上，两个对映异构体都存在着极其显著的差异性。以存活率、畸形率及平均运动活性为观察终点，1R-cis-BF 的毒性都明显大于 1S-cis-BF。③对映体选择性免疫毒性：农药引起一些免疫损伤已有报道，但在手性农药的免疫毒性的对映体差异鲜有研究。最近的研究结果显示，在小鼠巨噬细胞 RAW246.7 模型中，S-(+)-AF 选择性诱导免疫细胞氧化损伤、遗传损伤，激活 p53 介导的细胞凋亡信号，引起 AF 对映体选择性的免疫毒性。而对 cis-BF 的研究也有类似的结果 1S-cis-BF 的免疫细胞毒性显著高于另一个对映体。④水生慢性毒性对映体选择性：早期手性农药毒性效应的对映体选择性的研究以试验生物 *D. magna* 和 *C. dubia* 的急性毒性为主，cis-BF 对 *D. magna* 的慢性毒性试验也表现出对映体选择性：即 1R-cis-BF 的慢性毒性远远地大于 1S-cis-BF。在 7 天及 14 天的慢性暴露试验中，1R-cis-BF 对大型蚤的存活率以及繁殖力的最低效应浓度分别为 1S-cis-BF 的 40 倍和 80 倍。且 *D. magna* 对 1R-cis-BF 的富集性比 1S-cis-BF 的大 14～40 倍。这些结果表明，手性农药的慢性水生毒性的对映体选择性可能与水生生物的选择性吸收等生物过程有关。

(2)手性农药细胞毒性对映体选择性。以原代细胞、肿瘤细胞、组织培养等为研究模型的体外检测技术，近年来在毒理学研究中日益广泛。在人羊膜细胞系(FL)、肝癌细胞系(Hep G2)、大鼠交质瘤细胞系(PC 12)等细胞模型中的研究结果表明，cis-BF 对 FL 细胞和 Hep G2 细胞均具有对映体特异性氧化损伤介导的对映体选择性的细胞毒性，即 1S-cis-BF 的细胞毒性远高于 1R-cis-BF。而 1S-cis-BF 选择性的激活控制细胞增殖与凋亡的经典 MAPK 信号通路可能是一个重要的原因。

(3)藻类和植物的对映体选择性。先前，手性农药的毒理学效应的研究主要集中在动物和人类风险水平上，对对映体水平上对植物的毒性及其机理的研究是近几年才开始的。研究以丙酸类除草剂为模式化合物，选用水稻、蓝藻为非靶标植物，分别从生长影响如 EC_{50}、植物生理如光合作用、细胞形态变化、蓝藻群落变化、氧化损伤、藻毒素释放等方面，阐述了禾草灵对植物的对映体选择性作用。Rac-，R-，S-禾草灵酸(DC)对水稻幼苗的 EC_{50} 表明，对根，R-DC 比 SDC 毒性更大；而对叶，S-DC 比 R-DC 毒性更大。最新研究结果显示，手性除草剂 2,4-滴丙酸对于小球藻的对映体选择性的生物有效性改变受壳聚糖的影响，没有壳聚糖时，R 构型对映体对小球藻的毒性比 S 构型对映体的毒性大；相反的，有壳聚糖时，R 构型对映体对小球藻的毒性比 S 构型对映体的小。对于手性的植物增长调节剂咪草烟(IM)的系列研究显示，IM 不同对映体对水稻的形态、体外抗氧化酶、氧化剂标记和基因转录各项指标的影响有很大的不同。结果显示 R-(－)-IM 比 S-(＋)-IM

对于水稻增长的毒性更大。IM对于玉米幼苗根部同样显示出对映体选择性，R-(－)-IM对于玉米根部的影响比S-(＋)-IM更严重。

2. 手性农药的环境行为

中国农业大学开展了多种手性农药对映体的选择性环境行为研究，包括甲霜灵、苯霜灵、顺式氯氰菊酯、反式氯氰菊酯、乙氧呋草黄、禾草灵、己唑醇、乳氟禾草灵、粉唑醇、马拉硫磷、丙溴磷、水胺硫磷等手性农药在土壤、水、植物(多种蔬菜、农作物)样本中的残留、降解、代谢等环境行为研究；甲霜灵、苯霜灵、顺/反式氯氰菊酯、乙氧呋草黄、禾草灵、己唑醇、三唑酮、乳氟禾草灵、烯唑醇、粉唑醇、氟虫腈在家兔和大鼠等动物体内的降解、代谢等环境行为及在各脏器组织中的分布研究；苯霜灵、腈菌唑、禾草灵、乳氟禾草灵、六六六、恶唑禾草灵在土壤、动物体内的代谢行为研究。这些研究结果表明，大部分手性农药对映异构体在土壤、植物及动物体内的残留、降解、分布及代谢行为存在较大差异，如乙氧呋草黄在草坪草中的残留表现为左旋体被优先降解，在家兔体内左旋乙氧呋草黄被优先降解或排泄，土壤中亦表现为左旋体被优先降解；甲霜灵在家兔体内右旋体比左旋体代谢快；苯霜灵在家兔体内则是左旋体代谢快；己唑醇在家兔体内表现为右旋体优先降解，而在黄瓜中的残留则表现为左旋体降解快；戊唑醇在家兔体内各组织中左旋体优先代谢，而在血液中则是右旋体优先降解；反式氯氰在大鼠体内右旋体代谢快；三唑酮在芹菜体内表现为左旋体优先降解；苯霜灵、顺式氯氰和反式氯氰等多种手性农药在土壤中都存在选择性的残留行为。另外某些手性农药对映异构体在生物体内会发生构型转化的现象，如反式氯氰右旋体在大鼠体内会转化为左旋体，乙氧呋草黄左旋体在土壤中存在向右旋体的转化的现象等。上述研究相关成果获教育部自然科学奖二等奖(2009年)，和中国植物保护学会科学技术奖二等奖(2010年)等奖项。

(四)农药残留与环境安全评价研究

1. 农药残留分析方法研究

我国科技工作者近年来致力于优化萃取、分离、富集及检测过程，寻求高灵敏度、高分辨率、高选择性、高通量的定量分析方法。除经典的样品前处理技术外，近年来微萃取技术、分子印迹、浊点萃取、免疫亲和、超临界流体提取、加速溶剂萃取、微波辅助溶剂萃取、基质固相萃取、固相分散萃取、低温冷冻法等简单、快速、试剂用量少的萃取方法得到了人们的关注。中国检验检疫科学院开发建立了多个多残留方法，应用于水果、蔬菜、粮谷、茶叶、中草药、食用菌(蘑菇)、动物组织、水产品、原奶及奶粉、蜂蜜、蜂王浆、果汁果酒等农产品食品中的农残检测，使我国农药多残留同时检测技术与世界先进国家标准接轨，在同时检测的品种数量上，居国际领先地位。快速固相基质分散净化方法(QuEChERS)自2005年开发以来，因其方法灵敏、简便、快速、高效的独特优势迅速成为农药残留分析工作人员的一个研究热点，运用于水果、蔬菜、谷物甚至复杂基体全血中的药物残留分析，尤其是多残留分析。国内也建立和验证了快速测定多种农药的QuEChERS提取净化GC/MS-SIM检测的多残留方法，并形成了多项行业标准分析方法。中国农业大学采用苯氧乙酸(PA)作为假模板分子制备了分子印迹聚合物，通过考察BA、MCPA、4-CPA、2,4-D

在该聚合物填充物上的保留时间，说明该材料可以选择性的识别、保留苯氧乙酸类除草剂。免疫分析方法（IA，Immunoassay）尤其是酶联免疫吸附分析法（ELISA），灵敏度高，特异性强，操作简便快捷，在现场筛选和大量样本的快速监测中显示了其独特的优势。

南京农业大学在“863”课题“农药残留免疫检测技术研究及检测试剂盒研制”的支持下，改造或合成了甲胺磷、对硫磷、甲基对硫磷、氟虫腈、甲萘威、残杀威、速灭威和治莠灵等化学农药的半抗原，与蛋白载体连接后获得了这些化学农药的选择性抗体，并建立了特异性较好的快速分析方法。上海交通大学研究了重组乙酰胆碱酯酶及其制备方法和检测方法，研究结果表明重组乙酰胆碱酯酶对低浓度的有机磷及氨基甲酸酯农药具有显著的敏感性，在此基础上开发了快速检测试剂盒并在市场监测中得到了广泛应用。天津科技大学开发了硫丹、西维因等农药的快速检测试剂盒和试纸条、并开发了商业化有机氯农药检测试剂盒。

传统上在进行手性农药残留研究时，是把手性农药的外消旋体当做一种农药来对待，并没有利用手性分离的方法将对映异构体分开，进而研究单一对映异构体的残留行为。由于同一农药的对映异构体间存在较大的残留行为差异，而且有时还会发生构型转化，因此传统方法是不全面和不准确的。由此可以看出，建立反映真实情况的手性农药残留分析方法是非常重要的。中国农业大学在已建立的多种常用手性农药光学异构体纯度的分析方法基础上，系统地建立了己唑醇、戊唑醇、三唑酮、粉唑醇、烯唑醇、禾草灵、乙氧呋草黄、苯霜灵、甲霜灵、氟虫腈、水胺硫磷、氟草烟异辛酯、马拉硫磷、甲胺磷、顺式氯氰菊酯、反式氯氰菊酯、乳氟禾草灵、噁唑禾草灵、多效唑、喹禾灵、腈菌唑、烯效唑、丙溴磷等农药在土壤、水、多种植物体（蔬菜、粮食作物、水果）、动物组织（血液、脂肪、肌肉、心、脑、肝脏、肾脏、脾脏等）中的手性残留分析方法。

2. 农药残留标准体系建设

目前世界各国的化学农药品种（原药）有 1400 多个，我国已受理的农药制剂登记为 14000 多个。近年来我国已建立了涉及 178 种农药在 92 种（类）作物的农药残留限量标准 807 项，同时制定了 500 多种农药在农产品、环境中残留量检测的国家标准和行业标准方法 232 项，农药合理使用准则、残留田间试验准则等技术规程 39 项，初步形成了以国家标准为主，行业标准为辅，以及安全标准和配套支撑标准共同组成的较为完善的农药残留标准体系，奠定了我国农药残留标准体系框架。为了指导农药残留限量（MRLs）的制定及修订，我国制定了相应的农产品作物分类体系。我国小作物种类多，经济价值高，需求量大，小作物在农业生产和出口贸易中占据重要作用。近年来我国积极跟踪 CAC、美国和 OECD 的作物分类体系，逐步开展针对小作物的农药登记、代表作物和限量标准的制定工作，并积极参与国际小作物分类工作。

科学的风险评估是国际上建立残留限量标准的科学基础，也是我国新的食品卫生法中法定的基本方针。近年来我国已初步建立了农药风险评估的技术体系、程序与方法。2006 年 7 月，在瑞士日内瓦举行的第 29 届国际食品法典委员会（CAC）大会批准中国成为国际食品法典农药残留委员会主席国。根据 CAC 程序手册的规定，我国设立了农药残留委员会秘书处（挂靠农业部农药检定所），标志着农药残留膳食摄入风险评估工作在我国的正式开端。目前，我国已成功举办了第 39 届、第 40 届、第 41 届、第 42 届国际食品法典农药残留委员会会议。2009 年 4 月，我国举办了国际农药残留风险评估研讨会，与会的各个国家和组织就农药风险分析基本原则、FAO/WHO 农药标准联席会议(JMPS)和农药残留联席会议(JMPR)工作程序和评估模式、国际膳食摄入数据协调、小作物农药的应用及残留数据的外推等方面进行了深入讨论。农药残留风险评估准则、MRLs 标准制定指南和农药登记与残留评价作物分类等 3 项技术规范，初步形成了符合我国国情的农药残留膳食摄入评估程序。

3. 农药环境安全评价

由农业部农药检定所牵头，中国农业科学院、中国农业大学等单位共同完成或正在进行的农药风险评估相关项目，包括：十一五国家科技支撑计划——食品安全关键技术项目——食品中农药残留风险评估技术研究课题(2006～2008)；中荷合作农药环境风险评估项目(2007～2010)；公益性行业(农业)科研专项经费项目——农药风险评估综合配套技术研究(2009～2013)。

依托这些项目的研究成果，建立了我国农药环境行为、环境毒理试验方法 21 项，并形成了国家标准报批稿；基本建立了地下水(饮用水)、地表水、鸟、蜜蜂和家蚕风险评估程序和方法，编写了我国农药环境风险评估手册；引进欧洲地下水暴露模型 PEARL 并根据中国国情进行了改进，形成 China-PEARL 模型；基于 PEARL 和 TOXWA 的地表水模型建设工作仍在进行中；初步构建了我国农药 6 个环境风险评估标准场景，其中包括 6 个北方旱作地下水场景，2 个南方水田区地下水场景，2 个南方水田区地表水场景；研究建立了我国农药环境风险评估基本框架，包括分级评估程序、暴露分析、生态效应分析、风险表征的基本方法；完成了 3 个已登记农药氟虫腈、毒死蜱对地表水，莠去津对地下水环境风险研究，研究成果为氟虫腈全面禁限用提供了科学依据。

三、农药学学科国内外研究进展比较

(一)农药创制的基础研究与新品种开发

我国农药创制基础研究的理念经历了从仿制转向跟踪创新继而追求原始创新，从先导和靶标相互分离的独立研究转而开展分子靶标导向的先导发现。但是，由于起步较晚，无论是机理研究还是靶标研究，目前都还处在“追踪世界先进水平”的阶段。

据初步统计，近两年国外新上市或即将上市的农药新品种共有 29 个，其中除草剂 16 个，杀虫剂 3 个，杀菌剂 10 个。而就农药创制强国而言，首推日本。在全球从事农药创制的公司中，有一半为日本公司。就全球 21 世纪以来创制的品种而言，也有半数源于日本。日本农药公司之所以能在创制中获得丰硕成果，取决于其对基础理论的研究，特别是对作用机理研究。如新烟碱类杀虫剂和鱼尼汀受体抑制剂型杀虫剂的开发，在全球掀起创制该类杀虫剂的浪潮，也使杀虫剂创新出现了几十年未有的崭新局面。反观我国的新农药创制局面，不但创制的品种少(2008 年以来共 6 个)，所占份额低(不到国内市场的 3%)，且主要源于跟踪创新，存在一定的抗性风险。究其原因主要还是基础研究的落后，因此，在农药新品种的开发中，不得不采取跟踪创新的方式，近年来对甲氧基丙烯酸类杀菌剂和鱼尼汀受体抑制剂类杀虫剂的竞相模仿就是典型的例证。

(二)手性农药的毒理学及环境行为研究

近年来,手性农药毒理学效应的对映体选择性日益受到重视。最成功的一例是除草剂异丙甲草胺(Metolachlor),s-构型的能除草,r-构型的致突变。欧共体国家率先确定只能销售和使用 s-异丙甲草胺。但是总体而言国外在手性农药毒理学研究方面比较有限,2008 年,Wolansky 对啮齿目动物进行了拟除虫菊酯的剂量—反应试验并对拟除虫菊酯对神经行为的毒性进行了深入讨论。2009 年,Nillos 研究了氟虫腈对虹鳟鱼肝细胞毒性的对映体选择性,同时分别对有氧和缺氧的沉积物中和城市污水灌溉的农田污水径流中的氟虫腈对映体选择性降解进行了评价。而我国的科学家在这一领域的研究处于国际领先的位置。先后建立了近百种手性农药分离、分析的方法,获得了对映体纯的标样,为随后的毒理学研究提供了强大的技术支撑。目前我们已在急慢性毒性、神经毒性、内分泌干扰、生殖发育毒性的对映体选择性及其分子机理方面进行了系统和深入的研究,取得了一系列的标志性成果。同时我们利用现有的毒理学评价平台获得了高效、安全的手性农药氯胺磷的新剂型。在 2010 年 3 月美国旧金山的 ACS 手性农药的专题会议上,我国的参会代表就手性农药的环境安全、生态毒性、健康风险和剂型改造做了一系列的报告,研究成果获得与会专家学者的认可。

手性农药对映体的不同环境行为之所以受到重视,源于 1999 年 Lewis DL 在 *Nature* 上发表的文章,该文阐述了手性农药对映体具有不同的环境行为。在这方面一些发达国家虽然起步较早,但是由于分析方法难度所限,进展一直缓慢。近年来国内在此方面取得重要进展,中国农业大学对多种手性农药在多种土壤、水、蔬菜、水果、粮食作物、家兔、老鼠、羊、蚯蚓体内的代谢及残留行为进行了系统的研究。总的来说目前有关手性农药对映体的选择性环境行为的研究还非常少,涉及的品种主要集中于有机氯杀虫剂和芳氧羧酸类的除草剂。

(三)农药残留与环境安全评价研究

当今世界各国对食品农产品中农、兽药等化学品残留限量指标提出了愈来愈严格的要求,要求检测控制的种类越来越多,最大允许残留量越来越低。如日本 2006 年实施的农产品“肯定列表制度”,对农产品中 800 多种农、兽药规定了限量指标,成为目前世界上最严格的食品中农、兽药残留限量管理法规,几乎覆盖了我国现在种植、养殖的所有农产品,严重制约了我国农产品食品的出口,对我国农、兽药残留检测技术提出了巨大挑战。目前,我国农药残留标准的制定及修订机制尚不健全,标准数量少, 协调性差, 部分国家标准、行业标准和地方标准相互不协调,甚至相互冲突;标准的科学性和技术水平较低,环境暴露浓度计算模型、环境风险评估标准程序、风险管理决策标准严重不足,无可循的农药风险评估原则和 MRLs 标准制定、修订的方式方法等技术规范, 并且一些标准值的设置未充分利用风险评估结果作为基础;标准制定时未充分考虑、使用我国良好农业规范(GAP)条件下的残留试验数据;标准涉及的农产品种类较少,分类较笼统;有关膳食消费的调查简单, 调查间隔过长等;农药风险评估在我国还处于起步阶段,与之相关的机制体制不健全，评估技术体系不完善，基础信息和数据十分缺乏。

近年来，我国在农药残留方面的投入力度逐渐加大，极大地促进了残留分析和标准制订的研究，取得了一系列成果，使我国农药残留工作逐步与国际接轨。我国于 1995 年和 2006 年先后颁布了《食品卫生法》和《农产品质量安全法》。2009 年 2 月 28 日，第十一届全国人民代表大会常务委员会第七次会议审议通过了《中华人民共和国食品安全法》，并于 2009 年 6 月 1 日起施行，同时废止已经实施了 14 年的《食品卫生法》。该法令改变了过去我国食品安全监管多部门各自为政的局面，初步构建了"一部门综合协调，多部门分工负责"的新格局，意味着中国的食品安全监管进入了一个新的阶段。

目前，欧盟、美国、日本、澳大利亚等国家和地区，均已将环境风险评估程序纳入到农药登记评审的法定程序中，并赋予其一票否决的重要地位。而我国农药风险评估研究工作刚刚起步，与先进国家相比存在较大差距。

四、农药学学科发展趋势及展望

（一）农药创制的基础研究与新品种开发

1. 新的作用靶标的发现将成为基础研究的热点

在新农药的创制研究中，生物合理设计是效率最高的方法，因此，分子靶标导向的先导发现已成为现阶段国际上农药研究与开发的主流，发现新的作用靶标成为研究热点。

2. 未来农药研究开发的重点是绿色生态农药

绿色生态农药的特征是高效、低毒、低残留、高选择性以及良好的环境相容性和经济实用性。绿色生态农药不仅具备绿色农药的所有特征，还要满足环境生态和人类健康和谐发展的需要。不仅考虑到药物研发和制造的绿色化，还强调应用以及归宿的生态化。

3. 天然产物的研究开发将再度受到重视

天然产物是巨大的生物活性化合物的宝库，大量的生物活性化合物广泛存在于植物、动物及微生物代谢产物中。生物源农药的研究开发不仅可直接用于防治农作物的病虫草害，而且为化学农药的研究提供了先导结构，通过对生物源农药（包括农用抗生素）的化学结构改造或分子修饰，进而研究开发全新结构的农药品种，是新农药研究最有效的途径之一。天然产物源于自然，由天然产物经结构修饰而研究开发的化学农药一般均保留了天然产物的主体结构，通常具有良好的环境相容性。目前世界上有 50 多万种植物、100 多万种动物及数十万种微生物，为化学农药和生物农药开发提供了广阔的资源。

4. 杂环化合物将是农药研究开发的重要方向

近年来，在农药新产品的专利中，约有 90%是杂环化合物，超高效的化合物居多。这些农药不但使用成本低，更重要的是对环境的影响亦降到很小的程度。另一个特点是，大多数杂环化合物对温血动物毒性很低，对鸟类、鱼类的毒性也很低。在杂环化合物中，含氮杂环化合物又特别重要，在新发展起来的农药中占有十分重要的地位。新型杂环化合物作为农药的研究开发，代表了未来化学农药的一个发展方向。

5. 手性农药高活性异构体的研究开发将是发展趋势

随着高新技术的发展，越来越多的光学活性农药新品种已成功开发。手性农药高活性异构体的开发应用，避免了大量无效物质施放到环境中，既减少了环境压力，又节约了大量资源。

6. 非选择性除草剂将备受青睐

随着转基因作物安全性评价和管理体系的不断完善，转基因作物的种植面积将会稳步增长，而这类作物的杂草防除完全可以通过作物耐受的灭生性除草剂得到解决。因此，对灭生性除草剂的需求会随之增长，而且会促进新的非选择性除草剂的研究开发。

（二）手性农药的毒理学及环境行为研究

1. 需要在对映体水平上进一步开展手性农药的研究

手性农药除活性外，其对映体在毒性、环境行为等方面也有显著差异。因此，手性农药的环境安全和健康风险越来越引起人们的关注。通过非手性分析得到的结果可能与实际情况并不相符，在研究时必须弄清它们对非靶标生物毒性以及在敏感生态系统中环境行为的对映体选择性，从而为手性农药的环境安全和人体健康评价提供不可或缺的技术支持和科学依据。尽管已有不少国内外科学家开展了相关的研究工作，但是要得出普遍的规律，还需要更多研究结果的支撑。只有充分地考虑到手性农药的对映体差异性，才能真实、准确地进行风险评估，从而为相关法规的制定及其正确使用提供依据，为手性农药的进一步开发提供依据。

2. 加强手性农药毒理学效应对映体选择性分子机理的研究

对于手性农药而言靶标和非靶标生物体都是手性的，自然环境亦是手性的。土壤和天然水体是一种复杂而特殊的手性环境。外来手性物质进入这一环境后，不同生物可能选择性摄取、代谢同一手性物质的不同对映体；其不同对映体在环境中的代谢、毒性会存在差异。但其具体的分子机理是非常复杂的，还有很多有待于深入研究的问题，想要减少环境中数以万计的不需要的化学物质对于非靶标生物的不利影响，营造更安全的环境状态，需要研究出一种可预测对映体选择性的方法，从而为单一或复合农药对映体产品的研究与开发提供科学依据。

（三）农药残留与环境安全评价研究

1. 手性农药对映体的拆分，有效的常量及残留分析方法的建立是一个重要的研究趋势

目前常用的农药中大约28%具有手性，而完全实现了对映体的拆分并建立了有效的拆分方法的品种还很有限。现有的一些手性分析方法应用性不强，很多不够简单、有效、

稳定。因此，继续开发其他手性农药对映体的拆分、建立有效的常量及残留分析方法是本研究领域的一个研究趋势，这也是进行手性农药相关研究的基础。在手性农药环境行为研究方面，目前很多研究是检测现有的环境样本，或者一些降解、代谢、残留试验进行得比较肤浅，并没有深入了解相关机理。另外，文献显示所研究的手性农药种类还非常少，进行各类手性农药系统的环境行为研究是今后的趋势，并需要深入探讨机理，结合现有的环境行为研究数据，对手性农药的风险性进行重新评估，保障相关手性农药污染对人类及环境可能造成的影响。

2. 免疫分析方法尤其是酶联免疫吸附分析法是农药残留分析方法研究的重要方向

该方法灵敏度高，特异性强，操作简便快捷，在现场筛选和大量样本的快速监测中显示了其独特的优势。

3. 对发展中的农药环境安全评价体系，还需深入开展研究工作

建立并完善已登记常用农药品种的环境毒性、环境行为基础数据库；完善农药对蜜蜂、鸟、水生生物、家蚕、天敌昆虫的急性毒性试验方法，鸟、水生生物、家蚕的亚急性或慢性毒性试验方法；建立常用农药地下水、地表水多残留监测体系。

4. 需要尽快完善农药残留标准制定和风险评估的管理法规

吸收其他国家和组织的有益经验，加强国际协调与合作，尽快建立起我国农药风险评估技术体系，以与国际接轨，并为人民的身体健康，生态环境的保护，进出口食品的安全作出贡献！

参考文献

[1] Xi Z, Yu Z H, Niu Z W, et al. Development of a general quantum-chemical descriptor for steric effects: Density functional theory based QSAR study of herbicidal sulfonylurea analogues. Journal of Computational Chemistry, 2006, 27:1571-1576.

[2] He Y Z, Li Y X, Zhu X L, et al. Rational design based on bioactive conformation analysis of pyrimidinylbenzoates as acetohydroxyacid synthase inhibitors by integrating molecular docking, CoMFA, CoMSIA, and DFT calculations. Journal of Chemical Information and Modeling, 2007, 47: 2335-2344.

[3] Fan F, Li Z, Xu X, et al. Quantitative aggregation - Activity supermolecular view, dimer as the and monomolecule relationship (QAAR): simplest aggregation state, Qsar & Combinatorial Science, 2007, 26: 737-743.

[4] Ji F Q, Niu C W, Chen C N, et al. Computational design and discovery of conformationally flexible inhibitors of acetohydroxyacid synthase to overcome drug resistance associated with the W586L mutation. Chemmedchem, 2008, 3: 1203-1206.

[5] Xi Z, Zhang R Y, Yu Z H, et al. Selective interaction between tylophorine B and bulged DNA. Bioorganic & Medicinal Chemistry Letters, 2005, 15: 2673-2677.

[6] Li H, Hu T S, Wang K L, et al. Total synthesis and antiviral activity of enantioenriched (+)-deoxytylophorinine. Letters in Organic Chemistry, 2006, 3: 806-810.

[7] Wang Y L, Cheng J G, Qian X H, et al. Actions between neonicotinoids and key residues of insect nAChR based on an ab initio quantum chemistry study: Hydrogen bonding and cooperative pi-pi interaction. Bioorganic & Medicinal Chemistry, 2007, 15: 2624-2630.

[8] Tomizawa M, Casida J E. Molecular recognition of neonicotinoid insecticides: the determinants of life or death. Acc Chem Res, 2009, 42, 260-269.

[9] Tomizawa M, Maltby D, Talley T T,et al. A typical nicotinic agonist bound conformations conferring subtype selectivity. Proc Natl Acad Sci USA1, 2008, 5: 1728-1732.

[10] Talley T T, Harel M, Hibbs R E, et al. Atomic interactions of neonicotinoid agonists with AChBP: molecular recognition of the distinctive electronegative pharmacophore. Proc Natl Acad Sci U S A, 2008, 105:7606-7611.

[11] Zhang W, Yang X, Chen W, et al. Design, multicomponent synthesis, and bioactivities of novel neonicotinoid analogues with 1,4-dihydropyridine scaffold. Journal of Agricultural and Food Chemistry , 2010, 58: 2741-2745.

[12] Kai Z P, Huang J, Xie Y, et al. Synthesis, biological activity, and hologram quantitative structure-activity relationships of novel allatostatin analogues. Journal of Agricultural and Food Chemistry, 2010, 58: 2652-2658.

[13] Liu T, Liu F, Yang Q, et al. Expression, purification and characterization of the chitinolytic beta-N-acetyl-D-hexosaminidase from the insect *Ostrinia furnacalis*. Protein Expr Purif, 2009, 68: 99-103.

[14] Yang Q, Liu T, Liu F Y, et al. A novel beta-N-acetyl-D-hexosaminidase from the insect *Ostrinia furnacalis* (Guenee). Febs Journal, 2008, 275: 5690-5702.

[15] Ihara M, Okajima T, Yamashita A, et al. Crystal structures of *Lymnaea stagnalis* AChBP in complex with neonicotinoid insecticides imidacloprid and clothianidin. Invert Neurosci, 2008, 8: 71-81.

[16] Tian Z, Shao X, Li Z, et al. Synthesis, insecticidal activity, and QSAR of novel nitromethylene neonicotinoids with tetrahydropyridine fixed cis configuration and exo-ring ether modification. J Agric Food Chem, 2007, 55: 2288-2292.

[17] Shao X, Li Z, Qian X, et al. Design, synthesis, and insecticidal activities of novel analogues of neonicotinoids: replacement of nitromethylene with nitroconjugated system. J Agric Food Chem, 2009, 57: 951-957.

[18] Jiang L L, Tan Y, Zhu X L, et al. Design, synthesis, and 3D-QSAR analysis of Novel 1,3,4-oxadiazol-2(3H)-ones as protoporphyrinogen oxidase inhibitors. Journal of Agricultural and Food Chemistry, 2010, 58: 2643-2651.

[19] Tan Y, Sun L, Xi Z,et al. A capillary electrophoresis assay for recombinant *Bacillus subtilis* protoporphyrinogen oxidase. Analytical Biochemistry, 2008, 383: 200-204.

[20] Li M, Liu C L, Yang J C, et al. Synthesis and biological activity of new(E)-a-(methoxyimino) benzeneacetate derivatives containing a substituted pyrazole ring. Journal of Agricultural and Food Chemistry, 2010, 58: 2664-2667.

[21] Wang X J, Wang M, Wang J D, et al. Isolation and identification of novel macrocyclic lactones from Streptomyces avermitilis NEAU1069 with acaricidal and nematocidal activity. Journal of Agricultural and Food Chemistry, 2010, 58, 2710-2714.

[22] Xu H, Hu X H, Zou X M, et al. Synthesis and herbicidal activities of novel 3-N-substituted amino-6-methyl-4-(3-trifluoromethylphenyl) pyridazine derivatives. Journal of Agricultural and Food Chemistry, 2008, 56: 6567-6572.

[23] Yang H Z, Sha Y L, Yang G F, et al. Bio-rational design synthesis of novel herbicides. Chinese Journal of Organic Chemistry, 2001, 21:923-932.

[24] Zhu Y Q, Liu P, Si X K, et al. A quantitative structure-activity relationship study of herbicidal analogues of alpha-hydroxy-substituted 3-benzylidenepyrrolidene-2,4-diones. Journal of Agricultural and Food Chemistry, 2006, 54: 7200-7205.

[25] Li Y X, Luo Y P, Xi Z, et al. Design and syntheses of novel phthalazin-1(2H)-one derivatives as acetohydroxyacid synthase inhibitors. Journal of Agricultural and Food Chemistry, 2006, 54: 9135-9139.

[26] Wang B L, Duggleby R G, Li Z M, et al. Synthesis, crystal structure and herbicidal activity of mimics of intermediates of the KARI reaction. Pest Management Science, 2005, 61: 407-412.

[27] Peng H, Wang T, Xie P, et al. Molecular docking and three-dimensional quantitative structure-activity relationship studies on the binding modes of herbicidal 1-(substituted phenoxyacetoxy) alkylphosphonates to the E1 component of pyruvate dehydrogenase. J Agric Food Chem , 2007, 55: 1871-1880.

[28] Wang W, Ye Q F, Ding W, et al. Influence of soil factors on the dissipation of a new pyrimidynyloxybenzoic herbicide ZJ0273. Journal of Agricultural and Food Chemistry, 2010, 58: 3062-3067.

[29] Wang J G, Lee P K M, Dong Y H, et al. Crystal structures of two novel sulfonylurea herbicides in complex with Arabidopsis thaliana acetohydroxyacid synthase. Febs Journal, 2009, 276: 1282-1290.

[30] Qin X H, Sun L, Wen X, et al. Structural insight into unique properties of protoporphyrinogen oxidase from *Bacillus subtilis*. Journal of Structural Biology, 2010, 170: 76-82.

[31] Liu Z F, Yan H C, Wang K B, et al. Crystal structure of spinach major light-harvesting complex at 2.72 angstrom resolution. Nature, 2004, 428: 287-292.

[32] Li Y M, Wang L H, Li S L, et al. Seco-pregnane steroids target the subgenomic RNA of alphavirus-like RNA viruses. Proceedings of the National Academy of Sciences of the United States of America, 2007, 104: 8083-8088.

[33] Li Y M, Zhang Z K, Jia Y T, et al. 3-acetonyl-3-hydroxyoxindole: a new inducer of systemic acquired resistance in plants. Plant Biotechnology Journa, 2008, l6: 301-308.

[34] Hu D Y, Wan Q Q, Yang S, et al. Synthesis and antiviral activities of amide derivatives containing the alpha-aminophosphonate moiety. Journal of Agricultural and Food Chemistry, 2008, 56: 998-1001.

[35] Long N, Cai X J, Song B A, et al. Synthesis and antiviral activities of cyanoacrylate derivatives containing an alpha-aminophosphonate moiety. Journal of Agricultural and Food Chemistry, 2008, 56: 5242-5246.

[36] Chen Z, Wang X Y, Song B A, et al. Synthesis and antiviral activities of novel chiral cyanoacrylate derivatives with (E) configuration. Bioorganic & Medicinal Chemistry, 2008,16: 3076-3083.

[37] Ouyang G P, Cai X J, Chen Z, et al. Synthesis and antiviral activities of pyrazole derivatives containing an oxime moiety. Journal of Agricultural and Food Chemistry, 2008, 56: 10160-10167.

[38] Yang J Q, Song B A, Bhadury P S, et al. Synthesis and antiviral bioactivities of 2-cyano-3-substi-

tuted-amino(phenyl) methylphosphonylacrylates (acrylamides) containing alkoxyethyl moieties. Journal of Agricultural and Food Chemistry, 2010, 58: 2730-2735.

[39] Chen J, Yan X H, Dong J H, et al. Tobacco Mosaic Virus (TMV) inhibitors from *Picrasma quassioides* Benn. Journal of Agricultural and Food Chemistry, 2009, 57: 6590-6595.

[40] Zhao P L, Wang L, Zhu X L, et al. Subnanomolar inhibitor of cytochrome bc(1) complex designed by optimizing interaction with conformationally flexible residues. Journal of the American Chemical Society, 2010, 132: 185-194.

[41] Zhao Q, Zhang H Y. Comparative photobleaching behavior of hypocrellin A and elsinochrome C. Natural Product Communications, 2008, 3: 1701-1704.

[42] Huang J X, Jia Y M, Liang X. et al. Synthesis and Fungicidal Activity of Macrolactams and Macrolactones with an Oxime Ether Side Chain. J Agric Food Chem, 2007, 55: 10857-10863.

[43] Zhu W J, Wu P, Liang X M, et al. Design, Synthesis, and Fungicidal Activity of Macrolactones and Macrolactams with a Sulfonamide Side Chain. J Agric Food Chem, 2008, 56: 6547-6553.

[44] Xu Y F, Zhao Z J, Qian X H, et al. Novel, unnatural benzo-1,2,3-thiadiazole-7-carboxylate elicitors of taxoid biosynthesis. Journal of Agricultural and Food Chemistry, 2006, 54: 8793-8798.

[45] 李钟华,徐尚成,黄文耀,等.国家科技计划引领中国农药的创新与跨越.中国农药,2009,8:19-24.

[46] Wang L M, Liu W P, Yang C X, et al. Enantioselectivity in estrogenic potential and uptake of bifenthrin. Environ Sci Technol, 2007,31 (18):6124-6128.

[47] Jin Y X, Wang W Y, Xu C, et al. Induction of hepatic estrogen-responsive gene transcription by permethrin enantiomers in male adult zebrafish. Aquatic Toxicol, 2008,88 (2):146-152.

[48] Jin Y X, Chen R J, Wang W Y, et al. Enantioselective induction of estrogen-responsive gene expression by permethrin enantiomers in embryo-larval zebrafish. Chemosphere, 2009, 74 (9): 1238-1244.

[49] Wang L M, Zhou S S, Lin K D, et al. Enantioselective estrogenicity of o,p'-dichlorodiphenyltrichlor in the MCF-7 human breast carcinoma cell line. Environ Toxic Chem, 2009,28 (1):1-8.

[50] Ma Y, Chen L A, Lu X T, et al. Enantioselectivity in aquatic toxicity of synthetic pyrethroid insecticide Fenvalerate. Ecotoxicol Environ Saf, 2009,72 (7): 1913-1918.

[51] Jin M Q, Zhang X F, Wang L J, et al. Developmental toxicity of bifenthrin in embryo-larval stages of zebrafish. Aquat Toxicol, 2009, 95(4): 347-354.

[52] Xu C, Wang J J, Liu W P, et al. Separation and aquatic toxicity of enantiomers of the pyrethroid insecticide lamda-cyhalothrin. Environ Toxicol Chem, 2008, 27 (1): 182-187.

[53] Xu C, Zhao M R, Liu W P, et al. Enantioselective separation and zebrafish embryo toxicity of insecticide acetofenate. Chem Res Toxicol, 2008, 21 (5): 1050-1055.

[54] Zhao M R, Liu W P. Enantioselective in the immunotoxicity of the insecticide acetofenate in an in vitro model. Environ Toxicol Chem, 2009, 29(3): 578-585.

[55] Zhao M R, Chen F, Wang C, et al. Integrative assessment of enantioselectivity in endocrine disruption and immunotoxicity of synthetic pyrethroids. Environ Pollut, 2010, 158(3): 1968-1973.

[56] Zhao M R, Wang C, Liu K K, et al. Enantioselectivity in chronic toxicology and uptake of the synthetic pyrethroid insecticide bifenthrin in Daphnia magna. Environ Toxicol Chem, 2009, 28 (7): 1475-1479.

[57] Liu H G, Zhao M R, Zhang C, et al. Enantioselective cytotoxicity of the insecticide bifenthrin on a human aminion epithelial (FL) cell line. Toxicology, 2008, 253(1-3): 89-96.

[58] Liu H G, Xu L H, Zhao M R, et al. Enantiomer-specific Bifenthrin-induced Apoptosis Mediated by MAPK Signaling Pathway in Hep G2 Cell Lines. Toxicology, 2009, 261(3): 119-125.

[59] Hu F, Li L, Wang C, et al. Enantioselective induction of oxidative stress by permethrin in rat PC12 cells. Environ Toxicol Chem, 2010, 29(3): 683-690.

[60] Ye J, Zhang Q, Zhang A P, et al. Enantioselective Effects of Chiral Herbicide Diclofop Acid on Rice Xiushui 63 Seedlings. Bull Environ Contam Toxicol, 2009, 82 (1): 85-91.

[61] Wen Y Z, Yuan Y L, Chen H, et al. Effect of Chitosan on the Enantioselective Bioavailability of the Herbicide Dichlorprop to Chlorella pyrenoidosa. Environ Sci Technol, 2010, 44 (13): 4981-4987.

[62] Qian H F, Hu H J, Mao Y Y,et al. Enantioselective phytotoxicity of the herbicide imazethapyr in rice Chemosphere, 2009, 76 (7): 885-892.

[63] Zhou Q Y, Xu C, Zhang Y S, et al. Enantioselectivity in phytotoxicity of herbicide imazethapyr. J Agric Food Chem, 2009, 57 (4): 1624-1631.

[64] Wang Q X, Qiu j, Bi C L, et al. Stereoselective Degradation Kinetics of Theta-cypermethrin in Rats. Environmental science & technology, 2006, 40 (3):721-726.

[65] Diao J L, Xu P, Wang P, et al. Environmental Behavior of the Chiral Aryloxyphenoxypropionate Herbicide Diclofop-Methyl and Diclofop: Enantiomerization and Enantioselective Degradation in Soil. Environ Sci Technol, 2010, 44: 2042-2047.

[66] Lu D H, Wang P, Zhu W D, et al. Enantioselective Degradation of Fipronil in Chinese Cabbage (Brassica Pekinensis). Food Chemistry, 2008, 110: 399-405.

[67] Gu X, Lu Y L, Wang P,et al. Enantioselective Degradation of Diclofop-methyl in Cole(*Brassica chinensis* L). Food Chemistry, 2010, 121: 264-267.

[68] Xu P, Liu D H, Diao J L, et al. Enantioselective Acute Toxicity and Bioaccumulation of Benalaxyl in Earthworm (*Eisenia fedtia*), J Agric Food Chem, 2009, 57 (18): 8545-8549.

[69] Zhu W T, Dang Z H, Qiu J, et al. Stereoselective Toxicokinetics and Tissue Distribution of Ethofumesate in Rabbits. Chirality, 2007, 19: 632-637.

[70] Wang Q X, Qiu J, Wang P,et al. Stereoselective kinetic study of hexaconazole enantiomers in the rabbit. Chirality. 2005,17 (4): 186-192.

[71] Qiu J, Wang Q X, Zhu W T,et al. Stereoselective determination of benalaxyl in plasma by chiral high-performance liquid chromatography with diode array detector and application to pharmacokinetic study in rabbits. Chirality, 2007, 19(1):51-55.

[72] Wang P, Jiang S R, Qiu J, et al. Stereoselective Degradation of Ethofumesate in Turfgrass and Soil. Pesticide Biochemistry and Physiology, 2005, 82(3): 197-204.

[73] Zhu W T , Qiu J, Dang Z H, et al. Stereoselective degradation kinetics of tebuconazole in rabbits. Chirality, 2007, 19(2):141-147.

[74] Qiu J, Wang Q X, Wang P,et al. Enantioselective degradation kinetics of metalaxyl in rabbits. Pesticide Biochemistry and Physiology, 2005, 83(1): 1-8.

[75] Gu X, Wang P, Liu D H, et al. Stereoselective degradation of diclofop-methyl in soil and Chinese cabbage. Pesticide Biochemistry and Physiology, 2008, 92: 1-7.

[76] Wang Q X, Qiu J, Wang P, et al. Stereoselective Kinetic Study of Hexaconazole Enantiomers in the Rabbit. Chirality, 2005, 17: 186-192.

[77] Zhu W, Dang Z, Qiu J,et al. Species differences for stereoselective metabolism of ethofumesate and

its enantiomers in vitro. Xenobiotica, 2009, 39 (9): 649-655.

[78] Lu D H, Liu D H, Gu X, et al. Stereoselective metabolism of fipronil in water hyacinth (*Eichhornia crassipes*). Pesticide Biochemistry and Physiology, 2010, 97: 289-293.

[79] Gu X, Wang P, Liu D H, et al. Stereoselective Degradation of Benalaxyl in tomato, tobacco, sugar beet, capsicum and soil. Chirality, 2008, 20: 125-129.

[80] Wang X Q, Jia G F, Qiu J, et al. Stereoselective degradation of fungicide benalaxyl in soils and cucumber plants. Chirality, 2007, 19: 300-306.

[81] Pang G F, Fan C L, Liu Y M, et al. Multi-residue method for the determination of 450 pesticide residues in honey, fruit juice and wine by double-cartridge solid-phase extraction/gas chromatography-mass spectrometry and liquid chromatography-tandem mass spectrometry. Food Additives and Contaminants, 2006, 23: 777-810.

[82] Pang G F, Cao Y Z , Zhang J J , et al. Validation study on 660 pesticide residues in animal tissues by gel permeation chromatography cleanup/gas chromatography-mass spectrometry and liquid chromatography-tandem mass spectrometry. Journal of Chromatography A, 2006, 1125, 1-30.

[83] Liu X G, Dong F S, Zheng Y O. Determination of mepiquat hloride residues in cotton and soil by liquid chromatography/mass spectrometry. Journal of AOAC International, 2008, 91: 1110-1115.

[84] Jiang Y, Li X, Xu J, et al. Multiresidue method for the determination of 77 pesticides in wine using QuEChERS sample preparation and gas chromatography with mass spectrometry. FOOD ADDIT CONTAM: Part A, 2009, 26: 859-866.

[85] Zhang H T, Song T, Zhang W, et al. Retention behavior of phenoxyacetic herbicides on a molecularly imprinted polymer with phenoxyacetic acid as a dummy template molecule. Bioorganic & Medicinal Chemistry, 2007, 15: 6089-6095.

[86] Qian G L, Wang L M, Wu Y R, et al. A monoclonal antibody-based sensitive enzyme-linked immunosorbent assay (ELISA) for the analysis of the organophosphorous pesticides chlorpyrifos-methyl in real samples. Food Chemistry, 2009, 117: 364-370.

[87] Zhang Q, Wang L B, Ahn K C, et al. Hapten heterology for a specific and sensitive indirect enzyme-linked immunosorbent assay for organophosphorus insecticide fenthion. Analytica Chimica Acta, 2007, 596: 303-311.

[88] Xu S C, Wu A B, Chen H D, et al. Production of a novel recombinant Drosophila melanogaster acetylcholinesterase for detection of organophosphate and carbamate insecticide residues. Biomolecular Engineering, 2007, 24: 253-261.

[89] Sun I W, Dong T T, Zhang Y, et al. Development of enzyme linked immunoassay for the simultaneous detection of carbaryl and metolcarb in different agricultural products. Analytica Chimica Acta, 2010, 666: 76-82.

[90] Wang P, Liu D H, Gu X, et al. Quantitative Analysis of Three Chiral Pesticide Enantiomers By HPLC. Journal of AOAC International, 2008, 91: 1007-1012.

[91] Wang P, Jiang S R, Liu D H, et al. Effect of alcohols and temperature on the direct chiral resolutions of fipronil, isocarbophos and carfentrazone-ethyl. Biomedical Chromatography, 2005, 19(6): 454-458.

[92] Wang P, Jiang S R, Liu D H, et al. Direct enantiomeric resolutions of chiral triazole pesticides by high-performance liquid chromatography. Journal of Biochemical and Biophysical Methods, 2005, 62(3): 219-230.

[93] Wang P, Jiang S R, Liu D H, et al. Enantiomeric resolution of chiral pesticides by high-performance liquid chromatography. Journal of Agricultural and Food Chemistry, 2006, 54 (5): 1577-1583.

[94] Liu D H, Wang P, Zhou W F, et al. Direct chiral resolution and its application to the determination of fungicide benalaxyl in soil and water by high-performance liquid chromatography. Analytica Chimica Acta, 2006, 555(2): 210-216.

[95] Diao J L, Lv C G, Wang X Q, et al. Influence of Soil Properties on the Enantioselective Dissipation of the Herbicide Lactofen in Soils. J Agric Food Chem, 2009, 57 (13): 5865-5871.

[96] Diao J L, Peng X, Wang P, et al. Enantioselective Degradation in sediment and Aquatic Toxicity of Enantiomers of the Chiral Herbicide Lactofen. J Agric Food Chem, 2010, 58 (4): 2439-2445.

[97] Wolansky M J, Harrill J A. Neurobehavioral toxicology of pyrethroid insecticides in adult animals: A critical review. Neurotoxicol Teratol, 2008, 33 (2): 55-78.

[98] Nillos M G, Lin K D, Gan J, et al. Enantioselectivity in feipronil aquatic toxicity and degradation. Environ Toxicol Chem, 2009, 28(9): 1825-1833.

[99] Ye J, Wu J, Liu W P. Enantioselective separation and analysis of chiral pesticides by high-performance liquid chromatography. Trends Anal Chem, 2009, 28(10): 1148-1163.

[100] Li L, Zhou S S, Jin L X, et al. Enantiomeric separation for organophosphorus pesticides by high performance liquid chromatography, gas chromatography and capillary electrophoresis and their application in environmental behavior and toxicity assay. J Chromatogr B, 2010, 878(17-18): 1264-1276.

[101] Lewis D L, Garrison A W, Wommack K E, et al. Influence of environmental changes on degradation of chiral pollutants in soils. Nature, 1999, 401(6756): 898-901.

[102] Diao J L, Xu Peng, Wang P, et al. Environmental Behavior of the Chiral Aryloxyphenoxypropionate Herbicide Diclofop-Methyl and Diclofop: Enantiomerization and Enantioselective Degradation in Soil. Environ Sci Technol, 2010, 44: 2042-2047.

[103] Liu D H, Wang P, Zhu W D, et al. Enantioselective Degradation of Fipronil in Chinese Cabbage (*Brassica Pekinensis*). Food Chemistry, 2008, 110: 399-405.

[104] Gu X, Lu Y L, Wang P, et al. Enantioselective Degradation of Diclofop-methyl in Cole(*Brassica chinensis* L). Food Chemistry, 2010, 121: 264-267.

[105] Xu P, Liu D H, Diao J L, et al. Enantioselective Acute Toxicity and Bioaccumulation of Benalaxyl in Earthworm (*Eisenia fedtia*). J Agric Food Chem, 2009, 57 (18): 8545-8549.

[106] Zhu W T, Dang Z H, Qiu J, et al. Stereoselective Toxicokinetics and Tissue Distribution of Ethofumesate in Rabbits. Chirality, 2007, 19: 632-637.

[107] Qiu J, Wang Q X, Zhu W T, et al. Stereoselective determination of benalaxyl in plasma by chiral high-performance liquid chromatography with diode array detector and application to pharmacokinetic study in rabbits. Chirality, 2007, 19(1): 51-55.

[108] Zhu W T, Qiu J, Dang Z H, et al. Stereoselective degradation kinetics of tebuconazole in rabbits. Chirality, 2007, 19(2): 141-147.

[109] Gu X, Wang P, Liu D H, et al. Stereoselective degradation of diclofop-methyl in soil and Chinese cabbage. Pesticide Biochemistry and Physiology, 2008, 92: 1-7.

[110] Zhu W, Dang Z, Qiu J, et al. Species differences for stereoselective metabolism of ethofumesate and its enantiomers in vitro. Xenobiotica, 2009, 39 (9): 649-655.

[111] Lu D H, Liu D H, Gu X, et al. Stereoselective metabolism of fipronil in water hyacinth (*Eichhornia crassipes*). Pesticide Biochemistry and Physiology, 2010, 97: 289-293.

[112] Wang X Q, Jia G F, Qiu J, et al. Stereoselective degradation of fungicide benalaxyl in soils and cucumber plants. Chirality, 2007, 19: 300-306.

撰稿人：王道全　席　真　李钟华　周志强
刘维屏　潘灿平　张一宾

入侵生物学学科发展研究

一、引　言

我国是遭受生物入侵最为严重的国家之一，生物入侵形势十分严峻。首先，新的入侵疫情不断突发。近10年来相继发现了西花蓟马、Q型烟粉虱、扶桑绵粉蚧、螺旋粉虱、双钠巢粉虱等20余种世界危险性与暴发性物种的入侵，对农林业生产构成了巨大的威胁。其次，潜在入侵物种截获频次急剧增加。2008年中国各机场与港口截获外来物种批次较多的是来自美国、泰国、马来西亚、阿根廷、巴西、澳大利亚、莫桑比克、巴布亚新几内亚、越南、缅甸等10个国家，其累积截获疫情为102 413批次。危险性外来物种入侵形势愈加严峻。为了加速入侵生物学学科的形成与发展，我国从事生物入侵学研究与教学的一线骨干人员，在消化吸收前人工作的基础上，以近十年来在生物入侵研究理论和技术等方面取得的突破性进展和成果为素材，围绕生物入侵学科的理论体系，针对外来入侵物种的预防、控制与管理技术方法及其适生性风险评估、应急预案和生物防治等成功案例，组织编写了《入侵生物学》系列专著，该系列丛书包括《入侵生物学》、《生物入侵：预警篇》、《生物入侵：检测与监测篇》、《生物入侵：生物防治篇》、《生物入侵：管理篇》以及《中国生物入侵研究》(包括中文版和英文版)等，并于2010年全部出版发行。在组建了一支涵盖多学科、多层面、稳定发展的科学研究与教学师资队伍的同时，初步形成了符合我国国情的入侵生物学学科体系。基于我国在生物入侵防控基础研究和应用研究的国际地位，以我国生物入侵学科研人员和相关政府部门及国际组织为依托，2009年11月2～6日在中国福州隆重召开了首届"国际生物入侵大会"，来自44个国家和地区的500多名专家学者呼吁加强国际合作，积极应对全球变化下的生物入侵；大会取得了前所未有的巨大成功。2009年11月9～12日"第五届国际烟粉虱学术研讨会"在中国广州胜利召开，来自全球二十多个国家和地区的两百多名代表共同研讨烟粉虱暴发成灾机制和防控策略。2007年12月首届全国生物入侵大会在福建福州隆重召开，2008年11月和2010年11月第二届和第三届全国生物入侵大会分别在广东广州和海南海口盛大举行，推动了我国在生物入侵研究领域丰硕成果的展示和交流。通过两次国际会议和三届全国生物入侵大会，为中国科学家搭建了国际合作和科学思想交流的平台，充分体现出我国在生物入侵学这一新兴领域的国际能力，显著提升了我国生物入侵研究在国际上的地位、影响力及号召力，推动了入侵生物学学科的健康发展。

二、近年来入侵生物学学科取得的重大研究进展

近年来，科技部、农业部、国家自然科学基金委员会等有关部门根据国家发展需求，设立了多项入侵生物基础研究项目和入侵生物防控技术创新的专项研究。2009年，科技部

再次通过“973”计划立项开展“重要外来物种入侵的生态影响机制与监控基础”研究。这些项目的实施为我国生物入侵学学科构建与发展作出了巨大贡献，也使得我国生物入侵预防与控制的技术创新与发展步入了一个新阶段。

(一)入侵物种的种群形成与扩张机制研究

为了解析“少量初始种群如何突破瓶颈效应、建立种群、扩张蔓延并暴发成灾”的关键，以紫茎泽兰、B型/Q型烟粉虱、松材线虫等为对象，从个体和种群层面重点研究了入侵物种生活史特征与种群建立和维持的关系，入侵种群形成与扩散的机制，以及入侵物种在种群形成与扩张过程中对生态系统的响应，相关研究取得了突破性进展。

1. 以紫茎泽兰化感作用为切入点，深入研究了其种群形成和扩张，已分离鉴定根系和花中的多种新化合物，并克隆了6个化感物质代谢的调控功能基因

紫茎泽兰根系活性物质分泌及信号调节机制研究获得突破。通过土壤微(生物)环境、内在信号调控、组织内活性物质合成积累、根系活性物质分泌4个环节间化学互作关系的研究，发现了一种新的单萜酮醇和两种新百里酚类天然产物，分离鉴定萜烯类化合物10余种；同时还发现紫茎泽兰花对受体植物或土壤微生物具有化感活性，通过分离鉴定得到倍半萜类化感物质两种、黄酮苷类一种、糖苷类物质数种；提高了富集紫茎泽兰根系分泌物的收集效果。为探索紫茎泽兰调控其活性物质合成积累与分泌的信号调节机制提供了可靠的分析来源。

2. 解析了烟粉虱复合种及其系统演化，并获得其基因信息，对入侵烟粉虱种群形成和扩张机制研究具有重要意义

从2005年开始，Liu等、Xu等、Wang等、Sun等建立了采自中国境内的6个推测种的实验种群，对它们进行了30个种间组合的杂交试验，即包括了相互之间可组成的所有正交和反交组合，还对部分种间组合的交配行为进行了详细观察。结果表明，推测种之间即使在室内强迫条件下也极少交配，绝大多数不能产生杂交子代，只有4个组合产生少量杂交子代，但都是不育或发育不良。在此基础上，对世界各国学者近20年所做的烟粉虱杂交试验进行了归纳分析，发现已在13个推测种之间进行了55个组合正反交试验，所有隐种之间生殖上完全隔离或基本隔离。这些新的研究首次以丰富的分子、遗传和行为等方面的证据，综合证明烟粉虱是一个包含20多个隐种的复合种，且可利用特征共有序列对每一隐种进行快速、准确的鉴定，使烟粉虱系统演化的探讨取得了突破性进展，使隐种的鉴定有了客观的标准。而有关不同隐种之间的生殖隔离程度及其隔离机制的深入了解，以及形态分类特征的积极探索，均将会为烟粉虱的入侵生物学、综合治理等方面的研究提供科学基础。这一重要进展在2009年第5届国际烟粉虱学术研讨会上应邀以“主题报告”形式报告，已在昆虫学权威期刊 Annual Review of Entomology 上发表，将引领烟粉虱复合种系统演化和分类这一国际学术难题的研究。此外，Wang等利用第二代 Illumina 测序技术，首次测定了Q型烟粉虱的转录组，通过同源分析比对，找出了2万多条Q

型烟粉虱的基因，为深入研究提供了大量的信息。并发现了众多与烟粉虱抗药性相关的基因，为开发相应的杀虫剂提供了理论基础。为今后利用有限资源经济而高效地研究其他未知基因组信息的物种，提供了宝贵的信息资源。

3. 阐明了橘小实蝇的发生规律与迁移特征，对入侵物种的有效控制意义重大

分析发现，月平均温度、月均最低温度、月降雨日数以及寄主种类和挂果期等对橘小实蝇种群数量的变动均具有显著影响。各种环境因子随季节和区域发生变化且相互作用，并最终决定橘小实蝇的种群变动和发生为害的基本规律。受气候纬度变化和寄主成熟期南北差异的影响，我国各地橘小实蝇种群增长最高峰的出现时间随纬度由低到高依次向后推移。北纬 24°以南的热带地区，橘小实蝇周年发生，6～7 月为种群发生高峰期。由此向北至长江以南大部分地区，冬季温度较低，橘小实蝇成虫于每年 4～5 月份开始出现，8～11 月为种群增长高峰期。在北纬 25°附近地区，如云南保山、广西桂林、福建福州一线，橘小实蝇种群高峰期发生于每年 8 月；而在湖南、江苏、浙江、上海等江南地区，其高峰期出现在 9 月至 10 月下旬。针对橘小实蝇种群变动规律和高峰期特征进行监测和预警，抓住关键时期采取控制措施，是各地实施橘小实蝇控制的重点。

寄主条件、环境因素、人为活动和自主扩散迁移是决定橘小实蝇区域性扩张、局域性灾害的基本要素，也是制定橘小实蝇防治方案、实施橘小实蝇种群控制的重要基础。研究揭示，人为因素是橘小实蝇实现远距离、跨越式传播的重要原因。瓜果贸易及运输有助于橘小实蝇突破自然地理屏障的限制，在原有分布区以外建立种群，形成跳跃式传播和局域性灾害。20 世纪 70 年代之前广东、广西以及云南中南部地区橘小实蝇的局部暴发，80 年代四川金沙江河谷、福建中部地区橘小实蝇的斑块状分布，以及 21 世纪初橘小实蝇在上海出现，无不体现出人类活动在橘小实蝇传播及成灾过程中的作用。自主性迁飞以及环境因素的局域性扩散是橘小实蝇在我国扩张过程中的重要特征。在云南西南部纵向岭谷区，高大山系与深切峡谷沿东西向相间排列，主导该区域的西南气流沿河谷北上，特定的地理气候条件构成了橘小实蝇入侵、扩散的生态廊道，也成为中南半岛的橘小实蝇经由陆路通道入侵我国，并进一步向中东部地区扩散的主要迁移通道。在该区域内，每年春季随气温回升，橘小实蝇从北纬 24°以南的常年分布区沿河谷走向借气流向北迁移，在北纬 24°～26°区域内形成季节种群。橘小实蝇的这一扩散特征使其实际危害范围在该虫原有生态位基础上得以迅速拓宽。橘小实蝇在我国的分布格局与扩张走向与其自主迁移能力和能随气流扩散的特性密切相关，我国目前橘小实蝇的分布现状正是人为因素和橘小实蝇自主扩散共同作用的结果。因此在防治工作中，应充分考虑橘小实蝇的迁飞特征和区域性扩张规律，以现有橘小实蝇疫区为核心，建立长期的控制与阻断机制，压低虫源基数，减少迁移量。同时，针对其迁移的时间周期和路线特征，抓住有利时机在其迁移通道上进行人为干预，以降低季节性分布区内橘小实蝇种群灭绝后再次建群的机会，缩小其季节性发生危害范围。

4. 完成了松材线虫与拟松材线虫基因组的比较测序和基因注释，发现松材线虫存在 705 个种特异基因，一些基因家族如果胶酶基因家族存在明显的基因扩张，为从全基因组解析入侵松材线虫致病作用机制提供了依据

采用 Solexa 高通量测序和 Sanger 传统测序技术，对松材线虫入侵种群（浙江种群）和本地近种拟松材线虫种群进行基因组序列分析，分别获得了松材线虫和拟松材线虫基因组的精细图，两个基因组测序总量达 110X 以上。基因组组装发现，松材线虫组装大小 85M，scaffold N50 为 823k；拟松材线虫组装大小为 72M，scaffold N50 为 322k。综合 4 种线虫基因组注释软件及 EST、转录组、同源预测等信息，最后用 GLEAN 综合各类证据信息进行基因组注释，松材线虫与拟松材线虫注释基因数分别为 16081 个和 15591 个，有超过 92%的基因可找到 EST 或转录组支持，超过 62%的基因可至少找到 1 个 IPR 保守结构域，70%可在数据库中找到相似基因；基于全基因组构建了松材线虫与拟松材线虫的基因进化树，根据 *Caenorhabditis . elegans* 与 *C. briggsae* 的分化时间估计松材线虫与拟松材线虫分化时间为 26～37MYA；松材线虫与拟松材线虫具有非常高的共线性，覆盖松材线虫为 88%，覆盖拟松材线虫为 84%；基于包括松材线虫与拟松材线虫在内的 9 个物种 16 万个基因构建基因家族，共得到 21814 个基因家族，有 3508 个家族为松材线虫与拟松材线虫独享性共有，松材线虫特有家族 81 个；完成了部分特定类基因的人工注释，发现松材线虫拥有植物细胞壁降解酶系，但与南方根结线虫比较，纤维素酶来自于完全不同的家族（GH45），与真菌的纤维素酶基因相似，可能是能取食真菌经过进化长期进化水平转移的结果；与拟松材线虫比较，松材线虫果胶酶基因家族存在明显的基因扩张，松材线虫中存在 17 份拷贝，拟松材线虫存在 7 份拷贝，松材线虫在两处存在串联重复；特别是发现松材线虫存在 705 个种特异基因，其中一个高表达的功能未知的分泌蛋多肽基因可能参与致萎作用，正在进行功能验证。为从全基因组解析松材线虫致病作用机制提供了依据。

（二）入侵物种的生态适应性与进化机制

1. 分析了紫茎泽兰高海拔种群的耐寒性及其相关 *hsp* 表达的差异

从紫茎泽兰种群对低温适应进化的分子生态学角度，系统分析了紫茎泽兰高海拔种群的耐寒性以及相关 *hsp* 的表达差异。针对紫茎泽兰的低温反应，以高海拔紫茎泽兰种群为对象，采用人工模拟的方法研究了采自四川和云南高海拔紫茎泽兰种群对低温的适应性。结果表明，不同海拔的紫茎泽兰种群对低温胁迫的响应存在明显差异，随温度的逐渐降低，紫茎泽兰受害症状主要表现为叶片失绿变褐、萎蔫。进一步的研究结果显示，丙二醛（MDA）、可溶性糖、抗氧化酶（SOD、CAT、APX）等指标在低温下均出现不同程度的升高；海拔高度不同其种群指标变化幅度各异，表明高海拔的紫茎泽兰种群对低温的适应性存在差异，其中采自四川西昌的磨盘山和泸山的高海拔种群耐寒性最强。以耐寒性和低温敏感性的紫茎泽兰种群为材料，利用 SYBR ® Premix Ex TaqTM II 荧光染料，建立了一套特异的紫茎泽兰 *hsp*70 实时荧光定量 PCR 检测技术体系，比较了不同低温胁迫条件下不同地理种群的紫茎泽兰 *hsp*70 mRNA 诱导水平的差异。研究结果表明低温胁迫下，紫茎泽兰叶片中 *hsp*70 基因的表达水平升高，不同地理种群的 *hsp*70 基因的表达水平

有差异。说明热激蛋白的过量表达有助于紫茎泽兰温度对逆境的适应，是其成功扩张的主要生态适应机制之一。

2. 明确了Q型烟粉虱对温度胁迫响应及其生物学和生殖学反应

比较研究了高温胁迫对烟粉虱的种群动态、性比以及繁殖力、求偶和交配行为的影响，以及不同世代Q型烟粉虱的热胁迫适应性和遗传特性。结果表明，短时高温胁迫对不同世代Q型烟粉虱的存活以及繁殖有显著影响，表现为存活率下降、成虫寿命缩短、产卵量减少，雌性比例降低；但是随着世代数的增加，Q型烟粉虱逐渐适应了热胁迫，且具有遗传性，亦即，高温胁迫对其后代存活率没有显著影响。亚致死低温驯化可以显著提高Q型烟粉虱成虫对极端高温的抵抗能力，当成虫在10℃驯化0.5 h时，其在45℃下存活率由49.4%上升至69.2%；但高温驯化对成虫的耐热性没有显著影响。温度驯化和高低温交互胁迫对Q型烟粉虱的产卵量没有显著影响。当成虫在10℃或33℃条件下驯化0.5h时，产卵量明显下降。但是，39℃驯化0.5h后，其产卵量明显上升。高温诱导后再施以低温胁迫，使成虫产卵量略有增加；而低温诱导再高温胁迫，其产卵量减少。

3. 揭示了入侵烟粉虱热激蛋白基因表达与其温度胁迫适应性的关系，明确了其在B型/Q型烟粉虱和土著粉虱中的耐热功能，为从基因水平上解析烟粉虱入侵扩张能力的温度适应性差异提供依据

针对温度胁迫适应性差异的生态学现象，研究了不同生物型烟粉虱（B型、Q型、ZHJ1型和ZHJ2型）和温室粉虱的3种热激蛋白基因（*hsp*20、*hsp*70和*hsp*90基因）表达和温度胁迫耐受性的关系，并进行了耐热功能验证，研究结果，温室粉虱和B型烟粉虱的热激蛋白基因表达存在差异，温室粉虱热激蛋白基因开始诱导表达的温度和表达量最高时的温度分别比B型烟粉虱低2～6℃。这与温室粉虱低温耐受性强于B型烟粉虱，而B型烟粉虱高温耐受性较温室粉虱强的生态学现象吻合。B型和Q型烟粉虱较土著种ZHJ1型烟粉虱具有更强的高低温胁迫耐受性；B型和Q型烟粉虱3种热激蛋白基因开始诱导表达的温度和表达量最高时的温度分别比ZHJ1型烟粉虱高2～4℃；ZHJ2型的高温胁迫耐受性和热激蛋白基因诱导表达的起始温度和最高温度都比B型和Q型低2℃左右。低温时，B型烟粉虱的*hsp*20和*hsp*70不表达，*hsp*90的表达量亦较低；而温室粉虱的3种热激蛋白基因均显著表达。进一步的RNAi实验证明，温室粉虱和B型烟粉虱的*hsp*90基因在高低温胁迫时其耐受性作用不显著，而*hsp*70和*hsp*20对两种粉虱的高温胁迫耐受性和温室粉虱的低温胁迫耐受性具有主要作用。进而表明，烟粉虱的高温耐受性与其体内热激蛋白基因的表达有关，热激蛋白基因表达差异使入侵生物型具有更强的高温逆境适应能力，而热激蛋白基因的低表达与本地烟粉虱高温时种群增长受挫密切相关。

4. 大豆疫霉侵染过程的信号传导机制取得重大进展

建立了大豆疫霉稳定基因转化和瞬时基因转化技术，实现了对外源基因的稳定高效表达和基因沉默，并在国际上首次建立了大豆疫霉基因的瞬时沉默体系。首次运用dsR-NA介导的瞬时基因沉默技术对大豆疫霉菌的目标基因进行沉默研究，dsRNA介导的瞬

时转化所得到的转化子在第 8 天开始诱导特异基因的沉默，基因沉默效率最高可达 95%以上，沉默效果持续 7～10 天。本研究建立的基因沉默系统为大豆疫霉致病机理的研究提供了重要工具。对大豆疫霉重要信号传导分子 MAPK 家族和转录因子进行了详细的生物信息学分析，发现了蛋白激酶 PsSAK1 拥有一个独特的 PH 结构域，参与控制大豆疫霉对环境中高渗透压的抗性，该基因的突变严重影响了游动孢子的发育及侵染寄主的能力，游动孢子休止显著提前，顶端附着胞产量减少且几乎不能侵入寄主，导致大豆疫霉致病性丧失；转录因子 PsHSF1 控制大豆疫霉对侵染过程中植物活性氧迸发的清除，突变体由于丧失对寄主基础防卫反应的抑制导致致病性显著下降。

（三）重要入侵物种对土著种的竞争排斥机制与置换效应

1. 阐明了红脂大小蠹伴生菌种类与来源，明确了红脂大小蠹与伴生菌的互作关系，提出并验证了“共生生物促进”假说、“返入侵”假说

通过形态和分子鉴定，分离得到 10 种 Ophiostomatoid 中国红脂大小蠹伴生菌，分别为 *Leptographium procerum*，*L. truncatum*，*L. pini-densiflorae*，*Hyalorhinocladiella pinicola*，*Ophiostoma ips*，*O. flocossum*，*O. minus*，*O. piceae*，*O. rectangulosporium* 和 *O. abietinum*，其中 *L. procerum* 为中国红脂大小蠹主要伴生菌；与美国林务局的科学家合作，分离得到 6 种 Ophiostomatoid 美国红脂大小蠹伴生菌，分别为 *L. procerum*，*L. terebrantis*，*L. huntii*，*O. ips*，*O. minus* 和一个新种。通过筛选出的 8 个微卫星位点，对 96 株 *Leptographium procerum*（其中 51 株为中国红脂大小蠹携带，31 株为美国红脂大小蠹携带和 14 株为美国非红脂大小蠹携带）进行种群遗传学研究。结果表明：中国 *L. procerum* 种群没有独特的单倍型，并且其单倍型全部来自美国红脂大小蠹携带的 *L. procerum* 种群。进而表明，*L. procerum* 是由红脂大小蠹从美国携带传播到中国，在入侵地中国，红脂大小蠹与 *L. procerum* 形成入侵共生体。进一步的研究还发现，中国红脂大小蠹伴生菌 *L. procerum* 通过提高红脂大小蠹幼虫适合度降低寄主油松的抗性，并诱导寄主油松产生红脂大小蠹聚集化合物以协助其在新入侵地的入侵；此外，中国红脂大小蠹通过携带伴生菌 *L. procerum* 和诱导寄主油松产生抑制其他伴生菌生长的化合物来协助其伴生菌 *L. procerum* 在新入侵地的入侵。上述研究结果从红脂大小蠹一伴生菌种间协同互作、红脂大小蠹一寄主植物相互作用、伴生菌一寄主植物相互作用以及伴生菌一伴生菌种间竞争等 4 个方面验证了红脂大小蠹与其伴生菌 *L. procerum* 的共生关系及其在新入侵地的发展和保持，明确了红脂大小蠹及其伴生菌 *L. procerum* 的入侵性，提出了新的入侵模式，即共生入侵。并进而引入了博弈论，建立了红脂大小蠹一伴生菌一寄主植物互作模型，为探讨红脂大小蠹一伴生菌在协同适应中的策略选择奠定了理论依据。

2. 解析了烟粉虱一双生病毒一植物三者的互作关系，明确了烟粉虱一双生病毒入侵危害规律

室内研究表明，Q 型烟粉虱在感染番茄黄化曲叶病毒的烟草植株上取食，其寿命延长约 1 倍，产卵量增加了近 7 倍，而土著种 ZHJ-2 型烟粉虱成虫的寿命和繁殖能力没有

明显改变，表明番茄黄化曲叶病毒与Q型烟粉虱之间存在互惠关系，而与土著种烟粉虱间的互惠关系不明显。此外，研究还显示，由于双生病毒的侵染使原本适合度不高的植物对入侵烟粉虱的适合性明显增强，进而有助于入侵烟粉虱的成功入侵，并促进了病毒病的大流行。广泛系统的野外调查数据显示，外来烟粉虱入侵并取代土著近缘种为一动态过程，综合运用野外数据、行为观察、种群实验、种群计算机模拟等方法，揭示了外来烟粉虱入侵及双生病毒病成灾的部分行为机制和二者间的互作机理。

(四)重要入侵物种预警和控制技术基础

1. 构建了表达中国番茄黄化曲叶病毒(TYLCCNV) *CP* 基因和表达烟粉虱内共生菌 *GroEL* 基因 dsRNA 的植物表达载体，明确了其抗双生病毒的活性，对有效阻止病毒病的进一步暴发与流行，提供了技术保障

通过系统研究，构建了4个表达病毒 *CP* 基因 dsRNA 的植物表达载体和2个表达烟粉虱内共生菌 *GroEL* 基因的植物表达载体，建立了一套基于筛选的 MicroTom 番茄的高效遗传转化体系，以及B型烟粉虱的饲毒和传毒体系，并对转 *CP* 基因和 *GroEL* 基因烟草植株抗双生病毒的活性进行了分析，结果显示，来自同一母株的 T_0 代扩繁株抗性完全一致，转低同源 *CP* 片段 dsRNA 的本氏烟 T_0 代植株抗病型比率为47.1%，而转高同源 *CP* 片段的植株其抗病型比率为72.7%；转3个不同长度 *CP* 片段 dsRNA 的转基因本氏烟 T_0 代植株抗病性存在差异，分别为72.7%、80.7%和89.6%；从转 pBIN19-2CP_{159} T_0 代转基因烟草抗病植株中随机选取4株繁殖，进行 T_1 代抗病性分析，发现 T_1 代植株抗病株比率分别为12.5%、22.5%、10.0%和17.5%。此外，研究还显示，转2个不同长度 *GroEL* 基因片段 dsRNA 的本氏烟 T_0 代中未发现抗病型植株；将带毒并在 T_0 代转基因烟草扩繁株取食2天的烟粉虱取食非转基因植株，PCR检查发现，转含 $2G_{502}$ 和 $2G_{306}$ 的植株对烟粉虱传毒能力干扰率分别为22.0%和16.0%，但未表现抗双生病毒活性。

2. 豚草天敌昆虫的有效利用

经过20多年的努力，我国筛选出了豚草卷蛾和广聚萤叶甲两种有效的豚草专一性天敌。为了利用这两种天敌昆虫，尤其是广聚萤叶甲，自2007年开始，对广聚萤叶甲的气候适应性、繁殖行为学及耐寒性进行了研究。结果表明广聚萤叶甲完全适应亚热带和部分温带气候条件，我国绝大多数豚草发生区均属亚热带气候，因此其应用前景广阔。进一步的研究显示，广聚萤叶甲发育的最适宜湿度范围为75%～90%，即更喜欢潮湿的小气候生境。每年从5月中旬至8月底，我国南部、东部和中部地区为高温高湿的气候，此时其种群可能会迅速扩张。同时，通过研究明确了广聚萤叶甲工厂化生产的最适宜条件为28±1℃、75±5%RH及光照14L:10D。广聚萤叶甲成虫短距离配偶定位、识别和交配需借助触觉与嗅觉协同完成。基于广聚萤叶甲不同地理种群耐寒性研究结果，明确了其具备北迁控制豚草的潜力。此外，通过冷驯化实验，表明了广聚萤叶甲通过人工冷驯化可增强其种群的耐寒能力。通过系统细致的基础研究，实现了两种豚草专一性天敌广聚萤叶甲和豚草卷蛾的工厂化生产，年生产量分别为150万～160万头和30万～50万头，组建了这两种天敌联合控制豚草的生物防治技术体系，推广应用后取得显著效果。2007～2009

年，该技术体系先后在湖南、湖北、广西、广东、江西、福建、浙江、安徽等省进行大规模示范和应用推广，取得了良好的控制效果，有效地遏制了豚草种群的扩散与蔓延，取得了显著的经济、社会和生态效益。

三、与国外研究进展比较

经过生物入侵学科各层面从事研究与管理人员的共同努力，目前我国已组建了一支涵盖多学科、多层面、稳定发展的从事生物入侵学的研究团队，初步形成了符合我国国情的入侵生物学学科体系。然而，就国外生物入侵学学科研究的发展趋势而言，我国入侵生物学的应用基础和应用技术研究还相当薄弱，检测和监测手段还比较落后，自动化水平不高且远未形成体系，无法实现对入侵物种的远程实时监测及其识别与诊断。相当数量的高度危险的潜在的外来有害生物甚至还没有基本的检测方法和标准，已有的检测方法还存在检测时间过长或敏感性不够的缺陷，远远不能满足维护国家安全的实际需求，使大量外来疫情不能得到及时、准确鉴定，无法组织对国内突发、尚未定殖的外来有害生物进行监测、调查和封锁控制；在对国内外疫情调查和风险分析，疫情数据库信息管理系统的建立与实时更新，以及快速的信息沟通与反应机制等方面的研究工作均存在较大的差距；此外，利用转基因技术控制入侵害虫的研究尚属空白。

四、入侵生物学学科发展趋势及建议

根据国际上对生物入侵研究的发展趋势，我国应加强以下几方面的研究工作。

（一）重要入侵物种的适应性与进化研究

入侵物种的表型可塑性及其生态基因组表达谱特征（即“前适应性”）和入侵物种种群在逆境、亚适宜环境条件下的生态适应特征、寄主谱适应性扩张（即“后适应性”）等，在入侵物种种群形成以及对亚适宜新生境的适应性快速进化过程起决定性作用。研究验证外来物种入侵“前适应性”与“后适应性”进化理论，对解析入侵物种生态适应性及其进化机制具有重要意义。

（二）重要入侵物种对土著种的竞争排斥机制与置换效应

外来物种与土著种的竞争排斥及其置换效应决定着入侵物种是否能在新的入侵地成功定殖。从种间水平研究外来物种对土著种（或生态位近似种）的资源利用/瓜分效能，入侵物种与土著种的化感互作、行为互作机制，入侵物种与土著生态位近似种、与携带菌或本地共生菌、与本地传播媒介之间的协同效应，入侵生境生态因子对入侵物种与土著种竞争的反馈作用。在此基础上构建多物种入侵的“协同入侵”模型，揭示入侵物种与土著种对资源利用能力的差异，探明入侵生境生物因子的反馈机制，诠释入侵物种对土著种的竞争排斥机制与置换效应。

(三)生物入侵对生态系统结构与功能的影响

外来生物的入侵往往会对入侵地的生态系统结构和功能造成不可逆转的影响。以群落和生态系统中多物种互作、环境因子互作为切入点,系统研究入侵物种对入侵地生境物种多样性、遗传多样性、物质循环和能量流动、生态系统承载力等的影响,以及由此导致的对生态系统结构和功能的影响,进而阐明入侵物种在不同生境入侵地的群落演替过程及其竞争演替机制,明确受干扰生境以及生境异质性对特定生态系统可入侵性和抵御作用的影响。

(四)重要入侵物种预警和控制技术基础研究

针对近年来中国各机场与港口截获外来物种的批次和数量逐年增加的问题,从预警的角度应重点研究潜在入侵物种风险评估技术和基于 DNA 条形编码的分子检测技术,以及新入侵物种的远程实时监测技术;从控制的角度应重点研究局部发生入侵植物竞争替代的生态修复技术及其资源利用机制,入侵昆虫的化学信息与食物结构调控机理及其分子干涉调控技术,入侵物种的传统生物防治控制技术、控制效应及天敌适应机理,以及入侵害虫的转基因控制技术。通过上述系统研究,为潜在入侵物种的预警和检测监测,以及局部发生重要入侵物种的持续治理提供技术基础。

参考文献

[1] 杨瑞,万方浩,郭建英,等. 中国生物入侵现状与发展趋势[G]//万方浩,郭建英,张峰. 中国生物入侵研究. 北京:科学出版社,2009:10-24.

[2] 裴熙祥,郭惠明,程红梅. 紫茎泽兰 cDNA 文库的构建及基因的筛选[J]. 核农学报,2009,23(5):785-788.

[3] Guo H, Zhang Y, Wan F, Cheng H. *Agrobacterium*-mediated transformation of *Eupatorium adenophorum* [J]. Plant Cell, Tissue and Organ Culture, 2010, 103: 417-422.

[4] Guo H, Pei X, Wan F, Cheng H. Molecular cloning of allelopathy related genes and their relation to HHO in *Eupatorium adenophorum* [J]. Molecular Biology Reports, 2010, DOI: 10.1007/s11033-010-0599-8.

[5] Liu S S, De Barro P J, Xu J, et al. Asymmetric mating interactions drive widespread invasion and displacement in a whitefly [J]. Science, 2007, 318: 1769-1772.

[6] Xu J, De Barro P J, Liu S S. Reproductive incompatibility among genetic groups of *Bemisia tabaci* supports the proposition that the whitefly is a cryptic species complex [J]. Bulletin of Entomological Research, 2010, 100: 359-366.

[7] Wang P, Ruan Y M, Liu S S. Crossing experiments and behavioral observations reveal reproductive incompatibility among three putative species of the whitefly *Bemisia tabaci* [J]. Insect Science, 2010, 17(6): DOI 10.1111/j.1744-7917.2010.01353.x.

[8] Wang P, Sun D B, Qiu B L, et al. The presence of six putative species of the whitefly *Bemisia tabaci* complex in China as revealed by crossing experiments [J]. Insect Science, 2011, 18(1): in press.

[9] Sun D B, Xu J, Luan J B, et al. Reproductive incompatibility between the B and Q biotypes of the

whitefly *Bemisia tabaci*: genetic and behavioural evidence [J]. Bulletin of Entomological Research, 2010, 100: in press.

[10] De Barro P J, Liu S S, Boykin L M, et al. *Bemisia tabaci*: a statement of species status [J]. Annual Review of Entomology, 2011, 56: 1-19.

[11] Wang X W, Luan J B, Li J M, et al. De novo characterization of a whitefly transcriptome and analysis of its gene expression during development [J]. BMC Genomics, 2010, 11: DOI 10.1186/1471-2164-11-400.

[12] 刘晓飞，施伟，陈鹏，等. 云南橘小实蝇研究概述 [J]. 中国生物防治，2009，25(增 2)：81-85.

[13] 刘建宏，叶辉. 云南元江干热河谷橘小实蝇种群动态及其影响因子分析[J]. 昆虫学报，2005，48(5)：706-711.

[14] 黄月英，陈军. 橘小实蝇的发生特点与综合防治技术[J]. 华东昆虫学报，2006，15(1)：63-66.

[15] 吕欣，韩诗畴，徐洁莲，等. 广州橘小实蝇[*Bactrocera dorsalis* (Hendel)]发生动态及气象因子[J]. 生态学报，2008，28(4)：1850-1856.

[16] Chen P, Ye H. Population dynamics of *Bactrocera dorsalis* (Diptera: Tephritidae) and analysis of factors influencing populations in Baoshanba, Yunnan, China[J]. Entomological Science, 2007, 10(2): 141-147(7).

[17] 陈鹏，叶辉. 云南潞江坝橘小实蝇成虫种群变动规律[J]. 浙江大学学报(农业与生命科学版)，2007，33(6)：633-640.

[18] 周卫川，李伟丰，詹开瑞，等. 福建地区橘小实蝇田间种群动态监测研究 [J]. 华东昆虫学报，2008，17(1)：26-30.

[19] 周国梁，叶军，袁平. 橘小实蝇在上海局部暴发成因分析[J]. 植物检疫，2006，20(增刊)：44-46.

[20] 赵琳，林云彪，蒙幼青. 柑橘小实蝇发生危害调查初报 [J]. 中国农技推广，2008，24(8)：41-42.

[21] 叶辉，陈鹏. 跨境昆虫入侵机制与控制对策 [G]//何大明，柳江，胡金明. 纵向岭谷区跨境生态安全与综合调控体系. 北京：科学出版社，2009:198-214.

[22] Ye H, Chen P. Historically geographical expansion and potential spread of *Bactrocera dorsalis* Hendel in China [G]. In: Wan F H, Guo J Y, Zhang F (eds). Research on Biological Invasions in China. Beijing: Science Press, 2009, 92-95.

[23] Gong W N, Ming Y, Xie B Y, et al. Inhibition of citrate synthase thermal aggregation in vitro by recombinant small heat shock protein [J]. Journal of Microbiology Biotechnology, 2009, 19: 1628-1634.

[24] Gong W N, Xie B Y, Wan F H, et al. Molecular cloning, characterization and heterologous expression of hsp70 and hsp90 of invasive alien weed *Ageratina adenophorum* (Asteraceae) under heat and cold stress[J]. Weed Biology and Management, 2010, 10: 91-101.

[25] Yu H, Wan F H. Cloning and expression of heat shock protein genes in two whitefly species in response to thermal stress [J]. Journal of Applied Entomology, 2009, 133: 602-614.

[26] Li A N, Wang Y L, Tao K, et al. PsSAK1, a stress-activated MAP kinase of *Phytophthora sojae*, is required for zoospore viability and infection of soybean [J]. Molecular Plant-microbe Interaction, 2010, 23(8): 1022-1031.

[27] Wang Y L, Dou D L, Wang X L, et al. The PsCZF1 gene encoding a C_2H_2 zinc finger protein is required for growth, development and pathogenesis in *Phytophthora sojae* [J]. Microbial Pathogenesis, 2009, 47: 78-86.

[28] Lu M, Zhou X D, De Beer Z W, et al. Ophiostomatoid fungi associated with the invasive pine-in-

festing bark beetle, *Dendroctonus valens*, in China [J]. Fungal Diversity, 2009, 38: 133-145.

[29] Lu M, Wingfield M J, Gillette N E, et al. Complex interactions among host pines and fungi vectored by an invasive bark beetle [J]. New Phytologist, 2010, 187: 859-866.

[30] Zhang H, Gong H, Zhou X. Molecular characterization and pathogenicity of tomato yellow leaf curl virus in China [J]. Virus Genes, 2009, 39: 249-255.

[31] Guo J Y, Ye G Y, Dong S Z, et al. An invasive whitefly feeding on a virus-infected plant increased its egg production and realized fecundity [J]. PLoS ONE, 2010, 5(7): e11713.

[32] Zhou Z S, Guo J Y, Chen H S, et al. Effects of humidity on the development and fecundity of *Ophraella communa* (Coleoptera: Chrysomelidae) [J]. BioControl, 2010, 50: 313-319.

[33] Zhou Z S, Guo J Y, Chen H S, et al. Effects of temperature on survival, development, longevity and fecundity of *Ophraella communa* (Coleoptera: Chrysomelidae), a potential biological control agent against invasive ragweed, *Ambrosia artemisiifolia* L. (Asterales: Asteraceae) [J]. Environmental Entomology, 2010, 39: 1021-1027.

[34] Zhou Z S, Guo J Y, Guo W, et al. Synergistic effects of olfactory and tactile cues in short-range mate finding of *Ophraella communa* [J]. Entomologia Experimentalis et Applicata, 2011, 138: 48-54.

[35] Zhou Z S, Guo J Y, Michaud J P, et al. Variation in cold hardiness among geographic populations of the ragweed beetle, *Ophraella communa* LeSage (Coleoptera: Chrysomelidae), a biological agent against *Ambrosia artemisiifolia* L. (Asterales: Asteraceae), in China [J]. Biological Invasions, 2010, DOI: 10.1007/s10530-010-9857-x.

[36] Zhou Z S, Guo J Y, Ai H M, et al. Rapid cold-hardening response in *Ophraella communa* LeSage (Coleoptera: Chrysomelidae), a biological control agent of *Ambrosia artemisiifolia* L [J]. Biocontrol Science and Technology, 2011, 21(1): 1-10.

[37] Zhou Z S, Guo J Y, Wan F H. Biological control of *Ambrosia artemisiifolia* with *Epibleme strenuana* and *ophraella communa* [G]. *In*: Wan F H, Guo J Y, Zhang F. Research on Biological Invasions in China. Science Press, Beijing, China,2009, 246-251.

[38] Hebert P D N, Penton E H, Burns J, et al. Ten species in one: DNA barcoding reveals cryptic species in the neotropical skipper butterfly, *Astraptes fulgerator* [C]. Proceedings of the National Academy Sciences of the United States of America, 2004, 101: 14812-14817.

[39] Smith A, Janzen D H, Hebert P D N. DNA barcodes reveal cryptic host-specificity within the presumed polyphagous members of a genus of parasitoid flies (Diptera: Tachinidae) [C]. Proceedings of the National Academy Sciences of the United States of America, 2006, 103: 3657-3662.

[40] Alphey L S. Re-engineering the sterile insect technique [J]. Insect Biochemistry and Molecular Biology, 2000, 32: 1243-1247.

[41] Thomas D D, Donnelly C A, Wood R J, et al. Insect population control using a dominant, repressible, lethal genetic system [J]. Science, 2000, 287: 2474-2476.

撰稿人:万方浩　张桂芬　刘树生　郑小波　孙江华
叶　辉　王源超　郭建英　吕志创　王　瑞

转基因生物安全学学科发展研究

一、引　言

尽管2009年全球转基因作物种植面积高达1.34亿hm^2，自1996年以来27个国家已累积种植10亿hm^2转基因种子价值已占种子市场的30%，学术界和社会上关于转基因生物安全性的疑虑依然存在。特别在我国农业部2009年颁发转基因抗虫水稻和植酸酶玉米的安全证书以来，关于转基因作物在物种起源中心种植的环境安全性和转基因主粮的食用安全性问题的争议，呈现为更加激烈的态势。这从一个侧面充分说明了转基因生物安全学研究和知识传播的重要性和紧迫性。

在确保生物安全的前提下，大力发展生物技术和生物产业，是我国保障粮食安全、增加农民收入的战略选择。2008年启动实施的"转基因生物新品种培育"科技重大专项，把我国农业生物技术的产业化发展推向了新的快速发展的轨道。项目将转基因生物安全评价技术研究放在了前所未有的重要高度，拟紧密围绕重大专项研究内容和目标，集中力量重点突破三方面技术，即：生物安全评价技术、抽样和精准检测技术、生物安全监测与控制技术。2007年立项实施的国家"973"计划《农业转基因生物安全风险评价与控制基础研究》项目继续围绕外源基因引发的非预期效应、转基因生物对非靶标生物和生物多样性的影响、转基因产品的食用安全性3个关键科学问题开展研究。这两个重大科研计划与国家自然科学基金和其他科技计划一起，有机衔接，互相依存，互相促进，构成了我国转基因生物安全学学科发展战略布局的基石。

三年来，我国转基因生物安全研究取得了突出的进展。转基因抗虫水稻和植酸酶玉米的生物安全潜在风险的系统评价，转基因抗虫棉对棉铃虫调控作用的系统监测，抗虫棉种植后盲椿象灾变原因及控制技术，棉铃虫对抗虫棉抗性风险评估与预防性治理技术等项研究，以先进的技术、翔实的数据为转基因新品系的安全管理，为转基因新品种的产业化和持续应用提供了坚实的科学基础或关键性的技术支撑。

三年来，转基因生物安全研究的队伍不断壮大，设施条件不断改善。以转基因水稻、棉花、玉米、小麦、大豆的生物安全风险评价和检测监测技术为代表，杂草性和入侵性评价技术、基因漂移潜在风险预测模型、目标性状功效评价技术、生物多样性评价指标、毒性试验方法、过敏性评价模型和服务平台、转基因成分定性和定量检测技术、表观遗传学和系统生物学在分子特征分析和非预期效应研究中的应用、转基因生物计量、溯源技术和标准物质研制等多方面基础理论和应用技术研究的体系初步建立。生物安全风险交流研究开始起步。这些可喜的进步为转基因生物安全学科在下一个五年的迅速发展奠定了良好的基础。

二、转基因生物安全学学科最新研究进展

近3年(2008～2010年)来,以国家"973"基础研究项目和转基因生物新品种培育重大专项有关转基因生物安全研究课题为主,生物安全风险评价、风险管理和风险交流技术都取得了一些实质性的重要进展,取得了一批新成果、新技术和新方法,转基因生物安全风险评价和监测控制技术能力大幅度提升,国际影响力显著增强。突出表现在以下5个方面。

(一)转基因抗虫水稻生物安全性的系统评价

在研发者试验研究和安全性评价的基础上,2004～2009年,中国农业科学院植物保护研究所等农业部转基因生物安全检测机构对转基因抗虫水稻"华恢1号"和"Bt汕优63"的目标性状功能效率、分子特征、环境安全性和食用安全性的一些关键指标进行了系统的试验研究和安全性分析。经国家农业转基因生物安全委员会综合评价和农业部批准,于2009年8月发放了"华恢1号"和"Bt汕优63"在湖北省生产应用的安全证书。这是我国转基因水稻首次获得的生物安全证书。

1. 转*cry1Ab/1Ac*抗虫基因水稻"华恢1号"和"Bt汕优63"的培育

二化螟、三化螟和稻纵卷叶螟等鳞翅目害虫是导致水稻减产的一类主要害虫。为了防虫保收,需要大量使用化学杀虫剂,增加了生产成本和劳动强度,加大人体中毒概率,减少了稻田中的有益昆虫和天敌,严重影响生态环境和生物多样性。华中农业大学张启发实验室以三系杂交稻恢复系"明恢63"为受体品种,将人工修饰合成的苏云金芽孢杆菌(简称Bt)杀虫蛋白融合基因*cry1Ab/1Ac*,通过基因枪介导的共转化方法导入水稻基因组,经多代选择获得了含有单个完整拷贝的*cry1Ab/1Ac*外源抗虫基因,并能够稳定遗传表达的转基因抗虫水稻恢复系"华恢1号"。"华恢1号"与"珍汕97A"所配组合被命名为"Bt汕优63"。

2. 转基因水稻"华恢1号"和"Bt汕优63"的环境安全性

环境安全性分析表明,转基因水稻"华恢1号"和"Bt汕优63"与非转基因水稻对照同样安全。

室内外多点、多代遗传分析结果显示,转基因水稻植株中*cry1Ab/1Ac*杀虫蛋白基因得到了稳定遗传和表达;对稻纵卷叶螟、二化螟和三化螟等鳞翅目主要害虫的抗虫效率稳定在80%以上,对稻苞虫等鳞翅目次要害虫也有明显的抗虫效果。

在生存竞争能力方面,华恢1号转基因水稻与非转基因对照明恢63相比,在有性生殖特性和生殖率、花粉传播方式和传播能力、有性可交配种类和异交结实率、花粉离体生存与传播能力、落粒性和落粒率、休眠性和越冬能力、生态适应性和生物量等方面,均未发现明显的差异,在杂草性和入侵性方面未发现明显的变化。

在基因漂移对生态环境的影响方面,根据国内外文献和对"华恢1号"转基因水稻的试验观察,该转基因水稻基因漂移的可能性和基本规律与非转基因对照"明恢63"等栽培稻常规品种是一致的,没有发现*cry1Ab/1Ac*杀虫蛋白基因漂移对农田生态和自然环境安全有不良影响。中国是水稻物种起源中心和基因多样性中心之一,属内种间以及种内

亚种和品种间的基因漂移是一个普遍的现象，其对地方品种和野生稻种质资源保护与利用的影响，在转基因品种和非转基因的品种中都是一样的。

在对非靶标生物和生物多样性影响方面，室内和田间试验分析结果，“华恢1号”转基因水稻对稻飞虱、叶蝉等非靶标害虫，对稻田蜘蛛、寄生蜂等天敌和益虫，对家蚕等经济昆虫没有发现不利的影响；对稻田主要昆虫种群结构，对植食类、捕食类、寄生类、腐生类等昆虫的生态学功能和节肢动物多样性也没有发现不良的影响。

3. 转基因水稻“华恢1号”和“Bt 汕优63”的食用安全性

食用安全性分析表明，转基因稻米“华恢1号”和“Bt 汕优63”与非转基因稻米对照同样安全。

在营养学评价方面，华恢1号转基因稻米与非转基因对照明恢63相比，在主要成分(蛋白质、脂肪、淀粉、水分、灰分等，包括氨基酸和脂肪酸构成分析)、微量营养成分(矿物质、维生素)以及抗营养因子等方面，没有生物学意义上的差异。

在毒理学评价方面，*cry1Ab/1Ac* 蛋白的急性毒性试验表明，该蛋白属于实际无毒。华恢1号稻米的大鼠90天喂养试验、短期喂养试验、遗传毒性试验、三代繁殖试验、慢性毒性试验结果表明，对试验动物未见不良影响。在致敏性评价方面，人类认识 Bt 蛋白的来源生物苏云金芽孢杆菌的历史已有百年，使用 Bt 制剂作为生物杀虫剂的安全使用记录已有70多年，大规模种植和应用 Bt 作物已超过10年。其间没有苏云金芽孢杆菌及其蛋白引起过敏反应的报告，也没有与生产含有苏云金芽孢杆菌的产品有关的职业性过敏反应的记录。*cry1Ab/1Ac* 蛋白与已知致敏原的氨基酸序列同源性比较结果显示，*cry1Ab/1Ac* 蛋白与已知致敏原无序列相似性。*cry1Ab/1Ac* 蛋白体外模拟胃肠道消化试验结果表明，该蛋白不具消化稳定性。

试验数据还表明，华恢1号稻米对农药、重金属食品污染物没有富集作用。

转基因水稻“华恢1号”及“Bt 汕优63”中的杀虫蛋白是专一高效的杀虫蛋白，可与鳞翅目害虫肠道上皮细胞特异性受体结合，引起害虫肠麻痹、穿孔、死亡。目前发现，只有鳞翅目害虫的肠壁细胞上含有这种蛋白质的结合位点，而人肠道上皮细胞没有该蛋白质的结合位点，因此不会对人造成伤害。

4. 转基因抗虫水稻的优点及安全应用的建议

试验证明，转基因抗虫水稻与非转基因水稻应用化学农药防治害虫相比，可能具有以下优点：①节省投入成本，减小劳动强度，避免由此造成的人体中毒、中暑风险；②减少杀虫剂用量，降低农药对田间益虫的影响，维持稻田生物种群动态平衡；③减少农药残留对稻米和生态环境的污染。

转基因抗虫水稻体内的杀虫蛋白形成的选择压力可导致靶标害虫产生抗性，从而缩短抗虫水稻的使用寿命。种植对鳞翅目害虫有效的抗虫水稻，有可能导致害虫种群结构变化，使其他非靶标害虫加重危害。因此，建议在转基因抗虫水稻生产应用过程中，需要采用适当的策略防止或延缓这两个方面问题的形成和发展。主要措施包括：①针对各水稻产区害虫的发生特点制定科学的生产种植和病虫害综合防治策略，通过局部种植抗虫水稻，解决螟虫和稻纵卷叶螟防治的全局性问题；②建立健全抗虫水稻商业化监测体系，

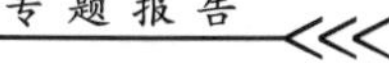

保障农民种植杀虫蛋白表达量高而稳定的抗虫水稻，根据害虫种群结构变化动态和靶标害虫抗性演化趋势，调整综合防治与抗性治理策略；③研发表达不同杀虫蛋白的多基因抗虫水稻，增强抗虫效率和扩大杀虫谱，增加害虫产生抗性的难度，并作为替代产品适时推出。

(二)转基因植酸酶玉米生物安全性的系统评价

在中国农业科学院生物技术研究所研发者试验研究和安全性评价的基础上，2006～2009年，农业部有关转基因生物安全检测机构对转基因植酸酶玉米的分子特征、遗传稳定性、环境安全性和食用安全性的一些关键指标进行了系统的试验检测和安全性分析。经国家农业转基因生物安全委员会综合评价和农业部批准，于2009年8月发放了转植酸酶基因玉米自交系BVLA430101在山东省生产应用的安全证书。这是我国转基因玉米首次获得的生物安全证书。

1. 转植酸酶基因玉米自交系BVLA430101的培育

转植酸酶基因玉米自交系BVLA430101由中国农业科学院生物技术研究所培育。该玉米以“Hi-Ⅱ”玉米自交系为受体，通过基因枪介导的共转化方法导入植酸酶基因，并经多代筛选获得能够稳定遗传表达的自交系。

根据中国农业科学院生物技术研究所分析报告，转植酸酶基因玉米具有如下优点：①外源基因表达产物植酸酶可以降解玉米、大豆中大量含有的植酸磷，释放可被动物利用的无机磷，减少饲料中磷酸氢钙的添加量，降低饲养成本，提高饲料利用效率，提高肉、蛋产量和质量；②可减少动物粪、尿中磷的排泄，减轻环境污染，有利于环境保护；③利用农业种植方式替代原有工业发酵生产方式生产植酸酶，可减少厂房、设备、能源消耗等投入，具有节能、环保、低成本的优势。

2. 转植酸酶基因玉米自交系BVLA430101的环境安全性

环境安全性分析结果表明，带有植酸酶基因的BVLA430101转基因玉米自交系，在国内种植，对生态环境的影响是安全的。

室内外多点、多代遗传分析结果显示，该转基因玉米籽粒中植酸酶基因能够稳定遗传表达；根、茎、叶中检测不到植酸酶蛋白，说明植酸酶基因主要在种子中特异性表达。

在生存竞争能力方面，该转基因玉米与非转基因对照玉米相比，在有性生殖特性和生殖率、花粉传播方式和传播能力、有性可交配种类和异交结实率、花粉离体生存与传播能力、落粒性和落粒率、休眠性和越冬能力、生态适应性和生物量等方面，均未发现明显的差异，在杂草性和入侵性方面未发现明显的变化。

在基因漂移对生态环境的影响方面，根据国内外文献和对该转基因玉米的观察，转基因玉米能够向其他栽培玉米发生基因漂移，其基因漂移的可能性与基本规律与非转基因对照品种是一致的，没有发现植酸酶基因漂移对农田生态和自然环境有不良影响。

在对植物病虫害和生物多样性影响方面，室内和田间试验结果表明，该转基因玉米对玉米螟和棉铃虫等农田害虫的生长发育，对玉米大斑病、小斑病、纹枯病等病害的发生为害，对玉米田蜘蛛、草蛉、寄生蜂等天敌和有益昆虫没有发现不利的影响；对玉米田节肢动物多样性也没有发现不良的影响。

3. 转植酸酶基因玉米的食用安全性

植酸酶在玉米、小麦、水稻、大豆等许多粮油作物和植物中广泛存在，因此，人类或动物对植酸酶有长期安全食用或饲用的历史。食用安全性分析结果表明，转基因植酸酶玉米 BVLA430101 与非转基因对照同样安全。

在营养学评价方面，转基因植酸酶玉米与非转基因对照相比，在主要成分(蛋白质、脂肪、淀粉、水分、灰分等，包括氨基酸和脂肪酸构成分析)、微量营养成分(矿物质、维生素)等方面，没有生物学意义上的差异。

在毒理学评价方面，植酸酶急性毒性试验表明，该蛋白属于实际无毒。转基因植酸酶玉米的大鼠 90 天喂养试验，以及植酸酶的遗传毒性试验和慢性毒性试验结果表明，对试验动物未见不良影响。

在致敏性评价方面，植酸酶基因的来源黑曲霉是重要的发酵工业菌种，在食品工业中广泛应用。微生物和转基因微生物发酵生产的植酸酶作为饲料添加剂也已有多年安全应用的记录。植酸酶与已知致敏原的氨基酸序列同源性比较结果显示，植酸酶与已知致敏原无序列相似性。体外模拟胃肠道消化试验结果表明，该蛋白不具消化稳定性。与过敏人群血清无交叉反应。

(三)转基因抗虫棉对棉铃虫调控作用的系统监测

中国农业科学院植物保护研究所吴孔明研究团队对 Bt 棉花种植过程中农药使用模式及害虫发生规律的变化趋势进行了系统研究，部分结果于 2008 年 9 月以封面论文在《科学》杂志上发表。研究发现，Bt 棉花种植在中国多种作物生态系统条件下大面积有效控制了棉铃虫种群发生为害，防治棉铃虫化学农药使用量和棉田杀虫剂使用总量均明显减少，产生了良好的经济和生态效益。

以 Bt 为代表的抗虫转基因作物大面积种植对靶标害虫区域性种群的调控作用一直是国际学术界关注的热点。吴孔明研究团队以 1997 年我国批准种植转基因抗虫棉为契机，针对我国小农户、多作物、大区域生态系统中 Bt 棉花种植对棉铃虫种群的调控作用进行了系统监测研究。

从 1998～2007 年连续 10 年在河北省廊坊市开展了棉铃虫在 Bt 棉花和常规棉花田的种群发生动态的系统监测，结果表明：Bt 棉花和常规棉花上棉铃虫落卵量没有显著差异，而 Bt 棉花上棉铃虫幼虫发生数量显著减少。同时，随着 Bt 棉花的种植，棉铃虫落卵量和幼虫发生数量逐年下降，棉铃虫种群发生世代数明显减少。Bt 棉花种植之前，华北地区棉花上棉铃虫一般发生 3 代(2～4 代)，世代重叠现象严重，随着 Bt 棉花的种植，现在仅 2 代棉铃虫有一定发生，3 代、4 代发生数量极低，各世代产卵持续时间和产卵量显著下降，世代重叠现象明显减少。

对 1992～2006 年华北地区 6 省 100 个观测点的棉铃虫种群监测数据的分析研究发现，棉花及其他作物(包括玉米、花生、蔬菜、大豆)上棉铃虫的发生数量也随着 Bt 棉花的种植呈显著下降趋势。逐步回归分析发现，棉田内外棉铃虫种群数量的下降与 Bt 棉花的种植比率呈显著相关。这些结果表明，Bt 棉花的种植不仅有效控制了 Bt 棉田棉铃虫种群，而且明显减轻了其他作物上棉铃虫的为害，从而减少了这些作物上化学农药的使用量。这一研究为解释转基因抗虫作物对靶标害虫种群演化的调控机理和棉铃虫的区域性可持续控制提供了理论依据和治理途径。

《科学》杂志编辑部高度重视该论文的发表，2008 年 9 月 17 日在北京举行了新闻发布会。该杂志资深编辑帕梅拉·J. 海因斯在对这篇论文的书面评价中写道，“世界各地农业土地的使用模式各不相同。在中国，许多农民的资源都很有限，来自中国的新观点将有助于世界其他资源有限地方的农业生产。论文的作者分析了 Bt 棉花农业对生态的影响，并提供了激动人心的证据，《科学》杂志很高兴报道这一研究成果。”论文发表后受到国内外广泛关注和好评。

（四）抗虫棉种植后盲椿象灾变原因及控制技术

中国农业科学院植物保护研究所陆宴辉、吴孔明等对 Bt 抗虫棉花种植后，主要害虫棉铃虫得到了有效控制，化学杀虫剂使用减少，以前属于次要害虫的盲椿象逐渐成为棉花主要害虫的现象、原因以及控制技术进行了研究，部分结果于 2010 年 5 月在《科学》杂志上发表。

由于人类对大规模种植 Bt 植物对生态环境可能产生的潜在影响尚缺乏足够的经验和知识，Bt 作物大面积种植对非靶标害虫地位演化的影响受到高度重视。自 Bt 棉花种植之初，中国农业科学院植物保护研究所吴孔明研究团队就着手开展了 Bt 棉花对盲椿象区域性发生为害的监测研究。1998～2009 年，在河北省廊坊市系统监测了不同处理棉田盲椿象种群季节性消长动态，结果表明：Bt 棉花对盲椿象种群发生没有明显影响，而常规棉田防治棉铃虫使用的广谱性化学农药能有效控制盲椿象种群发生，起到兼治作用。

1992～2008 年在华北地区 6 省 38 个观测点监测发现，棉田盲椿象的发生数量随着 Bt 棉花种植比率的提高而不断上升。同时，棉田用于防治盲椿象的杀虫剂施用次数同样呈上升趋势。而 Bt 棉花大面积种植后用于防治棉铃虫的化学农药使用量与棉田杀虫剂使用总量均明显降低。逐步回归分析发现，Bt 棉花种植的 12 年间棉田盲椿象种群数量及其杀虫剂施用次数的变化均与 Bt 棉田棉铃虫化学防治次数呈显著负相关，这说明 Bt 棉花种植后防治棉铃虫化学农药的减少使用直接导致棉田盲椿象种群上升、为害加重。

区域性调查同时发现，随着 Bt 棉花的种植，枣树、苹果、梨树、桃树、葡萄等其他作物上盲椿象为害程度日益严重，呈现出多作物、区域性成灾趋势。成因分析表明，这一趋势与盲椿象种群发生规律有关。盲椿象成虫具有明显的趋花习性，一般于 6 月中下旬从早春寄主大量迁入棉田，此阶段恰为二代棉铃虫的防治期。防治棉铃虫施用的化学农药，间接地杀死了刚侵入棉田的盲椿象成虫，从而降低了区域性种群数量。此后，在三代、四代棉铃虫的连续防治下，棉田盲椿象一直被控制在较低的水平。由于 Bt 棉花的大面积种植有效控制了棉铃虫的为害，棉田化学农药使用量显著降低，这给棉田盲椿象的种群增长提供了空间，使棉田由原来区域性种群的“诱杀陷阱”转变为多种作物的虫源地，最终导致盲椿象的区域性种群剧增、在多种作物上猖獗为害。

相关研究论文于 2010 年 5 月 27 日在国际著名杂志《科学》上发表。这一研究成果明确了我国商业化种植 Bt 棉花对非靶标害虫的生态效应，为阐明转基因抗虫作物对昆虫种群演化的影响机理提供了理论基础，对发展利用 Bt 植物可持续控制重大害虫区域性灾变的新理论、新技术有重要意义。

（五）棉铃虫对抗虫棉抗性风险评估与预防性治理技术

中国农业科学院植物保护研究所吴孔明、郭予元和南京农业大学吴益东等针对棉铃虫对 Bt 棉花的抗性风险评估和治理技术开展了深入的研究，荣获 2010 年国家科技进步二等奖。

种植 Bt 作物的制约因素之一是害虫可能产生抗性。为了保障 Bt 作物的持续利用，美国、澳大利亚等政府颁布法令设置普通作物庇护所，防止害虫产生抗性。我国 1997 年开始种植 Bt-Cry1Ac 棉花，但小农户种植模式，无法要求棉农种植部分普通棉花作为庇护所。急需提供适合国情的抗性预防性治理技术，来支撑 Bt 棉花产业的健康发展。

1. 抗性风险评估

在实验室抗 Bt 棉铃虫品系筛选和抗性基因等研究，以及田间 Bt 棉花杀虫蛋白时空表达与棉铃虫初始抗性基因频率等研究的基础上，建立了抗性风险评估模型；评估结果显示，在华北种植模式下，如不采取预防性治理措施，棉铃虫在 Bt 棉花商业化种植的 7 年内就可能产生抗性。抗性一旦产生，Bt 棉花的抗虫效率将下降 20％以上。对 1997～2002 年种植的 160 个 Bt 棉花品种杀虫蛋白表达量进行分析，品种间变异甚大，种植 Bt 蛋白表达量低的抗虫棉花将是引起棉铃虫抗性产生的关键因子。

2. 抗性早期预警与监测技术

建立了基于种群水平的常规生物测定法，通过测定不同浓度 Bt 毒素下的棉铃虫生长抑制率，从而确定种群对 Bt 棉花的抗性程度。该方法可以大规模检测完全显性抗性基因的杂合子和隐性基因控制的纯合子。建立了基于单雌家系水平检测的 F_1/F_2 方法，田间诱捕已交配的单头雌虫繁殖后代，然后进行同胞自交，使所有的基因都纯化为纯合子，再生物测定。该技术能检测不完全显性抗性基因的杂合子。研究明确了棉铃虫对 Bt 棉花产生抗性的基因调控机制，发现中肠钙粘蛋白和氨肽酶基因突变是引起抗性产生的主要原因。建立了基于抗性基因的 DNA 分子检测方法，可直接检测稀有抗性隐性基因中的杂合子。

3. 抗性预防性治理技术体系

针对发展中国家小农生产的特点，创造性地提出了利用“天然庇护所＋高表达 Bt-Cry1A 棉花＋非 Cry1A 玉米/大豆”为核心的棉铃虫对 Bt 棉花抗性预防性治理技术。采用 C12/C13 稳定性同位素与微量棉酚分析方法，研究发现不同作物间棉铃虫种群普遍存在自由交配与基因交流现象。通过种群杂交，玉米、大豆、花生等寄主作物上的敏感棉铃虫可以稀释 Bt 棉花上个体所携带的抗性基因，延缓抗性演化，起到了天然庇护所作用。抗 Cry1Ac 棉铃虫对 Cry1A 类其他 Cry1A 蛋白之间存在明显的交互抗性。在 Bt 棉花种植区，如商业化 Bt-Cry1A 玉米、大豆、花生等寄主作物，将直接导致棉铃虫天然庇护所的丧失，引起抗性的产生。我国应实行利用小农模式下玉米、小麦、大豆和花生等棉铃虫寄主作物所提供的天然庇护所预防性治理抗性的策略。应采取的关键措施：禁止种植低表达量的 Bt 棉花品种；禁止种植 Bt-Cry1A 玉米、小麦、大豆、花生。

1997～2009 年棉铃虫田间种群抗性监测数据显示，本项成果 2001 年应用后我国棉铃虫对 Bt 棉花一直保持在较为敏感的范围内，抗性基因频率低于 10^{-3}。

位于河北省廊坊市的中国农业科学院试验基地，由于承担转基因抗虫棉花对棉铃虫影响以及生态环境安全性评价与系统监测的科学研究，取得了显著的成绩，受到国内外同行和领导的高度重视，每年均有大量人员来访，已经成为向国内外展示转基因技术与安全性研究的窗口。

三、转基因生物安全学学科国内外研究进展比较

与美、欧先进国家相比，我国转基因生物安全研究起步晚，发展快，成效显著。在已经实现产业化的转基因抗虫棉的环境安全性研究方面，我国总体上与美国、澳大利亚的水平相当，领先于其他国家。但在其他方面与先进国家相比存在不同程度的差距，有的差距很大。

（一）靶标害虫对转基因抗虫棉花抗性风险评估与监测治理

中国、美国和澳大利亚三国关于靶标害虫对 Bt 棉抗性风险评估、检测监测和治理技术研究进展以及主要技术参数的比较分别见表 1 和表 2。

表 1 中国、美国和澳大利亚三国关于靶标害虫对 Bt 棉抗性风险评估、检测监测和治理技术的比较

技术	国外研究进展	我国研究进展
抗性风险评估技术	美国、澳大利亚建立了理论模型，参数均源自科学假设	我国抗性风险模型参数均来自于室内和田间试验研究
抗性检测监测技术	美国、澳大利亚常规生物测定	常规生物测定＋基因检测
预防性治理技术	美国、澳大利亚等人工设置庇护所	天然庇护所策略，可操作、成本低

表 2 中国、美国和澳大利亚三国靶标害虫对转基因抗虫棉抗性监测和治理技术的主要参数与经济指标

国家	抗性监测技术	抗性治理技术
中国	抗性种群、抗性个体和抗性基因检测，灵敏度 0.01～0.0001	天然庇护所：高剂量 Bt-Cry1A 棉花＋非 Bt-Cry1A 其他寄主作物
美国	抗性种群和抗性个体检测，灵敏度 0.01～0.001	人工庇护所：80% Bt-Cry1Ac 棉花＋20%普通棉花
澳大利亚	抗性种群和抗性个体检测，灵敏度 0.01～0.001	人工庇护所：70% Bt-Cry1Ac 棉花＋30%普通棉花

(二)风险评价、风险管理和风险交流技术

联合国粮农组织(FAO)、世界卫生组织(WHO)和国际食品法典委员会(CAC)关于转基因食品生物安全分析的指导原则规定,风险评价、风险管理和风险交流是有机衔接的一个整体,三者间紧密联系,互相依存,缺一不可。许多国家也是3种技术研究同期开展,同步推进。与先进国家相比,我国转基因生物安全技术研究按照差距由小到大的顺序,依次为风险评价技术<风险管理技术<风险交流技术。其中,室内风险评价技术的差距大于田间风险评价,尚无产品应用的风险管理技术差距大于已有产业化应用的。

四、转基因生物安全学学科发展趋势及展望

靶标害虫对抗虫转基因作物的抗性是国内外研究的主要方向之一,我国在这方面研究已有良好的基础,继续开展深入研究,既有助于对主要害虫的持续控制,也可以形成我国转基因生物安全性研究的特色。作为现代生物技术重大科技创新的成功范例,以转基因抗虫棉花为代表的转Bt基因抗虫作物新品种的大规模生产应用,一方面为棉铃虫、玉米螟等主要害虫的有效防治开辟了新的途径;另一方面为了保障抗虫品种的使用寿命,减缓或防止害虫对Bt产生抗性又成为转基因作物商业化应用所必须解决的关键问题。明确害虫的抗药性机制是解决害虫抗性问题的关键,以此为基础可以发展抗性的早期检测技术、指导合理用药、开发不同作用机制、不同类型的农药,延缓或避免抗性的发展。我国在靶标害虫抗性监测、抗性品系汰选、抗性相关基因克隆与功能分析、预防性抗性治理技术等方面已经具有良好的基础,在抗性基因异源表达、功能鉴定、调控、蛋白互作等方面的研究业已起步。随着昆虫基因组测序技术的进步以及基因组学、蛋白质组学、细胞组学、mRNA差异显示、膜蛋白基因表达等技术的进一步应用,深入研究昆虫抗性的生理生化和生态遗传机制,将成为转基因抗虫作物安全性研究的重点和热点。

继高剂量、庇护所策略之后,近年来国际上又提出了一些新的可能预防甚至消除靶标害虫产生抗性的新策略或新方法,对这些方法的有效性和安全性的研究是我们下一步需要研究的新任务。例如,Tabashnik等2010年在*Nature Biotechnology*上报道,其在美国亚利桑那州连续4个生长季节的田间试验结果,田间释放雄性不育棉红铃虫与种植转基因抗虫棉花品种相结合,可以有效替代种植非转基因普通棉花的庇护所策略,预防害虫产生抗性,促进Bt作物品种的持续应用。这一新的策略一经发表,立刻引起了学术界和产业界的重视,预计对这一技术的进一步研究必将成为未来几年的一个热点。此外,目前已有应用的其他方法还有培育含有2个或多个杀虫基因的转基因抗虫品种,将含有不同杀虫基因的转基因抗虫品种在时间和空间上进行合理布局或轮换使用等,害虫对这些基因的抗性机理、交互抗性和抗性监测与治理技术的研究,也势在必行。

随着转基因技术在植物保护领域的进一步应用,转基因生物的对象范围势必更加广泛,不仅包括小麦、蔬菜、花卉、果树、林木等植物,还会有转基因的昆虫和微生物(包括防病杀虫固氮和清洁农田土壤环境的微生物),导入外源基因的来源更加广泛,一次导入的外源基因数量多达8个甚至10多个,药用、工业用转基因植物或植物生物反应器技术日

趋成熟，将陆续进入实用。这些新的技术发展动向在为转基因生物安全性研究提出新的挑战的同时，也为转基因生物安全学科发展带来了新的机遇。

参考文献

[1] James C. Global status of commercialized biotech/GM Crops: 2009[J/OL]. ISAAA *Brief* No. 41 (International Service for the Acquisition of Agri-Biotech Applications, Ithaca, NY, USA), 2009. http://www.isaaa.org/resources/publications/briefs/41/executivesummary/.

[2] 韩兰芝. 转 cry1Ac+CpTI 基因水稻对大螟的致死和亚致死效应[J]. 中国农业科学，2009，42(2):523-531.

[3] Zhang Y, Zhang Y, Chen Y, et al. Seasonal expression of Bt proteins in transgenic rice lines and the resistance against striped rice borer *Chilo suppressalis* (Walker) [J]. (Submitted).

[4] Han L Z, Liu P L, Wu K M, et al. Population dynamics of *Sesamia inferens* on transgenic rice expressing Cry1Ac and CpTI in Southern China[J]. Environ Entomol, 2008, 37:1361-1370.

[5] 陈兴玲. 转基因植物基因漂移研究[J]. 安徽农业科学，2007，35(10): 2851-2852.

[6] Yuan Q H, Shi L, Wang F, et al. Investigation of rice transgene flow in compass sectors by using male sterile line as a pollen detector[J]. Theor Appl Genet, 2007, 115(4): 549-560.

[7] Jia S R, Wang F, Shi L, et al. Transgene flow to hybrid rice and its male-sterile lines[J]. Trans Res, 2007, 16(4): 491-501.

[8] Yao K M, Hu N, Chen W L, et al. Establishment of a rice transgene flow model for predicting maximum distances of gene flow in southern China [J]. New Phytol, 2008, 180(1): 217-228.

[9] Rong J, Song Z P, de Jong T J, et al. Modelling pollen-mediated gene flow in rice: risk assessment and management of transgene escape [J]. Plant Biotech J, 2010, 8(4): 452-464.

[10] Romeis J, Shelton A M, Kennedy G. Integration of insect -resistant genetically modified crops within IPM programs [M]. Springer Science + Business Media B. V., 2008.

[11] Tian J C, Liu Z C, Chen M, et al. Laboratory and Field Assessments of Prey-Mediated Effects of Transgenic Bt Rice on Ummeliata insecticeps (Araneida: Linyphiidae) [J]. Environ Entomol, 2010, 39: 1369-1377.

[12] Bai Y Y, Yan R H, Ye G Y, et al. Effects of Transgenic Rice Expressing *Bacillus thuringiensis* Cry1Ab Protein on Ground-Dwelling Collembolan Community in Postharvest Seasons[J]. Environ Entomol, 2010, 39: 243-251.

[13] Akhtar Z R, Tian J C, Chen Y, et al. Impacts of six Bt rice lines on nontarget rice feeding thrips under laboratory and field conditions [J]. Environ Entomol, 2010, 39:715-726.

[14] Bai Y Y, Jiang M X, Cheng J A. Effects of transgenic cry1Ab rice pollen on the oviposition and adult longevity of *Chrysoperla sinica* Tjeder[J]. Acta Phytophylacica Sin, 2005, 32:225-230.

[15] Bai Y Y, Jiang M X, Cheng J A. Effects of transgenic cry1Ab rice pollen on fitness of *Propylea japonica* (Thunberg) [J]. J Pest Sci, 2005, 78:123-128.

[16] Bai Y Y, Jiang M X, Cheng J A, et al. Effects of Cry1Ab toxin on *Propylea japonica* (Thunberg) (Coleoptera: Coccinellidae) through its prey, *Nilaparvata lugens* St°al (Homoptera: Delphacidae), feeding on transgenic Bt rice[J]. Environ Entomol, 2006, 35:1130-1136.

[17] Chen M, Ye G Y, Liu Z C, et al. Field assessment of the effects of transgenic rice expressing a fused gene of cry1Ab and cry1Ac from *Bacillus thuringiensis*[J]. Environl Entomol, 2006, 35(1): 127-134.

[18] Chen M, Liu Z C, Ye G Y, et al. Impacts of transgenic cry1Ab rice on non-target planthoppers and their main predator *Cyrtorhinus lividipennis* (Hemiptera: Miridae)—a case study of the compatibility of Bt rice with biological control[J]. Biol Control, 2007, 42:242-250.

[19] Chen M, Ye G Y, Liu Z C, et al. Analysis of Cry1Ab toxin bioaccumulation in a food chain of Bt rice, an herbivore and a predator[J]. Ecotoxicol, 2009, 18:230-238.

[20] Li F F, Ye G Y, Wu Q, et al. Arthropod abundance and diversity in Bt and non-Bt rice fields[J]. Environ Entomol, 2007, 36(3):646-654.

[21] Yao H W, Jiang C Y, Ye G Y, et al. Toxicological assessment of pollen from different Bt rice lines on *Bombyx mori* (Lepidoptera: Bombyxidae) [J]. Environ Entomol, 2008, 37:825-837.

[22] Yao H W, Ye G Y, Jiang C Y, et al. Effect of the pollen of transgenic rice line, TT9-3 with a fused cry1Ab/1AC gene from *Bacillus thuringiensis* Berliner on non-target domestic silkworm, *Bombyx mori* Linnaeus (Lepidoptera: Bombyxidae)[J]. Appl Entomol Zool, 2006, 41:339-348.

[23] Peng D, Chen S, Ruan L, et al. Safety assessment of transgenic *Bacillus thuringiensis* with VIP insecticidal protein gene by feeding studies[J]. Food Chem Toxicol, 2007, 45, 1179-1185.

[24] 贺晓云. 转基因水稻食用安全性评价国内外概况[J]. 食品科学, 2008, 29(12): 760-765.

[25] 刘雨芳. 转基因抗虫水稻 MSA4 大米对大鼠脏器系数、血常规与血生化的影响[J]. 湘潭师范学院学报(自然科学版), 2007, 29(4):112-116.

[26] 胡阳. 应用高剂量/庇护所策略管理 Bt 作物抗性的三个基本假设: 综述和展望[J]. 昆虫学报, 2009,52(6): 691-698.

[27] Brookes G, Barfoot P. GM crops: global socio-economic and environmental impacts 1996-2008[J/OL]. UK: PG Economis Ltd. 2010. http://croplife.intraspin.com/Biotech/gm-crops-global-socio-economic-and-environmental-impacts-1996-2008/.

[28] Huang J K, Hu R F, Rozelle S, et al. Assessing productivity and health effects in China insect-resistant GM rice in farmers' fields[J]. Science, 2005, 308, 688.

[29] Huang J K, Zhang Q, Rozelle S. Genetically modified rice, yields, and pesticides: assessing farm-level productivity in China[J]. Econ Dev and Cul Change, 2008, 56(2): 241-263.

[30] Wu K. Monitoring and management strategy for *Helicoverpa armigera* resistance to Bt cotton in China[J]. J Invertebr Pathol, 2007, 95:220-223.

[31] Liu C, Li Y, Gao Y, et al. Cotton bollworm resistance to Bt transgenic cotton: A case analysis[J]. Sci China Life Sci, 2010, 53(8): 934-941.

[32] Huang H, Luo H, Wang Y, et al. A novel phytase from Yersinia rohdei with high phytate hydrolysis activity under low pH and strong pepsin conditions[J]. Appl Microbiol Biotechnol, 2008, 80: 417-426.

[33] Chen R, Xue G, Chen P, et al. Transgenic maize plants expressing a fungal phytase gene[J]. Trans Res, 2008, 17:633-643.

[34] Zhang Y, Liu C, Li Y, et al. Phytase transgenic maize does not affect the development and nutrition utilization of *Ostrinia furnacalis* and *Helicoverpa armigera*[J]. Environ Entomol, 39(3): 1051-1057.

[35] 杨文竹. 转植酸酶基因玉米中植酸酶蛋白在模拟消化液中的稳定性研究[J]. 中国农业科技导报,

2008,10:86-89.

[36] Wu K M, Lu Y H, Feng H Q, et al. Suppression of cotton bollworm in multiple crops in China in areas with Bt toxin-containing cotton[J]. Science, 2008, 321: 1676-1678.

[37] 周桂生. 温度胁迫对转 Bt 基因抗虫棉毒蛋白的表达和棉铃虫死亡率的影响[J]. 棉花学报,2009,21(4): 302-306.

[38] Lu Y H, Wu K M, Jiang Y H, et al. Mirid bug outbreaks in multiple crops correlated with wide-scale adoption of Bt cotton in China[J]. Science, 2010, 328: 1151-1154.

[39] 陆宴辉. 棉花盲蝽的发生趋势与防控对策[J]. 植物保护,2010,26(2): 150-153.

[40] Lu Y H,Wu K M,Wyckhuys K G,et al. Comparative study of temperature-dependent life histories of three economically important Adelphocoris spp[J]. Physiol Entomol, 2009, 34:318-324.

[41] 夏冰. 棉盲蝽测报调查方法初探[J]. 中国植保导刊,2009,29(7):32-33.

[42] Gao Y L, Wu K M, Gould F. Frequency of Bt resistance alleles in H-armigera during 2006-2008 in Northern China[J]. Environ Entomol, 2009, 38(4): 1336-1342.

[43] Gao Y L, Wu K M, Goud F, et al. Cry2Ab tolerance response of *Helicoverpa armigera* (Lepidoptera: Noctuidae) population from Cry1Ac cotton planting region[J]. J Econ Entomol, 2009, 102(3): 1217-1223.

[44] Gao Yulin, Feng H Q, Wu K M. Regulation of the seasonal population patterns of Helicoverpa armigera moths by Bt cotton planting[J]. Trans Res, 2010, 19(4):557-562.

[45] Romeis J D, Bartsch F, Bigler M P, et al. Assessment of risk of insect-resistant transgenic crops to nontarget arthropods[J]. Nat Biotech, 2008, 26: 203-208.

[46] Romeis J, Hellmich R L, Candolfi M P, et al. Recommendations for the design of laboratory studies on non-target arthropods for risk assessment of genetically engineered plants[J]. Trans Res, 2010, DOI 10.1007/s11248-010-9446-x.

[47] 史晓利. Bt 毒蛋白在转基因抗虫玉米中的表达及在亚洲玉米螟中的转移积累[J]. 应用生态学报,2009,20(11) :2773-2777.

[48] 吕贞龙. 转基因抗虫玉米对亚洲玉米螟生长发育和实验种群增长的影响[J]. 江苏农业学报,2009,25(1): 84-90.

[49] Tabashnik B E, Sisterson M S, Ellsworth P C, et al. Suppressing resistance to *Bt* cotton with sterile insect releases. Nat Biotech, 2010, 28:1304-1307.

[50] Wu K. No refuge for insect pests[J]. Nat Biotech, 2010, 28: 1273-1275.

撰稿人:彭于发　吴孔明　李云河　陆宴辉　杨晓光　叶恭银　李新海

鼠害防治学学科发展研究

一、引　言

鼠害防治学是植物保护领域的新兴分支学科，在我国的发展历程曲折。新中国成立初期，对鼠类及其所造成的危害尚无暇顾及。当时，除少数鼠类生物学研究和以预防鼠疫的专项灭鼠研究外，农业害鼠控制基本处于群众自发灭鼠状态。20 世纪 50 年代后期，一些地区以大搞群众运动方式开展鼠害防治；中小学生也被组织参与到投放鼠药、挖鼠洞、施放烟雾剂等灭鼠活动中。这期间基本以捕杀鼠的数量，甚至以收集鼠尾（鼠耳）的方式衡量防治效果；而对鼠类发生机制及鼠害的治理对策极少专门研究。

20 世纪 60～70 年代受到苏联"消灭鼠疫疫源地"思想的影响，在内蒙古、宁夏等地开展了"灭鼠拔源"的活动。其指导思想采取分块逐年灭杀以达到最终消灭黄鼠疫源地的目的。然而经过 10 多年的努力之后，即使坚持时间最长的"锡乌张联防指挥部"仍没有达到预期的目的。这期间内蒙古、新疆、青海先后发生大面积草原鼠害。尤以呼伦贝尔、锡林郭勒的布氏田鼠（*Lasiopodomys brandtii*）、新疆小家鼠（*Mus musculus*）、青海黑唇鼠兔（*Ochotona curzoniae*）的危害突出。为此，中国科学院动物所、中国科学院西北高原生物所、北京师范大学、内蒙古农牧学院、甘肃农业大学的科技人员进行了较大规模的鼠种调查、地理分布、栖息环境选择、生活习性、危害特点研究。为我国鼠类生物学及其防治奠定了重要基础。

改革开放以来，农业鼠害防治的研究大体可分为以下 3 个阶段。

第一阶段，20 世纪 70 年代末期至 80 年代中期我国农区处于鼠害大发生期。华北、东北地区及周边处于大仓鼠（*Tscherskia triton*）、黑线仓鼠（*Cricetulus barabensis*）种群密度上升期，长江中下游黑线姬鼠（*Apodemus agrarius*）给农业生产以及农户仓储造成的损失严重，成为粮食生产的突出问题。北方农牧交错带及草原的小家鼠、布氏田鼠、黑唇鼠兔、长爪沙鼠（*Meriones unguiculatus*）、子午沙鼠（*Meriones mendarinus*）、达乌尔黄鼠（*Spermophilus dauricus*）、黄兔尾鼠（*Lagurus luteus*）此起彼伏。不仅对农业生产造成巨大的经济损失而且也成为社会不安定的因素。但同时为科学家创造了研究契机。

第二阶段，20 世纪 80 年代后期至 2004 年，当时许多媒体报道了"邱氏鼠药"。这些报道对全国鼠防工作形成了巨大的冲击。各地纷纷减少了抗凝血杀鼠剂的使用。由于邱氏鼠药中含有急效杀鼠剂成分且出现了对非靶标动物甚至人的误伤情况，因此，由以赵桂芝为代表的 5 位专业工作者联名发表文章呼吁减少使用邱氏鼠药。由此引发了震惊国内外科学界的"邱氏鼠药案件"。这一案件以禁止"氟乙酰胺"等急性灭鼠药和取缔"邱氏鼠药"告终。但大量非法的急效剧毒杀鼠剂仍然泛滥。2003 年时任国务院副总理吴仪批示"要禁止毒鼠强等急效剧毒鼠药"，并通过九部委联合发文严厉打击"毒鼠强"。中央财政也开始拨出专项补助经费支持农区的鼠害治理。

第三阶段，自2004年以来是我国农业鼠害防治研究快速发展时期。“十五”科技攻关、“十一五”科技支撑、国家重大基础研究(973)等重大项目、一大批国家或地方自然科学基金以及国际合作等与鼠害防治相关的课题先后启动。其中四川省植保站与联合国粮农组织(FAO)推广的毒饵站技术不仅克服了潮湿多雨地区杀鼠毒饵易于霉变的问题，而且减少了毒饵的消耗，保证了非靶标动物的安全。灭鼠效果良好。被联合国粮农组织授予爱德华·萨乌马奖。

二、鼠害防治学科近年的最新研究进展

近年来，鼠害防治学科进展在基础与应用基础方面主要表现在鼠类种群数量暴发机制、鼠类对环境的适应性、人类活动对鼠类的影响、遗传性和非遗传性因素的作用等方面，应用技术主要表现在鼠害的安全持久控制策略以及杀鼠剂治理技术等方面。

(一)鼠类种群数量暴发机制研究

(1)通过对气候、植被等环境因子的分析预测害鼠种群的波动。中国科学院动物所张知彬实验室通过分析气候、植被等生态因子变化，探讨气候变化对内蒙古地区啮齿类种群数量波动的影响机制，阐明啮齿类动物在全球气候变化影响下的种群数量波动的成因，验证上行效应理论(Bottom-up effect theory)，为进一步深入研究气候变化对我国北方典型草原和荒漠生态系统啮齿类动物种群和群落的影响奠定了理论基础。首次发现鼠类和气候之间最显著的关系发生在局域中的月水平，而不是在区域中的年水平，表明鼠类种群动态过程中受到气候和植被在小尺度对鼠类的影响十分重要；揭示了气候和植被在不同的季节对鼠类的影响具有不同的正负作用，与传统对生态因子的影响评价形成了鲜明的对比。并首次报道前一年的NDVI有利于当年鼠类的丰富度增加；提供了全球变暖加速鼠类丰富度升高的证据。

将环境因子如气候因子引入鼠害预测的参数中是近年来本学科的重要进展之一。其中主要是研究温度和降水因素。由于气候对鼠类种群的影响是多方面的，既有直接作用，也有间接作用。极端气候，如暴雨、寒冷等可以直接引起动物死亡，或阻止动物繁殖，这是直接作用。气候通过影响动物的食物、栖息环境来影响种群增长，发挥间接作用。全球性的气候变化对鼠类种群暴发可能存在多条途径，包括直接的和间接的。最新研究表明全球性的气候变化对鼠类种群暴发可能存在多条途径，包括直接的和间接的。鼠类对极端或异常气候变动应具备生理上和进化上的适应对策，并影响鼠类种群的暴发过程。全球性的气候变化可在较大的空间尺度诱发鼠类危害发生，鼠类种群暴发有明显的空间尺度相关性。与ENSO关联的气候或食物是引起啮齿动物种群暴发的关键因子。降水量的增加通过增加食物资源量是影响野外小家鼠种群暴发的关键因子。洞庭湖的东方田鼠的暴发与降雨量密切相关，上一年的干旱对次年鼠害暴发有促进作用，而本年度的降水量对田鼠当年发生有刺激作用。据此提出厄尔尼诺—南方涛动(ENSO)可能是鼠类种群暴发的重要启动因子。而典型草原区布氏田鼠的鼠害暴发与ENSO也密切相关。上述研究表明，将气候因子引入鼠害暴发的种群参数中，不仅可延长鼠害预测模型的时间尺度，同

时可提升鼠害预测模型的预测精度。

(2)运用数学统计方法、数值模拟技术及遥感信息技术，对区域性鼠类种群暴发资料分析，揭示气候及其影响下的食物、植被等因素对鼠类种群暴发的影响。中国科学院陶毅研究组通过运用模块化信息处理技术和时空模型构建技术，整合生物信息、地理信息及气候气象信息，从主要鼠种、区域鼠种演替和气候因子综合作用分析鼠害区域性暴发的特征及其与气候的关系；构建了鼠害区域性暴发的计算机数值模拟。同时采用时间序列分析和空间尺度分析技术，重点分析全国鼠害发生情况。并在网络建设的基础上组建了鼠害暴发预警系统。

(3)鼠类种群暴发的生理、免疫调节机制及鼠类对环境的适应性。鼠类生理生态是鼠类生物学研究比较集中的热点。我国已有许多高等院校和科研院所涉足这一领域，且在国内外有大量的成果发表。其中有代表性的有王德华研究组依据鼠类生殖期的免疫功能、褐色脂肪组织(BAT)产热与免疫功能的关系，揭示了低温驯化和 IBAT 切除对免疫指标的影响(包括免疫器官、白细胞、PHA 反应及体液免疫反应)。该研究及瘦素、低温冷暴露等方面研究受到国际同类研究的广泛关注。如对低温条件下布氏田鼠和长爪沙鼠的 IBAT 对免疫指标的影响(包括免疫器官、白细胞、PHA 反应及体液免疫反应)研究发现，IBAT 切除增加了 anti-KLH IgM。表明常温条件下 BAT 可能的免疫抑制作用。低温冷暴露降低了 IBATR 组动物的 anti-KLH IgG，表明低温条件下 IBAT 可能对于维持稳定的免疫功能具有重要作用。研究还发现切除褐色脂肪组织后显著降低了 NST，而低温冷暴露增加了 RMR 和 NST，但未影响免疫器官、血液白细胞和细胞介导的免疫。IBAT 切除显著增加了 anti-KLH IgM，说明 BAT 对于体液免疫具有抑制作用。但是在低温条件下这种增加效应消失，表明常温下部分 BAT 切除可能通过产热的降低提高动物的体液免疫能力。通过对布氏田鼠在繁殖期的生理适应调控的研究发现，血清瘦素在布氏田鼠妊娠期和哺乳期对能量摄入和产热调节的不同作用，妊娠期布氏田鼠的摄入能和基础代谢率均显著增加，并在哺乳期进一步升高，断乳后降至基础水平。繁殖期的不同阶段血清瘦素的变化和体重的变化一致，妊娠期瘦素抑制摄食的功能发生了改变。哺乳期摄入能随着瘦素的降低而增加，有利于补充哺乳期的能量。在妊娠期存在高水平的瘦素和摄入能，存在瘦素抵抗机制。哺乳期布氏田鼠的产热能力受到抑制。

(4)鼠类种群遗传结构动态及调控机制。中国农科院植保所、曲阜师范大学、中国农业大学等单位从不同角度在不同鼠种中开展了鼠类种群遗传结构动态及调控机制的研究，分析了鼠类种群调节遗传机制。徐来祥教授研究组采用分子生物学方法，研究了不同地理区域、不同年份黑线仓鼠群体的遗传多态性以及不同发育时期基因表达与黑线仓鼠数量发生、繁殖状态的关系，研究表明鼠类群体的遗传多态性与鼠群体数量的暴发成正相关。刘晓辉研究组利用分子生物学和表观遗传学的方法，通过环境变化导致的繁殖相关基因调控区甲基化状态的变化及其对相关基因(如减数分裂相关基因)表达调控的影响，分析环境一遗传的互作，研究了鼠类繁殖的遗传调控机制。目前研究表明，高低纬度地区褐家鼠对环境因子的响应方式不同，高纬度地区(哈尔滨)褐家鼠种群对光照更敏感，而低纬度地区(湛江)褐家鼠对光照不敏感；布氏田鼠减数分裂则呈现与种群繁殖状态完全一致的年度性周期变化，并且光照因子是决定其遗传表达的最重要因子之一。

(5)通过建立超大规模围栏系统,在接近自然条件下或可控条件下研究了环境因子对鼠类种群数量的影响及其交互作用。中国科学院动物所在内蒙古建设了面积为150公顷的大型围栏。为开展鼠类种群拨打机制研究奠定了良好的物质条件。

(二)人类活动对鼠类的影响

人类活动导致的鼠类栖息环境造成的巨大改变,经常成为鼠害加重的诱发因素。在草原生态系统,过度放牧形成的裸露斑块生境和低矮草场可能会有利于害鼠的栖息和繁衍,并进一步加剧草场的退化,甚至沙化。在我国中西部退耕还林还草区鼠害问题严重。另一方面我国东部地区因广泛应用的免耕技术,喷灌技术也有利于害鼠栖息和繁殖。如何根据人类活动干扰下鼠类群落演替规律及鼠类生物学特性的研究,提出以栖息环境治理为主的生态治理的策略是当前鼠害防治研究的主流方向之一。河南大学路纪琪实验室研究了人类活动,如道路、居民点对农田害鼠的影响。结果表明捕获率随监测点与道路的距离的增加而增加,但相关性较差;在开封地区进行了道路距离对棕色田鼠密度影响的研究,单因素方差分析结果表明,不同作物内地下鼠的土丘数量差异显著。豫东农区的地下鼠在春季主要危害小麦,到了夏季和秋季,小麦收获之后,则以危害花生为主。该地区的树林地和农田周围的各种弃耕地是鼠类,尤其是棕色田鼠的良好庇护所,春季和秋季在该类农田中的棕色田鼠较多,而夏季则主要在花生地中。浇灌导致大量的棕色田鼠弃洞迁徙至周围的树林地、坟地和弃耕地等庇护所。中国科学院亚热带所王勇研究员研究了洞庭湖区域东方田鼠与稻田的关系,发现围垸外水位明显影响东方田鼠的栖息环境与迁移方向,同时也是东方田鼠成灾的主导因素。

(三)鼠类营养代谢

营养代谢是鼠类研究的传统课题。近年来我国学者在这方面也取得了较快的进展。扬州大学魏万红教授探讨了食物中单宁和蛋白对小家鼠蛋白质代谢的影响。发现食物中的单宁酸对小家鼠的蛋白质代谢有抑制作用。并且食物中单宁对肾上腺指数和皮质酮含量均有刺激增加的作用;并对雄性的脾脏指数有抑制作用;食物添加单宁可显著降低睾酮含量和子宫指数。这意味着添加单宁可抑制鼠的繁殖能力,并且会降低其免疫功能。

中国科学院西北高原所张堰铭研究员研究表明,高原鼠兔的啃食活动会显著增加植物的总酚、简单酚以及缩合单宁的含量,但在不同月份,对不同的植物的次生化合物含量的影响不同。高原鼠兔的啃食能够显著地提高禾本科植物生长期总酚、简单酚、缩合单宁的含量。

(四)天敌捕食对鼠类种群的作用

扬州大学魏万红教授通过模拟天敌动物的气味实验,观测和测定了鼠对不同天敌气味的行为和内分泌特征。在天敌动物数量显著下降的条件下,高原鼠兔的地面活动时间减少,减少警戒和观望行为的投入,同时高原鼠兔的繁殖时间延长、繁殖次数增加。当年新出生幼体数量增加,幼体的存活率显著增加。捕食一方面能阻止种群急速增长;另一方面能加速种群下降及保持鼠类较长期地处于低密度状态。通常专一性捕食者会导致种群数量的周期性波动，非专一性捕食者能保持种群数量的稳定。捕食者除了存在直接捕获猎物的效应外，还存在间接的作用，如捕食风险及气味的胁迫作用等。近年来，捕食者的间接效应也引起了学者的注意。捕食风险能改变猎物的活动量，例如巢域和栖息地的使用，取食和生殖模式等。天敌的捕食作用对鼠类是一个强大的选择压力，显著影响鼠类的行为进化及繁殖策略进化，反过来又影响天敌的进化。

（五）鼠害生态治理技术

随着人类活动影响的加剧，鼠类的栖息环境也经历巨大的改变，经常成为鼠害加重的诱发因素。在我国东中部经济较发达地区，免耕技术，喷灌技术大面积的推广应用，原来深耕、渠灌对害鼠洞穴的破坏减少，有利于鼠害发生。土壤湿度的变化也影响鼠类群落的演替。在人类活动干扰下鼠类群落演替规律及鼠类生物学特性研究的基础上，科技工作者提出以栖息环境治理为主的生态治理的策略是当前鼠害防治的主流方向之一。在草原生态系统，过度放牧形成的裸露斑块生境和低矮草场可能会有利于害鼠的栖息和繁衍，并进一步加剧草场的退化，甚至沙化。在我国中西部退耕还林还草区，由于幼林增加，加之杂草率先侵入，鼠害问题也十分严重。

在内蒙古典型草原区的研究表明：可以采用生态控制技术，优化放牧管理制度，通过改变鼠害草场的栖息地，恶化田鼠的越冬食物条件，根据草场鼠类群落演替规律及与放牧强度的关系调整以草—畜—鼠协同关系为主的生态治理新策略。在此基础上建立了控制放牧强度并适时禁牧的治理布氏田鼠的生态治理策略，为实现无公害可持续控制草原鼠害奠定了基础。从而实现控制鼠害的控害增益的目标，并可避免使用药物，降低药物残留对环境的破坏。生态治理技术也在青藏高原的鼠兔治理研究中获得了重要的进展。为实现无公害可持续控制草原鼠害奠定了基础。

（六）毒饵站技术

毒饵站技术是近年来兴起的一项药饵投放的配套技术，该项技术通过设计特异性的毒饵站，一方面提高药物的利用效率，在毒饵站中的药物一般能防止日晒雨淋，从而保持较长时间的药效；另一方面，防止药物被非靶目标所误食，降低对非靶标生物的毒害；并能有效地防止药物散落在环境中，降低环境残留等诸多优点。但毒饵站的设计必须要因地制宜，根据当地害鼠的习性以及非靶标动物的生活习性，设计出针对本地区的毒饵站，方能最大限度地发挥毒饵站的效率。

我国各地已经开发出适合多种地区的毒饵站，如北京的纸质简易毒饵站、陶质毒饵站、PVC 管多用途毒饵站（已经实现机械化生产），四川的竹桶毒饵站，东北的水泥毒饵站，一方面大大降低了制作成本，同时使药物发挥最大效能。毒饵站的使用是药物投放技术的飞跃。这项技术的广泛应用有力地促进了农村与农田的鼠害防治力度。

（七）鼠类不育控制

长期以来，我国农业鼠害防治工作主要依赖化学杀鼠剂。化学杀鼠剂价格低，见效快，但会产生严重的环境污染以及对非靶标生物的杀伤。长期使用抗凝血杀鼠剂，已经使一些地区的害鼠产生抗药性和拒食性，灭鼠效果明显下降。为应对抗药性的问题，往往加大杀鼠剂的剂量，这反过来又引发成本上升并进一步加剧了环境污染和对非靶标生物的威胁。化学灭杀虽然可以有效地解决局部、应急性鼠害问题，但灭杀效果往往难以巩固，以至有时出现“越灭越多”的问题。化学灭鼠后，鼠类密度虽然暂时下降，但由于种群补偿的作用，害鼠密度迅速提升和反弹，很快达到甚至超过了灭鼠前水平。要解决灭鼠后种群的快速恢复和反弹问题，就需要转变过去以灭杀为主的传统思维，研究和探索以生育力控制为主的不育控制新途径与新策略。鉴于传统灭杀的缺点，不育控制的研究成为当前一个热点。不育控制与传统灭杀策略截然不同，前者是通过降低种群的生育率，后者采取增加种群的死亡率，但都能达到降低种群数量的目的。不育个体除不生育外，还继续占有配偶和巢域，消耗资源，保持社群紧张，有利于抑制种群反弹和快速恢复，是鼠害可持续控制的理想选择。从安全和人道角度出发，与毒杀方法相比，不育控制也容易被公众接受。

目前，不育剂已经在我国开始野外试验，并相继在小毛足鼠、黑线仓鼠、黑线毛足鼠、长爪沙鼠、高原鼠兔、大沙鼠以及布氏田鼠控制研究上进行了应用，取得了较好的研究成果，主要研究结果表明：一次性投药，可实现对其整个年度的繁殖控制，尤其对北方有季节性繁殖期的鼠类种群而言。对长爪沙鼠和高原鼠兔的鼠害不育控制应用研究上取得了良好的效果。但应当看到，不育控制也存在一些问题，如在控制区域需要容忍一定密度的鼠害存在不育个体，在附加值比较高的地方如蔬菜大棚以及粮仓，人们对鼠类存在是不能容忍的。此外，与已大量生产的化学杀鼠药物相比，不育剂的应用仍限于局部实验示范研究中。

（八）TBS生态控制技术

Singleton等（1999）在东南亚地区以早熟稻为食物引诱源，使用TBS（围栏捕鼠系统）方法，可基本控制稻田鼠对水稻的危害，且经济可行，无安全隐患。本方法的主要原理是采用物理控制技术，利用作物生长/成熟周期，或者利用作物品种适口性方面的差异，将一部分早熟的或者适口性好的作物种植在大田中间，同时采用TBS系统进行防护，利用鼠类的迁移习性以及对栖息地选择的习性将鼠类诱捕到特定区域，实现对大田的鼠害防控。在菲律宾、印度尼西亚、柬埔寨、越南的研究表明，该系统具有良好的控制鼠害的效果。在华中地区对东方田鼠、华北、东北地区的应用表明，TBS是切实可行的方法。尤其是其不用鼠药可控制鼠害的特点，使这一技术具有良好的未来发展前景。对华北草地的研究结果还表明，不仅在农田地区，且在草原地区采用TBS控制技术也有良好的成效和应用发展前景。

使用TBS（捕鼠障碍系统）方法，可基本控制农田鼠对作物的危害，且经济可行，无任何安全隐患。采用TBS系统进行防护，利用鼠类的迁移习性以及对栖息地选择的习性将鼠类诱捕到特定区域，实现对大田的鼠害防控效果。在内蒙古、安徽、吉林、山东、四川研究表明，该系统具有良好的控制鼠害的效果。对东方田鼠以及华北、东北地区的应用表明，TBS是切实可行的方法，尤其是其不用鼠药可控制鼠害的特点，使这一技术具有良好的未来发展前景。

三、鼠害防治学科国内外研究进展比较

我国鼠害防治学科尽管处于快速发展的阶段，在鼠类种群暴发机制、气候与鼠类数量波动关系、鼠类生理生态以及杀鼠剂应用、不育控制等方面处于国际先进的水平，但总体上仍与发达国家有较为明显的差距。具体表现在以下 4 个方面。

(一)农业害鼠可持续控制技术

当前各国都在积极研究、发展生态治理技术。比较突出的是欧美国家根据鼠类生活习性，通过大规模清理农田，包括挖低旱作区田埂，修建硬底化排灌系统以及田间杂草的防除等工作，在易于发生鼠害的农田尽可能把鼠类适宜的栖息地改造成不适栖息地。并采取同种作物大面积连片种植的方式降低鼠类栖息的机会。相比之下，我国虽然也有类似的研究，但农田改造的强度和实际害鼠控制效果均有一定的差距，相应的理论探索也比较薄弱。

(二)合理使用抗凝血灭鼠剂

世界各国普遍以抗凝血剂作为主要的杀鼠剂品种。其中除澳大利亚等少数国家仍然使用，如氟乙酰胺、甘氟等药物外，大多数国家已不再使用急效神经毒素。但鉴于害鼠种群对抗凝血杀鼠剂易于产生抗药性的特点，欧洲推广使用了以凝血因子鉴定的标准；并重视杀鼠剂品种的轮换。特别当第一代抗凝血剂还具有较好灭效的情况下，不主张更换第二代药物。与之相比，我国对抗凝血杀鼠剂的使用缺少宏观理论探索，对于高浓度、大剂量以及连续多年使用同一品种等不规范使用杀鼠剂的现象缺乏有说服力的理论研究，以至于出现了抗性鼠群；且对抗性问题重视不够，构成了农区灭鼠中较为突出的问题。

(三)鼠害的预警、测报

鼠类数量变动机制及监测是近年来快速进展的领域。通过标志跟踪、地理信息、全球定位、遥感技术以及计算机软件的发展，带动了鼠类及环境生态关系的研究，而研究的深入也为鼠害预警提供了依据。如科学家发现东南亚地区竹子开花与鼠类暴发存在周期性波动规律。竹子开花后的果实给鼠类繁殖提供了大量的食物，导致鼠类出现大暴发；这时如鼠类进入竹林边的稻田将造成大面积稻田绝产。而经过科学家的实时监测成功地避免了水稻损失。因此，防治的关键是掌握时机，控制鼠类进入稻田。这一事例，说明成功地预警，可以有效减少损失。而我国的灾害预警研究则亟待提高。

(四)杀鼠剂的抗性监测检测技术

随着抗凝血剂的使用，鼠对抗凝血剂的抗性问题日渐突出。而我国尚未完全掌握国际通行的抗性测定方法，也缺少相应的抗性标准。由于抗性是不可避免的进程，这个过程对所有抗凝血剂的抗性的出现仅仅是个时间问题。我国有效的抗性管理面临的其他问题，还包括缺少对抗性的有效的管理机构等，使得鼠害的药物控制领域在选择药物时就显

得混乱、随机。药物相关管理部门经常从安全、有效、环保的角度作出杀鼠剂的限制使用决定，而很少从有利抗性管理的角度出发做出相关规定。对抗性管理还有许多其他可选的操作，如诱捕、改变生境以减少环境对鼠害的助长作用等可操作的非化学控制手段，可以有效推迟抗凝血剂抗性的发生。当前欧美各国均强调更替轮换使用杀鼠剂，以延缓抗性种群的出现。而我国许多地区普遍的做法是长期使用单一的杀鼠剂品种，甚至在同一地方连续 5 年以上使用第 2 代抗凝血剂，以至于出现了抗性种群。这一现象如不及时纠正，将导致无药可用的严重后果。

四、鼠害防治学科发展趋势及展望

以生态为基础的害鼠治理措施（ecologically-based rodent management，EBRM）已经成为当今各国害鼠治理基本理念。在此前提下，深入研究农业害鼠的发生规律、预测预报技术和治理策略仍将是农业鼠害学科发展的核心任务。围绕这个核心，在基础研究方面，害鼠暴发成灾的规律及其内在机制，以及持续控制的理论基础仍将是保证农业鼠害学科持续发展以及害鼠可持续治理策略制定的基础。在应用研究方面，在生态学理念基础上，针对我国多样的农业生态系统状况以及全球气候变化，在深入研究不同农业生态环境中害鼠发生规律及变化趋势的基础上，研发绿色环保的鼠害治理技术，大幅度减少对化学农药的依赖，建立适于不同区域的绿色鼠害防控技术体系与模式，逐步实现对农业害鼠的可持续控制。

（一）气候变化与鼠类种群波动的关系

研究降水、温度等重要气候因子对鼠类生长、发育、行为、繁殖、存活及种群增长的直接影响和间接影响（通过影响植被和食物等）；运用分子生物学、生理学、生物化学、生态学等多学科技术手段，宏观微观相结合，研究不同生态系统中鼠类对极端气候条件变化的生理生态学响应，害鼠对环境胁迫的适应性进化和生存策略，揭示全球气候变化条件下不同农业生态环境系统中害鼠生态适应的生理、生态及分子机制，阐明害鼠在未来全球气候变化条件下种群暴发危害的机理及发展趋势。

（二）不同生态区害鼠种群繁殖特点及生殖调控机制

针对我国不同生态区的生态环境特点，阐明主要害鼠地理种群年度与季节性繁殖规律，阐明影响鼠类繁殖启动和结束的关键因子，研究害鼠社群结构、婚配制度以及种群密度对繁殖的影响，运用分子遗传学、表观遗传学等技术研究害鼠生殖调控相关重要功能基因的作用机制及其与环境变化的关系，揭示害鼠生殖调控的生理学、遗传学内在调控机制，为鼠类种群的生殖调控（如不育控制）提供理论基础。

（三）害鼠迁移危害特点及其机制

研究全球气候变化条件下害鼠局部暴发迁移危害以及在不同生态区迁移定居危害的特点及其与环境变化、害鼠适应性变化的关系，利用“3S”技术、分子生物学方法，分析害鼠迁移路线，揭示全球气候变化一害鼠迁移危害一害鼠适应性的机制，为迁移性害鼠的治理提供理论基础。

（四）植物—害鼠—天敌互作及调控机制

研究鼠类对植物的取食、储藏策略及对植物更新的意义以及植被组成及斑块化对鼠类的栖息地选择、行为模式及繁殖成功的影响，植物对鼠类种群暴发的响应及对鼠类种群恢复的影响，天敌在鼠类种群不同密度下的调节作用及其对鼠类种群暴发的阻滞作用，鼠类与植物、鼠类与天敌之间弥散协同进化关系，为鼠类生物控制以及生态调控措施的制定提供理论基础。

（五）鼠害区域性与大尺度预测预报模式

以逐步完善的全国鼠情监测站（网、点）的观测数据为基础，应用遥感、地理信息系统、全球定位系统和计算机网络等技术手段，研究在大尺度时间和空间（地理）过程中鼠害区域性暴发的动力学模式与气候变化之间的关系，鼠害遥感监测的原理、技术与方法，以及鼠害区域性暴发的早期预警系统。通过构建鼠害区域性暴发的计算机数值模拟系统，为重大鼠害区域性暴发的实时监测、及时预警和有效治理提供理论依据和技术支持。

（六）绿色防控新技术的研究与应急防控技术的储备

针对不同农业生态系统中不同害鼠种类的危害特征、行为特征等，研发适宜于不同农业生态系统不同鼠种的以 TBS 为代表的各类绿色防控技术，为以绿色防控技术为主的适于不同区域的新型绿色鼠害防控技术体系与模式的建立提供技术支撑。

针对目前害鼠的发生趋势，暴发、迁移性害鼠的危害特征，研究应急防控所需速效、安全的杀鼠剂；研发应急防控所需快速捕杀设备、迁移途径阻断技术。为应对害鼠的局部暴发危害建立必要的技术储备。

（七）害鼠抗药性监测及其机制研究

在目前化学防治仍旧是不可或缺的治理技术的条件下，监测害鼠抗药性的发生，明确害鼠在我国主要分布地区的抗药性发生动态，并制定相应的抗性风险治理对策；阐明抗药性害鼠的分子机制，为害鼠抗药性监测及治理提供理论依据与分子技术支持。

参考文献

[1] Among Populations of *Jaculus jaculus* and *J. orientalis* (Rodentia: Dipodidae) in Tunisia Zoological Research, 2009, 30(3): 247-254.

[2] Wu Bin, Wang Chengmin, Dong Guoying, et al. New Evidences Reveal Southern China Is a common Source of Multiple H5N1 Clusters. The Journal of Infectious Diseases, 2010, 202(3): 452-458.

[3] Che W, et al. Phylogeography of the large white-bellied rat Niviventer excelsior suggests the influ-

ence of Pleistocene Glaciations in the Hengduan Mountains. Zoological Science,2010,27: 487-493.

[4] Chengmin Wang, Bin Wu, Said Amer, et al. Phylogenetic analysis and molecular characteristics of seven variant Chinese field isolates of PRRSV, BMC Microbiol, 2010. doi: 10. 1186/1471-2180-10-146.

[5] Chengmin Wang, Haijing Wang, Jing Luo, et al. Selenium deficiency impairs host innate immune response and induces susceptibility to Listeria monocytogenes infection. BMC Immunology , 2009, 72-10-55.

[6] Chengmin Wang, Hongxuan He, Ming Li, et al. Parasite species associated with wild plateau pika (*Ochotona curzoniae*) in south-eastern Qinghai Province, China. Journal of Wildlife Diseases, 2009, 45(2).

[7] Chengmin Wang, Yanyun Wu, Xiaojun Xing, et al. An outbreak of avian cholera in wild waterfowl in Ordos Wetland, Inner Mongolia, China. Journal of Wildlife Diseases, 2009, 45(4):1194-1197.

[8] D'Ascenzo M, Meacham C, Kitzman J, et al. Mutation discovery in the mouse using genetically guided array capture and resequencing. Mamm Genome, 2009, 20: 424-436.

[9] Fan Z X, Liu S Y, Liu Y, et al. Molecular phylogeny and taxonomic reconsideration of the subfamily Zapodiane (Rodentia: Dipodidae), with an emphasis on Chinese species. Mol Phylogenet Evol, 2009,53(3):447-453.

[10] Guo C R, Lu J Q, Yang D Z, et al. Impacts of burial and insect infection on germination and seedling growth of acorns of *Quercus variablis*. Forest Ecology and Management, 2009, 258: 1497-1502.

[11] Laetitia M, Marie-Clémence C, Valérie N, et al. KIT is required for hepatic function during mouse post-natal Development. BMC Dev Biol, 2007, 7: 81-95.

[12] Lei Wei, Xinwei Wang, Chengmin Wang et al. A survey of ectoparasites from wild rodents and *Anourosorex squamipes* in Sichuan Province, Southwest China. Journal of Ecology and the Natural Environment, 2010, 2(8): 160-166.

[13] Li Yongguo, Yan Zhongcheng, Wang Dehua. Physiological and biochemical basis of basal metabolic rates in Brandt's voles (*Lasiopodomys brandtii*) and Mongolian gerbils (*Meriones unguiculatus*). Comparative Biochemistry and Physiology, 2010, 157A:204-211.

[14] Liu Bin, Wang Zhenlong, Lu Jiqi. Response to chronic intermittent hypoxia in blood system of *Mandarin vole* (*Lasiopodomys mandarinus*). Comparative Biochemistry Physiology Part A, Molecular Integrative Physiology,2010,156:469-474.

[15] Qinglong Liang, Kai Zhou, Hongxuan He. Retrocyclin 2: a new therapy against H5N1 virus in vivo and vitro. Biotechnology Letters, 2010,32:387-392.

[16] Qinglong Liang, Lei Wei, Xinwei Wang, et al. MHC Class I Loci from the Bar-Headed Goose (*Anser indicus*). Genetics and Molecular Biology, 2010,33(3):573-577.

[17] Said Amer, Chengmin Wang, Hongxuan He. First Detection of Cryptosporidium baileyi in Ruddy Shelduck (*Tadorna ferruginea*) in China. J Vet Med Sci ,2010, 72(7): 935-938.

[18] Tang G B, Cui J G, Wang D H . The role for hypoleptinemia in cold adaptation in Brandt's voles, 2009.

[19] Am J Physiol Regul Integr Comp Physio,2009,l 297: (doi:10. 1152/ajpregu. 00185).

[20] Wang C, He H, Duan M. Development and evaluation of a recombinant CP23 antigen-based ELISA for serodiagnosis of Cryptosporidium parvum , Exp Parasitol, 2009,121(2):157-162 .

[21] Wolff J O. Social biology of rodents[J]. Integr Zool, 2008,2(4):193-204.

[22] Wu B J, Yin L J, Yin H P, et al. An ENU-induced mutation in the *Kit* gene leads to novel gonadal phenotypes in both heterozygous and homozygous mice. Hereditas, 2010, 147: 62-69.

[23] Wu B, Wang C M, Dong G Y, et al. Molecular characterization of H1N1 influenza A viruses from human cases in North America. Chinese Sci Bull, 2009, 54(13): 2179-2192.

[24] Wu Suhui, Lina Zhang, John R Speakman,et al. Limits to sustained energy intake. XI. A test of the heat dissipation limitation hypothesis in lactating Brandt's voles (*Lasiopodomys brandtii*). Journal of Experimental Biology,2009, 212, 3455-3465.

[25] Xu Deli, Wang Dehua . Fasting suppresses T cell-mediated immunity in female *Mongolian gerbils* (*Meriones unguiculatus*). Comparative Biochemistry and Physiology ,2009,155 :25-33.

[26] Xu Deli, Wang Dehua. Fasting suppresses T cell-mediated immunity in female Mongolian gerbils (*Meriones unguiculatus*). Comparative Biochemistry and Physiology, Part A. 2010,155:25-33.

[27] Xu Deli, Liu Xinyu, Wang Dehua. Food Restriction and Refeeding Has No Effect on Cellular and Humoral Immunity in Mongolian Gerbils. Physiological and Biochemical Zoology, 2011,84(1).

[28] Yin X Y, Ren Y Q, Yang S, et al. A novel *KIT* missense mutation in one Chinese family with piebaldism. Arch Dermatol Res, 2009, 301:387-389.

[29] Yue L. Characterization of nine novel microsatellite markers from Brandt's vole. Molecular Ecology Resources , 2009, 9:1194-1196.

[30] Zhang B Y, Cressman R, Tao Y. Cooperation and Stability through Periodic Impulses. PloS ONE, 2010, 5(3): 1371.

[31] Zhang Z B, et al. The effect of ENSO-driven precipitation on population irruptions of the Yangtze vole Microtus fortis calamorum in the Dongting Lake region of China. Integrative Zoology,2010, 5(2): 176-184.

[32] Zhao Zhijun, Chen Jingfeng, Wang Dehua. Diet-induced obesity in the short-day-lean Brandt's vole. Physiol Behav,2010,99(1):47-53.

[33] Zhao Z J, Chen J F, Wang D H. Plasticity in the physiological energetics of Mongolian gerbils is associated with diet quality. Physiological and Biochemical Zoology,2009, 82:504-515.

[34] Zhijun Zhao, Jingfeng Chen, Dehua Wang. 2009 Diet-induced obesity in the short-day-lean Brandt's vole. Physiology & Behavior doi:10. 1016/j. physbeh. 2009. 10. 008.

[35] 吴宝金,等. Kit 基因错义突变导致 KitW-2Bao 小鼠生殖腺的异常发育[J]. 科学通报,2010,55(31):3032-3039.

[36] 邢廷杰,等. 蛋白质、纤维素和单宁酸对东方田鼠摄食的影响[J]. 生态学报, 2010,30(4): 941-0948.

[37] 杨艳艳,等. 光照对棕色田鼠和昆明小鼠活动性的影响[J]. 兽类学报,2010,30 (4):424-429.

撰稿人:施大钊　郭永旺　宛新荣　刘晓辉

ABSTRACTS IN ENGLISH

Comprehensive Report

Advances in Plant Protection

Plant Protection, one of the first class disciplines in the agronomy science, is a comprehensive discipline to study the biological characteristics, occurrence and damage regularity of plant pests, the interaction mechanisms between biological and abiotic factors, and the control technology. Plant protection has not only played an important role for food security, quality safety of agricultural product, environment safety and public health protection, but also provided a strong scientific and technological support in agriculture and rural economic development, and agriculture modernization.

To sum up and review of the development and progresses of plant protection disciplines in last two years, organized by the China Society of Plant Protection (CSPP), the experts and scholars from parts of the research institutes, universities and technical extension units in this country compiled "Report on Advances in Plant Protection during 2010—2011". The contents consisted of two parts: the comprehensive report and special topics based on the plant pathology, agricultural entomology, weed science, biological control, pesticide science, invasion biology, biosafety research on genetically modified organisms (GMO) and rodent control. In the report, the current status and important achievements of the plant protection disciplines in recent two years in China were reviewed, the development trend and research directions in the future 5—10 years were proposed by comparison with the level of foreign studies and developing strategies were discussed as well.

Under the guiding principles for the Scientific Development Ideology and the Science and technology (S&T) undertakings of "Self-Innovation, Selective Breakthrough, Supporting Development, and Leading the Future", the plant protection science and technology workers have been focusing on the strategic demand for modern agricultural development, and on the food security, ecological security, agricultural production and farmers income which restrict the sustainable agricultural development, aiming at forefront of world science and technology, carrying forward the tradition, exploring the innovation, tackling key problems collaboratively. Through crossover and mergence of different disciplines and ceaseless innovation of research technology and measures, the research of science and technology of plant protection has obtained a number of major findings and breakthrough progress, and significantly promoted the interdisciplinary research of plant protection and defense overall level of biological disasters.

The main progress are reflected in the basic and applied basic research of plant protection as the following areas: the study and reveal of the disaster-causing mechanism and principles of sustainable control of the major crop pests; the mechanism of invasion and monitoring technologies of invasion alien species (IAS), the risk assessment and early warning technology of IAS; the interaction mechanisms among the pests, host plants and natural enemies; the discovery and utilization of important function genes related to plant disease resistance; the risk assessment and biosafety management of genetically modified organisms (GMO), the resistance mechanism of agricultural insects to Bt and the chemical pesticides; the synthesis and action mechanism of microbial preparation of biological control; the innovation of green chemical pesticides; pesticide toxicology and its environmental safety assessment and environmental behavior; parasitism function of the parasitic wasp; the development of the artificial diet of predatory insects; weed biology, herbicide-resistance and microbial herbicide; basic biology of rodent and its damage rule, etc. Amount important papers have been published on Science, Cell, PNAS, Plant Cell and other internationally renowned scientific journals. The two papers, "Suppression of cotton bollworm in multiple crops in China in areas with Bt toxin-containing cotton" and "Mirid bug outbreaks in multiple crops correlated with wide-scale adoption of Bt cotton in China" published on Science, were generally concerned by the international media. In January 2009, the research achievement of "control monitoring system of cotton bollworm by Bt cotton" has been recommended by academicians of the Chinese Academy of Sciences and Chinese Academy of Engineering, and elected one of the top ten news of scientific and technological progresses in 2008.

In applied technology research area, a number of new technologies, monitoring and forecasting strategies, and core technologies of prevention and control of incest pests and plant diseases have been proposed. The systems of monitoring and control were established for the important plant diseases and insect pests on rice, wheat, corn, cotton, vegetables and fruit trees and other major crops. High-tech research and development in insect radar, information technology, transgenic plants, biocontrol, chemical pesticides and bio-pesticides synthesis and manufacture were achieved a great breakthrough. A number of new varieties of bio-pesticides and chemical pesticides were developed, and a lots of international and domestic invention patents were obtained. A group of original created varieties have been registered and made into commercial production, the majority of them are the high efficiency, low toxicity and good environmental compatibility.

However, compared with Europe and the United States and other developed countries, China's basic research in a systematic, continuous and in-depth aspect still has a fairly big gap. The unified development objectives, layout and strategic planning in the plant protection disciplines are lacked. The establishment and implementation of sustainable control mechanisms of crop pests in China will need to be being perfected. Therefore, in the next 5—10 years, it is necessary to further strengthen the research of the evolution of pest populations, disaster-casuing mechanisms, and the new theories, methods, technologies for promoting the original and independent innovation ability in the plant protection reaearch field, and increasing control and prevent technology level of biological disaster.

Written by Wu Kongming, Chen Wanquan, Ni Hanxiang, Wen Liping

Reports on Special Topics

Advances in Plant Pathology

In recent years the global climate change, crop structure changes, industrial structure adjustment and pathogen variation and other factors on the occurrence of plant diseases and damage of the impact produced new effect. The new diseases continue to emerge, the new changes of occurrence and epidemic of traditional diseases have taken place. The rapid development of molecular biology, gene chips, network information and related technology, not only greatly promote the development of the basic research in plant pathology, epidemic monitoring and control of diseases, but also bring a new opportunity and vitality to other related research areas.

In this review, main advances and achievements in plant pathology from 2008 to 2010 in China have been summarized, including mechanism of interactions between plant and pathogen, pathogenic mechanism of plant pathogen, discovery and utilization of plant disease resistance genes, the genetic structure of pathogen population and virulence variation, and plant disease epidemics and prevention strategies and other aspects of important progress. The future development and prospects of plant pathology also have been introduced in this article .

Written by Feng Jie, Peng Youliang, Zhou Xueping, Zhou Yilin, Li Shifang

Advances in Agricultural Entomology

Agricultural entomology is the oldest and most important branch of plant protection disciplines. The objective is to understand agricultural pest insects and their natural enemies, especially focusing on theories and methods for research on biology, occurrence and sustainable pest management. In recent years, due to a variety of factors newly affecting the occurrence and damage caused by agricultural pest insect in China, including global climate change, industrial restructuring and international trade globalization, along with interdisciplinarity and integration of new theories and technologies from multiple modern life sciences, agricultural entomology have made remarkable progress in basic theories of pest monitoring, prediction and prevention, as well as establishing the technique system of safely effective, persistent supervising and forecasting, emergency response and sustainable management.

In this report, main advances and achievements in agricultural entomology in China in recent years, especially from 2008 to 2010, were summarized in five aspects:

(1) Progress on insect physiology, biochemistry and molecular biology, including research advances in: ①micro RNA identification and prediction in insects; ② endocrinologic regulation by genes related to insect development and metamorphosis; ③physiology basis of the interaction among crops, pests and their natural enemies; ④insects reproductive physiology and under stress physiology; ⑤application of transgenic and RNA-interference techniques.

(2) Progress on insect chemical ecology, involving study advances in: ①gene regulation of plant chemical signal molecules; ② insects behavior regulation by odorant molecules; ③ molecular mechanism of odors perception in insects.

(3) Progress on migration entomology, including advances in: ①development and application of insect radar monitoring system; ② migration behavior of agricultural pests.

(4) Progress on insects resistance mechanisms to Bt and chemical insecticides, including studies in purification, gene clone, expression and function characterization of target receptors and ion channels (such as acetylcholinesterase, acetylcholine receptor, GABA receptor, sodium channel, etc.), as well as detoxification enzymes. Detecting techniques of resistant genes and resistance management strategy were also developed.

(5) Progress on influence of climate change and pesticides on insect population dynamics, especially focusing on effects of elevated atmospheric CO_2 on pest insect occurrence dynamics or pest resurgence caused by application of insecticides.

In conclusion, in order to enhance capability of independent innovation, we should also compare those achievements to advanced international standards, predict development tendency in future and propose suitable development strategy.

Written by Wang Zhenying, Ye Gongyin, Cheng Dengfa, Zhang Yongjun, Liang Gemei, Lu Yanhui, Zhang Yunhui

Advances in Weed Science

Rich genetic variation and high genetic differentiation were revealed in 11 populations of *Ligularia virgaurea* in the Qinghai-Tibetan Plateau, indicating moderate genetic diversity, rich RAPD phenotype (genotype), and large variation in the species. Three japonica types of weedy rice were found in Liaoning province. Genetic diversity studies revealed larger genetic differentiation and evident genetic differences between populations. CLIMEX niche model defines fitness zone of yellowtop in China including Guangdong, Guangxi, Yunnan, Fujian, Hainan, Taiwan, Jiangxi, Hunan, Guizhou, Sichuan, Chongqing, Hubei, Anhui, Jiangsu and Shanghai provinces (municipalities and autonomous regions), in which high risk areas including Guangdong, Guangxi, Hainan, Taiwan, Fujian, Yunnan, Sichuan, Guizhou provinces, Chongqing and part of Tibet. Studies in the long-term fertilization impacts on biodiversity of weed seedbank on farmlands cleared significant differences in species: Shanon-Wiener index was greater in PK treatment areas than other treatment areas.

As large amount of herbicides have been employed for weed control in different crops for many years, herbicide resistance has become increasingly prominent. Flixweed evolved high resistance to tribenuron with resistant indices up to 500, 1175, 1472 and 1594 in Shandong, Hebei and Shaanxi provinces, respectively, four resistant biotypes showed cross-resistance to pyrithiobac-sodium, with resistance indices ranging from 100 to 800; cleavers resistant to tribenuron in Henan, Shaanxi, Anhui and Shandong provinces with resistant index up to 16.1; arrowleaf monochoria resistant to pyrazosulfuron and bensulfuron in Jilin province, with resistance indices of 8.4 and 6.3 ~ 9.2, respectively. Japanese alopcurus biotype evolved resistance to quizalofop-P-ethyl, fluazifop-P-butyl and fenoxaprop-P-ethyl, with resistance indices of 33.08, 1181.77 and 15.59 in Jurong, Jiangsu province, respectively, and cross-resistant to sethoxydim. Comparing with the susceptible cleavers biotypes, three amino acids, threonine 457, 573-glutamine and 574-tryptophan in ALS resistant biotypes were substituted by serine, serine and glycine. Comparing with the susceptible flixweed biotypes, Pro197 in ALS gene sequence of the resistant flixweed biotypes was replaced with different amino acids, as Leu197 in resistant biotypes HB-2 and SSX-11, Thr197 in SSX-9, Ala197 in SSX-12 and SSX-13; Ser197 in TJ-8 and GS-5. ALS gene mutations also conferred bensulfuron resistance in arrowleaf monochoria and oldworld arrowhead.

Sclerotium rolfsii, isolated from infected Canada goldenrod and produced with straw and other agricultural waste mass demonstrated good control of Canada goldenrod, as well as the broadleaf weeds and shaped sedges in lawns and direct-seeded rice fields. Fermentation liquid of *Culvularia lunata* (Wakker) Boedijn, isolated from barnyardgrass, strongly inhibited the barnyardgrass growth up to 90%, if it was applied with bensulfuron, or propanil even better control of weeds could be achieved.

Allelopathic rice varieties 8 and 3 have been bred. Allelopathic rice varietie 3 had been awarded with Guangdong New Rice Variety Certificates. China Plant Varieties Protection for both varieties was applied. By planting the allelopathic rice can effectively control the weeds, reduce the use of herbicides, promote the safe and efficient rice production. Allelochemical release and environmental response mechanisms of exotic weeds mile-a-minute weed, ageratum, johnsongrass, lantana and Common ragweed were revealed. Their key allelochemicals showing potentially suppressive activity were terpenoids. Johnsongrass largely secrete allelochemical phenolic acids and dhurrin from its underground rhizome system to demonstrate its strong inhibitory effect on other plants and micros.

Based on straw mulch, reasonable planting and deep groove narrow bed farming practices, an ecological weed control in combination with chemical weeding system was established for weed management in oil seed rape, an overall weed management efficacy reached 95%, herbicide rates was reduced by 25%. An integrated system of reducing herbicide rate as core to precise application of low-risk herbicides, optimizing herbicide application according to weed growth stage, temperature and humidity, combining with straw mulch, complementing precision spraying machine and early efficacy diagnosis was built for weed management in wheat-maize cropping system, weed control was up to 90% and achieved 24%～40% reduction of the total amount of herbicide used, and the systems had made significant economic, social and ecological benefits.

Comparing the agronomic performances of hybrids of transgenic rice and weedy rice in the field, higher plants, more tillers and panicles was found in the hybrids rather than weedy rice, indicating the risk of resistance gene drift existed. No significant differences were found in the seeding rate of the hybrid of transgenic oilseed rape and wild mustard, comparing with the transgenic oilseed rape and wild mustard. Germination and growth of the hybrid F1 showed good resistance to the herbicide.

Clearly, weed research is lagging behind of other plant protection disciplines. Weed science is a fast developing discipline, Chinese weed scientists should pay more attentions on herbicide resistance, weed flora shifts, new technologies for worst weed management, more support from central government is also needed.

Written by Zhang Chaoxian, Qiang Sheng, Li Xiangju, Kong Chuihua, Ni Hanwen, Wang Jinxin,Dong Liyao, Yu Liuqing, Wei Shouhui, Huang Hongjuan, Cui Hailan

Advances in Biological Control

Biological control research and application have been supported stronger in recent years to meet the demand of reducing chemical pesticide release.

Several biological control technologies and products are applied on large scale. Insect sex pheromones are widely used in 62 counties from 32 provinces in China from 2005～2009 as the methods of monitoring, mass trapping and mating disruption of insect pests. The product of sex pheromones has been improved on biosynthesis, lure formulations, releasing equipment, acceptance. The pesticide spraying has decreased in the area treated by insect sex pheromones. Marine microorganisms become an important resource in new agricultural pesticide development. A new microbial pesticide, Marine WP, come from *Bucillus marinus* B-998 has high effectiveness in control of some soil-born and leaf diseases. The functions of *Trichoderma* in biological control are studied further. *Trichoderma* can be used in degradation of crop straw, heavy metal pollutant, and inducing plant resistance to disease. Its application technologies and mass production engineering are improved. The basic research in insect natural enemies revealed that the mechanism of parasitoid overcomes host's immune system. The progress how the volatile substance produced by insect damage attracts the parasitoid to discover the host is achieved. These fundamental research results are useful for the utilization of natural enemies.

Written by Yang Huaiwen, Chen Jie, Ye Gongyin, Zhang Lisheng, Qiu Dewen

Advances in Pesticide Science

Pesticide Science is a discipline for research at the interface of Chemistry, Agronomy, Biology, Environmental Science, Toxicology and Chemical Engineering. Its research area mainly covers innovation of new pesticides and study on the properties of pesticides. At present the most reliable means of plant disease, pest and weed control is by the use of pesticides. In the foreseeable future, pesticides, especially chemical pesticides are still indispensable strategic stockpiling for modern agriculture in China.

In recent years a great progress has been made on the pesticide science in China:

(1) A series of achievements of original innovation including basic research on the quantitative structure-activity relationship (QSAR), molecule design theory, molecule mechanism, and applied basic research on insecticide (include insect growth regulator), fungicide (include antiviral agent), and herbicide (include plant growth regulator), have been obtained under the support of the National Key Basic Research Program (973 Program).

(2) A series of achievements of applied research have been made under the support of the National Key Technology R & D Program: ①More than thirty new pesticides owing complete independent intellectual property rights have been industrialized; ② A lot of new compounds with high pesticidal activity were obtained to lay a good foundation for innovation of new pesticides in the next Five-Year Plan; ③Marked progress has been made in the development of common key technology for pesticide industry, especially innovation technology of key pesticide intermediates such as pyridines and ethyl chlorides, and key varieties of pesticides such as acetochlor and paraquat were developed successfully to enhance technology level of pesticide industry.

(3) The achievements with international advanced level were reached in the research on the enantioselectivity in the different kinds of toxicological effects of chiral pesticides, and the environmental behavior of chiral pesticides. The results showed that different enantiomers of chiral pesticides differ greatly in toxicity to non-target organisms, degradation and metabolism.

(4) Significant achievements in the pesticide residue analysis, maximum residue limits and risk assessment have been obtained. Among them the research on multi-residue method has reached international advanced level.

The general development trend on pesticide science is the research and development of green and ecological pesticides featured high activity, low toxicity, low residue, high selectivity and good eco-compatibility, and to be economical and practical. Discovery of new action targets, natural products and heterocyclic compounds as lead structure, and high activity isomers of chiral pesticides will become research hotspots.

Proposed discipline development suggestions mainly include: ①Basic research should be further strengthened to enhance innovation ability; ②Standards for pesticide residue and laws and regulations for risk assessment should be perfected as quickly as possible to synchronize with the world, and to protect eco-environment and benefit people's health.

Written by Wang Daoquan, Xi Zhen, Li Zhonghua, Zhou Zhiqiang, Liu Weiping, Pan Canping, Zhang Yibin

Advances in Invasive Biology

With the accelerated process of globalization, China has been one of the countries that have suffered greatly from invasive pests. The serious effects induced by the biological invasions on economic and ecology has caused widespread concern in society. According to the requirements for the national development, many projects related to basic research and management techniques of biological invasions had started recent years. These projects have made a great contribution to establishment and development of the invasive biology discipline, propelled forward innovation and development of prevention and management techniques of biological invasions. The invasive biology discipline system which meets the conditions of China had initially formed. The international standing, influence and appeal of China had been greatly improved. The sound development of invasive biology discipline has been pushing forward greatly now. The purpose of this chapter is to introduce the latest progress obtained by Chinese scientists on basic theoretical research and management techniques on biological invasions, such as, epigenetic modification of invasive plants for rapid adaptation to different habits, analysis of *Bemisia tabaci* species complex, stress biology and adaptability of *B. tabaci*, invasion mechanisms of mutualism between invasive insect and symbiotic bacteria, pathogenic of invasive microorganisms. Moreover, the development trends of invasive biology discipline are discussed. Further work should be focus on stress adaptation and control efficacy evaluation of natural enemies from original place of invasive species, techniques for remote monitoring, identification and diagnosis, management of invasive insets by using transgenic technique, utilization of invasive plants, and so on.

Written by Wan Fanghao, Zhang Guifen, Liu Shusheng, Zheng Xiaobo, Sun Jianghua, Ye Hui, Wang Yuanchao, Guo Jianying, Lü Zhichuang, Wang Rui

Advances in Biosafety Research on GMO

From 1996 to 2009, genetically modified (GM) crops had been grown in an accumulated area of 1 billion hectares in 27 countries worldwide. However, the safety of GM crops has still being concerned and hot debated so far, especially after the Ministry of Agriculture issued safety certificates to strains of insect-resistant Bt rice and phytase maize in 2009 in China. This demonstrates the importance and urgency of biosafety research on genetically modified organisms (GMO).

Under the premise of guaranteeing safety, developing biotechnology and bio-industry are the strategies for ensuring food safety and increasing farmers' income in our country. The "National Genetically Modified Organisms Breeding Major Projects" initiated in 2008 and "973" programs initiated in 2007 have given great support for biosafety research of GMO surrounding the following key scientific issues including unintended effects caused by foreign gene insertion, effects of GMO on non-target organisms and biodiversity, and food safety of GMO etc. The implementation of the projects has boosted the industrialization of China's biotechnology into a new rapid development stage.

Over the past three years, great advances have been made in biosafety research of GMO in China that mostly include the following aspects: ① accomplishment of the systematical risk assessment on two insect-resistant Bt rice varieties and a phytase maize variety; ② monitoring the regulation of transgenic Bt cotton on cotton bollworm; ③outbreak mechanisms and control strategies of mirid bug after growing of transgenic Bt cotton; and ④ evaluation, monitoring and management of the pest resistance evolution of cotton bollworm to Bt cotton, etc. The abundant research results have provided solid scientific bases for management, commercialization and sustainable use of new varieties of transgenic plants.

Within the three years from 2007 to 2010, the members of research team have expanded and the research platforms were greatly improved unceasingly in biosafety research area. Based on the work on transgenic rice, cotton, maize and soybean, a series of technology systems, models and service platforms for assessing the potential risks of GMO were primarily established that include techniques for evaluating weediness and invasiveness of GM plants, models for predicting gene flow, models for assessing toxicity and anaphylaxis to human, platforms for predicting pest resistance evolution and for evaluating the unintended effects of GMO and so on. In addition, the research on the risk communications has also begun to take off. All the achievements obtained recent years provide a foundation for rapid development of GMO safety research in the next Five-Year Plan.

Written by Peng Yufa, Wu Kongming, Li Yunhe, Lu Yanhui, Yang Xiaoguang, Ye Gongyin, Li Xinhai

Advances in Rodents Control

Rodents control is one of the important subdivision of plant protection. In recent years in China, along with the reinforced researches on basic biology, disastrous law and control technique of rodents, the scientific and technological levels of rodents control are improved.

Based on analyses of environmental factors such as climate and vegetation, the use of mathematical statistics and molecular biology techniques, and setting up large-scale enclosed system, etc., the quantitative outbreak mechanism of rodent species are studied, and some tentative conclusions related to the effect of changed weather, regulation of physiology, ecology, and genetic diversity on the fluctuations of rodent populations are revealed.

The results of nutrition metabolism tests show that the tannic acid in food can inhibit the protein metabolism of mouse, the addition of tannin can suppress its breeding ability, and also reduce its immune function.

A series of progression in rodents control techniques have been obtained, such as to use predation of natural enemies, ecological regulation, put poison bait in species specialized bait station, sterility treatment, TBS (Trapping Barrier System), etc. Even though, as compare with developed countries in the world, we still have some disparities in sustainable rodents control techniques, reasonable use of anticoagulant rodenticides, mornitoring and forecast of rodent disasters, and resistance examinations to rodenticides, etc. We must extensively reduce the dependency on chemical rodenticides, to progressively realize sustainable control of agricultural rodent pests.

Written by Shi Dazhao, Guo Yongwang, Wan Xinrong, Liu Xiaohui